可视化航天测控与遥操作

卢石磊　赵正旭　张庆海
郭　阳　赵卫华　　　　著

中国海洋大学出版社
·青岛·

图书在版编目（CIP）数据

可视化航天测控与遥操作 / 卢石磊等著 . — 青岛：中国海洋大学出版社，2021.7

ISBN 978-7-5670-2341-3

Ⅰ . ①可 … Ⅱ . ①卢 … Ⅲ . ①航天测控 ②航天遥感 Ⅳ . ① V556 ② TP72

中国版本图书馆 CIP 数据核字（2021）第 149539 号

KESHIHUA HANGTIAN CEKONG YU YAOCAOZUO

可视化航天测控与遥操作

出版发行	中国海洋大学出版社		
社　　址	青岛市香港东路 23 号	**邮政编码**	266071
网　　址	http://pub.ouc.edu.cn		
出 版 人	杨立敏		
责任编辑	矫恒鹏	**电　　话**	0532-85902349
电子信箱	2586345806@qq.com		
印　　制	潍坊鑫意达印业有限公司		
版　　次	2021 年 7 月第 1 版		
印　　次	2021 年 7 月第 1 次印刷		
成品尺寸	185 mm × 260 mm		
印　　张	18.125		
字　　数	266 千		
印　　数	1 ~ 1000		
定　　价	118.00 元		
订购电话	0532-82032573（传真）		

前　言

本书介绍了复杂网络与可视化研究所与北京航天飞行控制中心合作参加萤火一号火星探测可视化任务，嫦娥二号绕月探测可视化任务，嫦娥二号驶向拉格朗日 L2 点可视化任务，嫦娥二号飞越图塔蒂斯小行星可视化任务，天宫一号发射可视化任务，神舟八号与天宫一号交会对接指挥任务，神舟九号、神舟十号与天宫一号交会对接可视化任务，嫦娥三号探月可视化任务，长征七号可视化任务，天宫二号发射可视化任务，神舟十一号、天舟一号与天宫二号交会对接可视化任务，嫦娥四号探月可视化任务，天问一号火星探测可视化任务以及嫦娥五号探月可视化任务过程。此外，书中还记录了复杂网络与可视化研究所取得的科研成果、参观交流和新闻报道情况。

本书适合广大航天爱好者以及对我国重大航天工程感兴趣的读者阅读，也适合从事航天可视化相关行业人员。

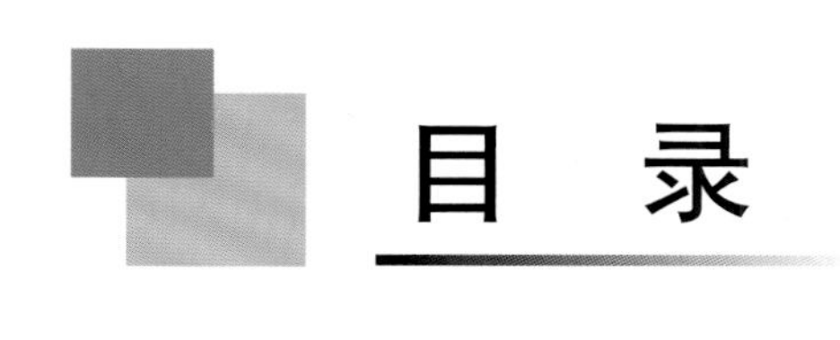

目 录

可视化航天

航天工程中仍存在不可避免的技术复杂程度高、资源消耗量大，失败诱因众多等不利因素。为此，复杂网络与可视化研究所航天可视化团队基于科学、可靠的系统仿真理论，形成实时的仿真模拟效果，以直观的形式将航天工程展现出来，从而极大提高了航天工程的时效性、经济性和安全性。

以创建于2008年的复杂网络与可视化研究所为依托，航天可视化团队已圆满完成了嫦娥二号探月任务，飞越拉格朗日L2点任务，飞越图塔蒂斯小行星任务，神舟八号、神舟九号、神舟十号与天宫一号交会对接任务，嫦娥三号、嫦娥四号探月任务，神舟十一号、天舟一号与天宫二号交会对接任务，天问一号火星探测可视化任务以及嫦娥五号月球表面采样返回可视化任务等多项国家重大航天工程。

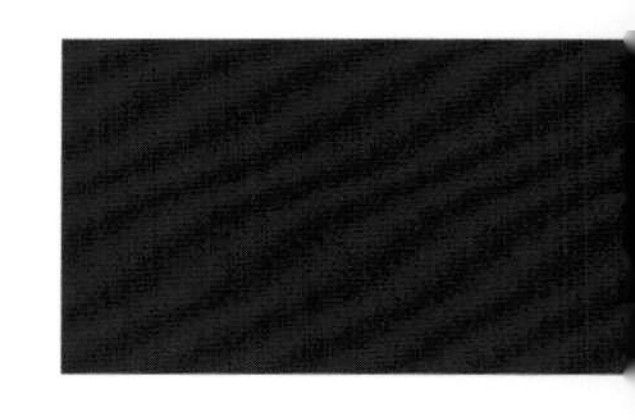

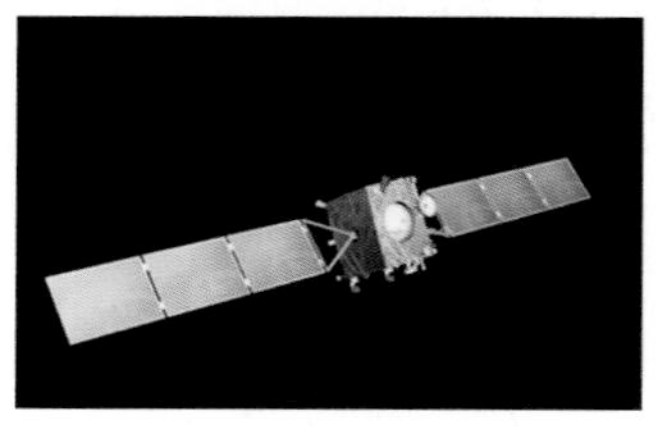

嫦娥二号

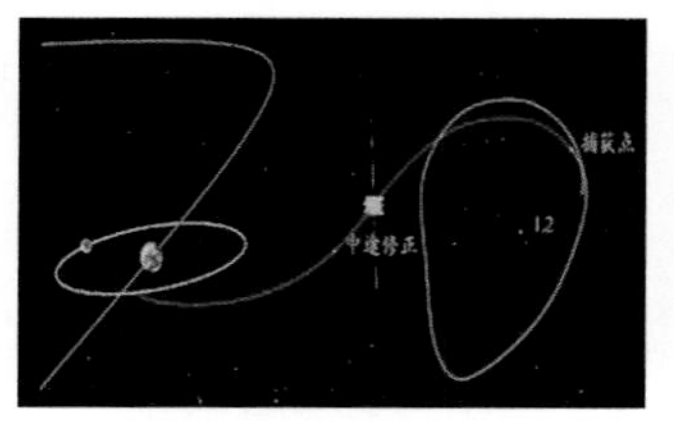

飞越拉格朗日L2点

飞越图塔蒂斯小行星

神舟八号与天宫一号

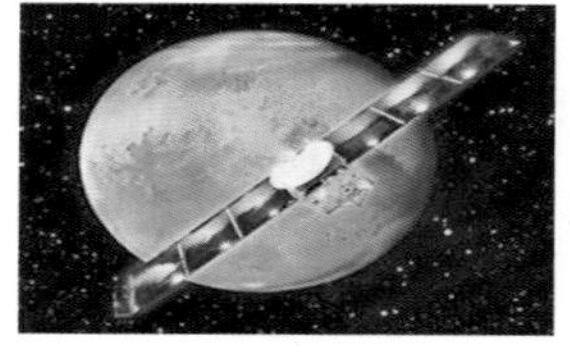

萤火一号

神舟九号与天宫一号

神舟十号与天宫一号

嫦娥三号

天问一号

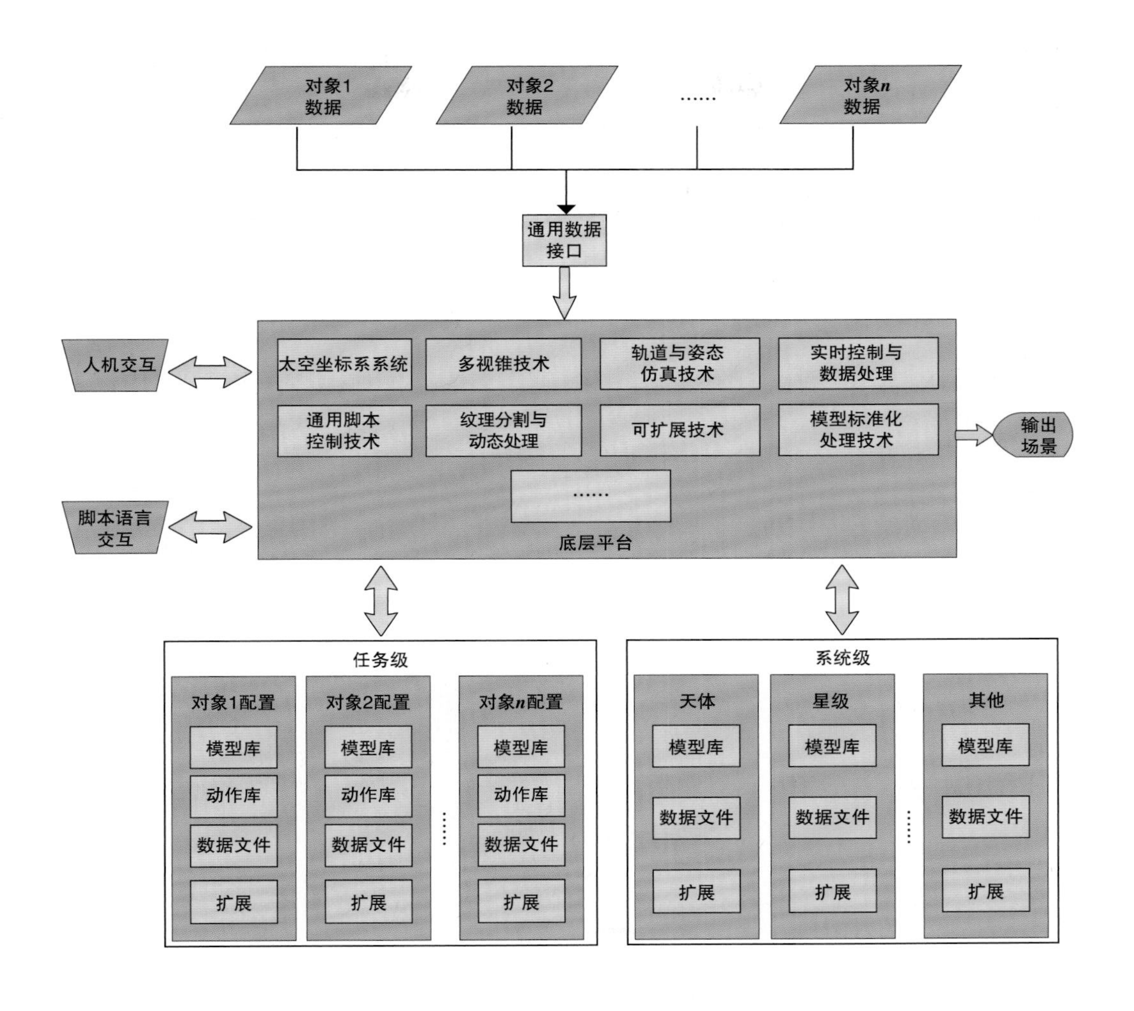

深空探测三维可视化系统框架总体结构。

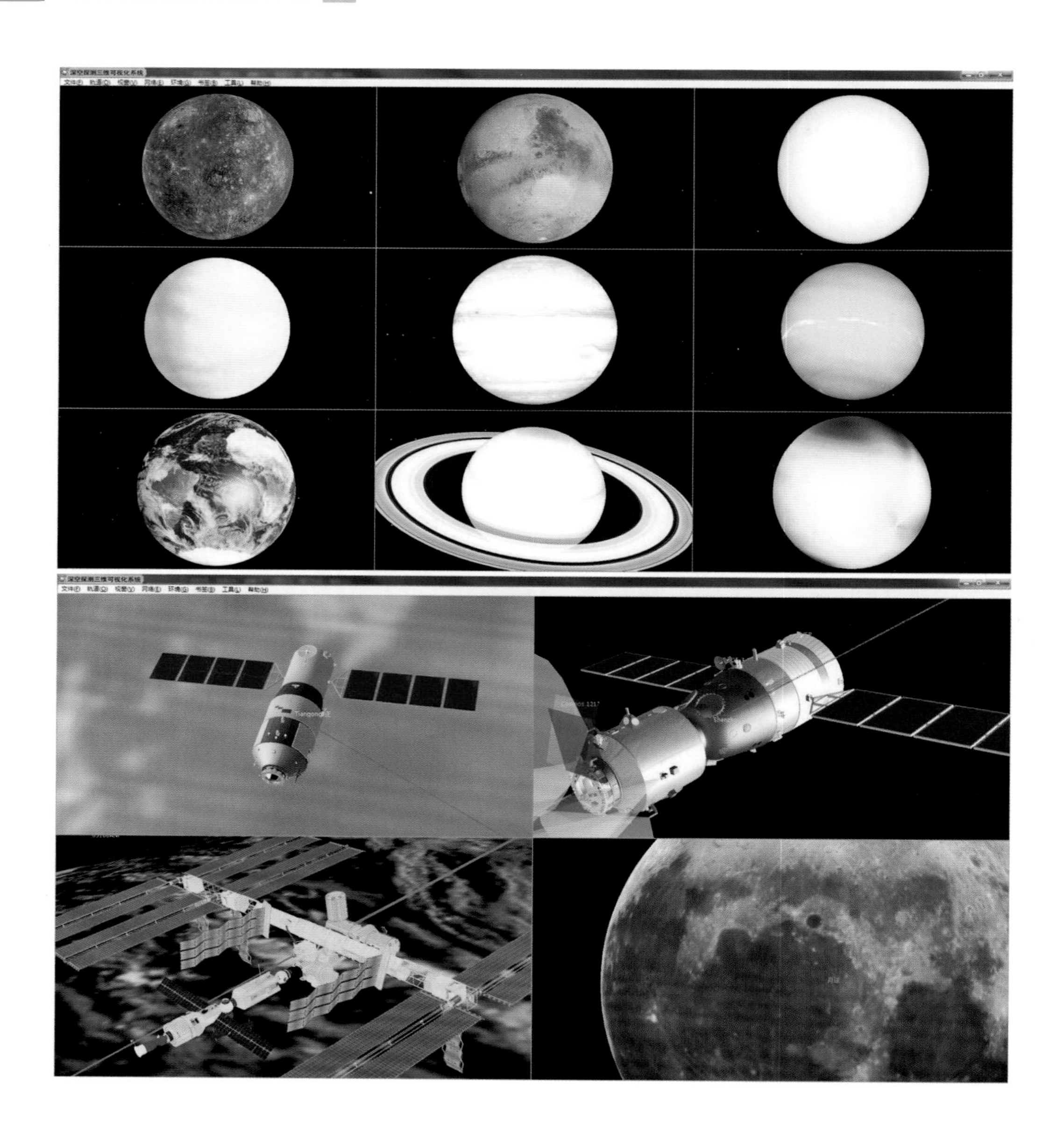

深空探测三维可视化系统的多视锥观察功能。

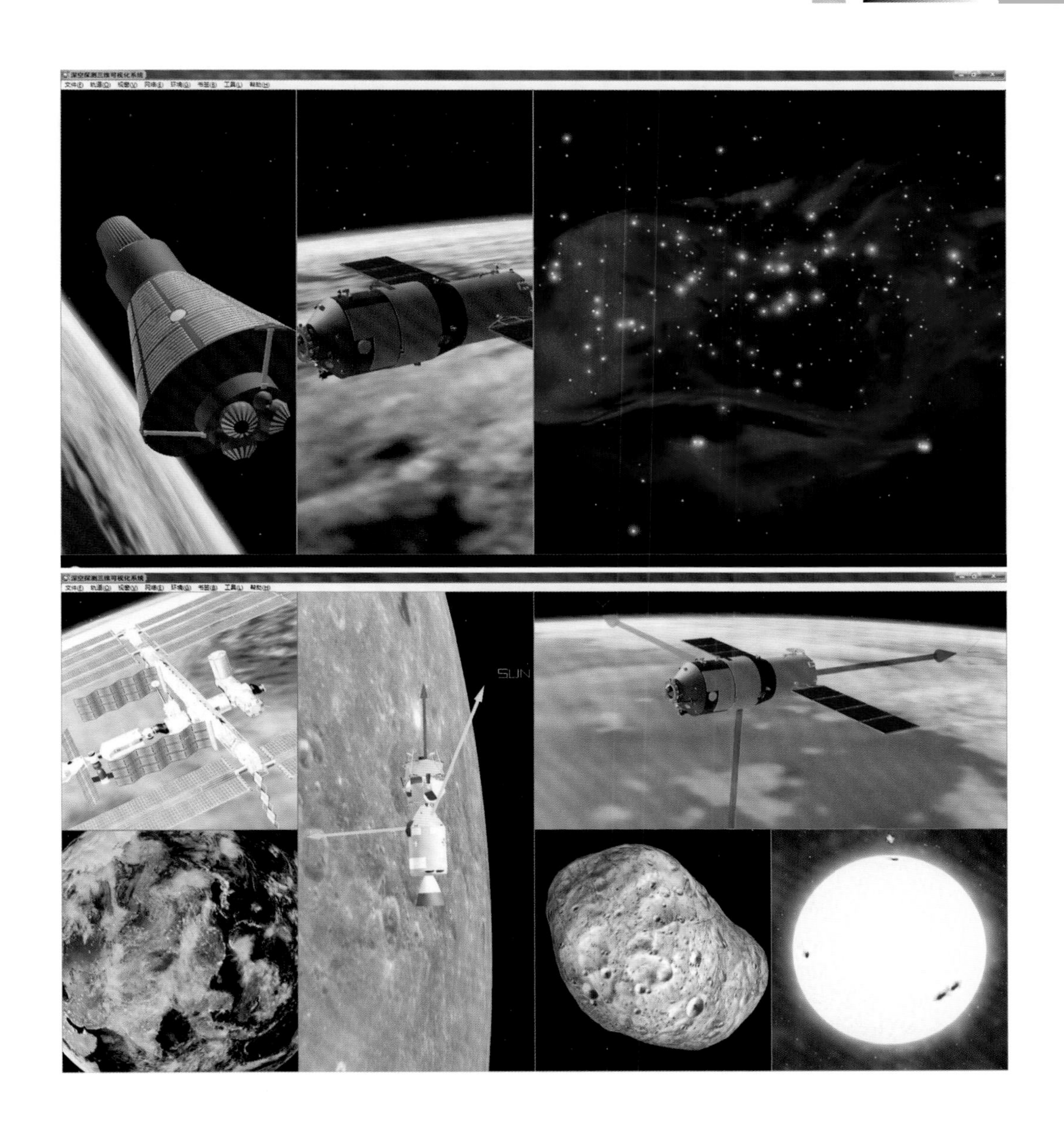

深空探测三维可视化系统的视窗分割功能。

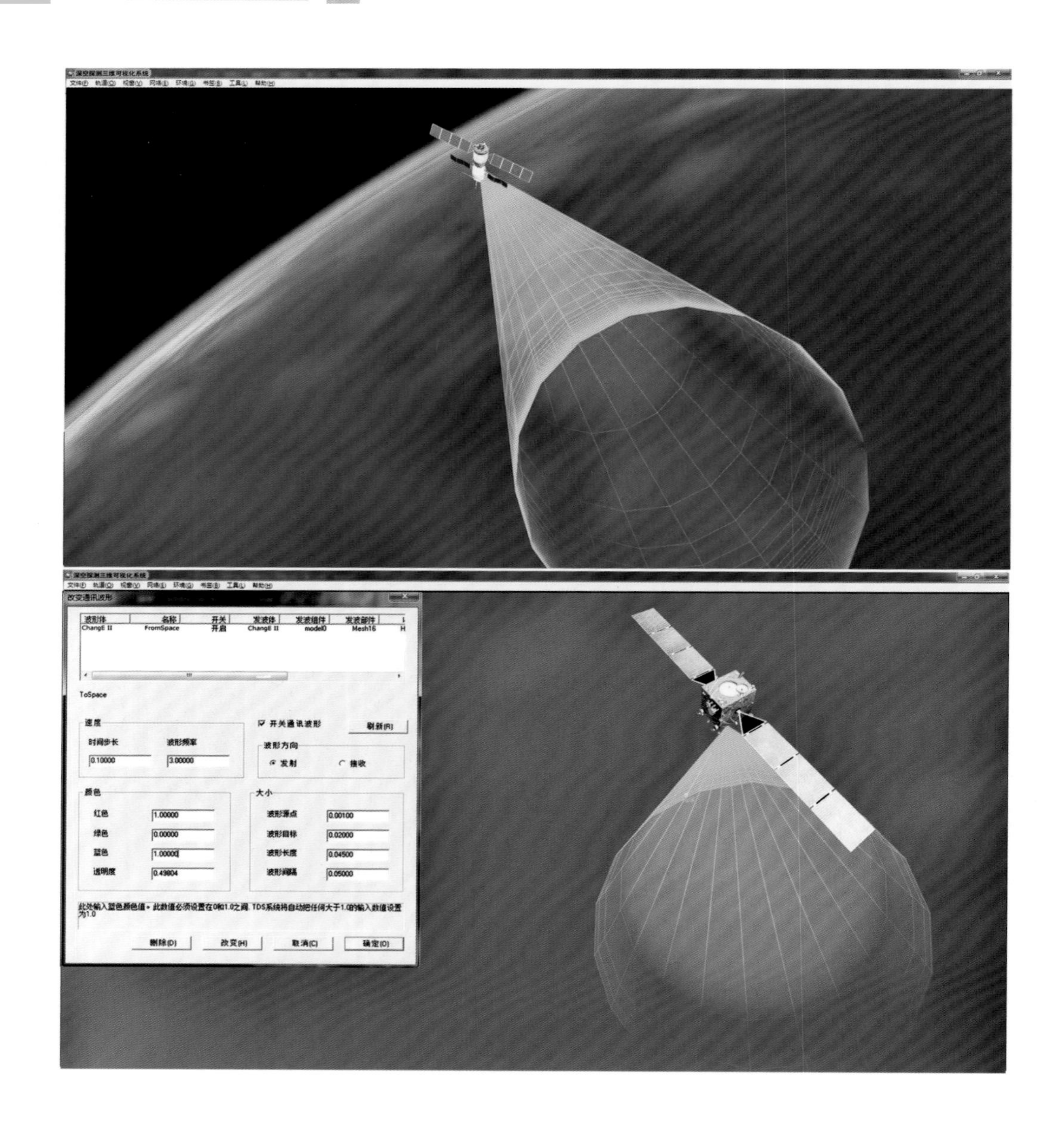

深空探测三维可视化系统的通信波形显示及参数实时配置功能。

火星在深空探测三维可视化系统中的显示。

海王星在深空探测三维可视化系统中的显示。

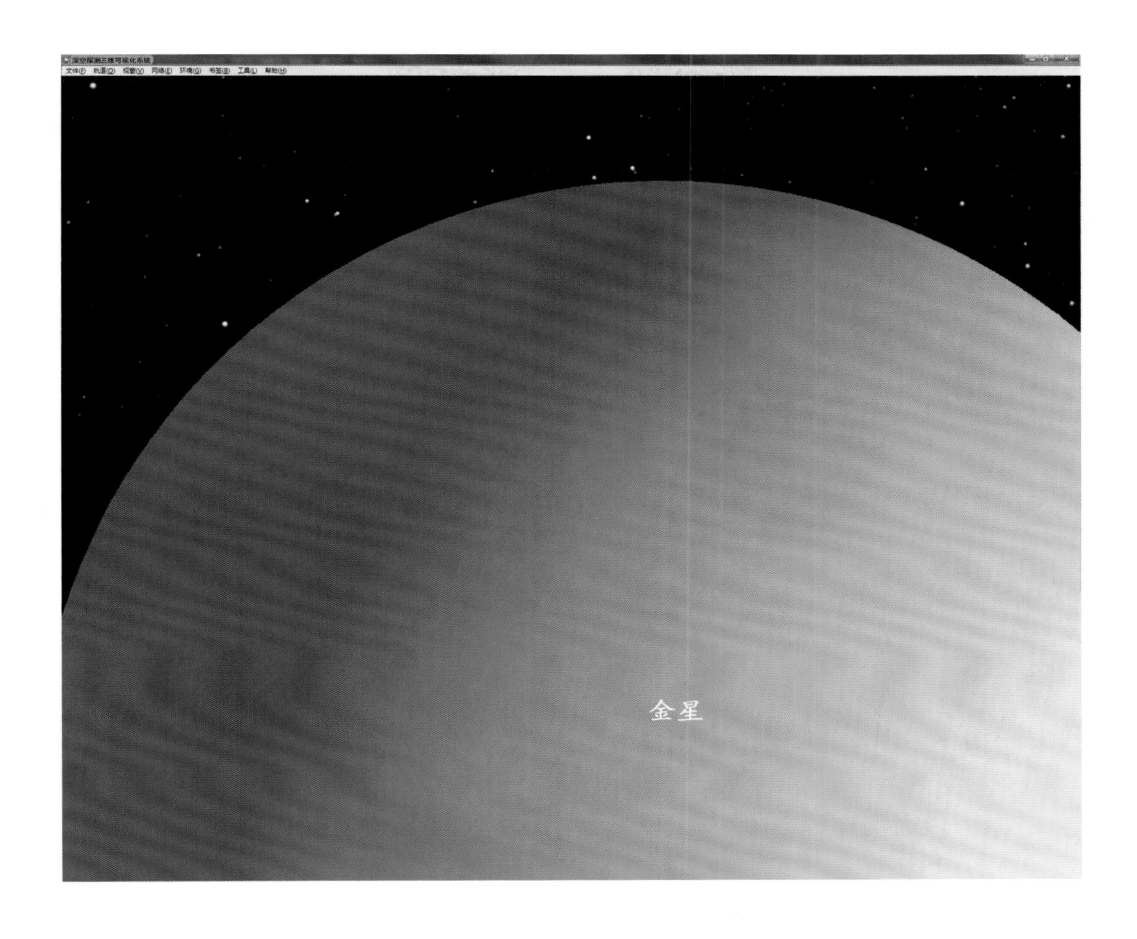

金星在深空探测三维可视化系统中的显示。

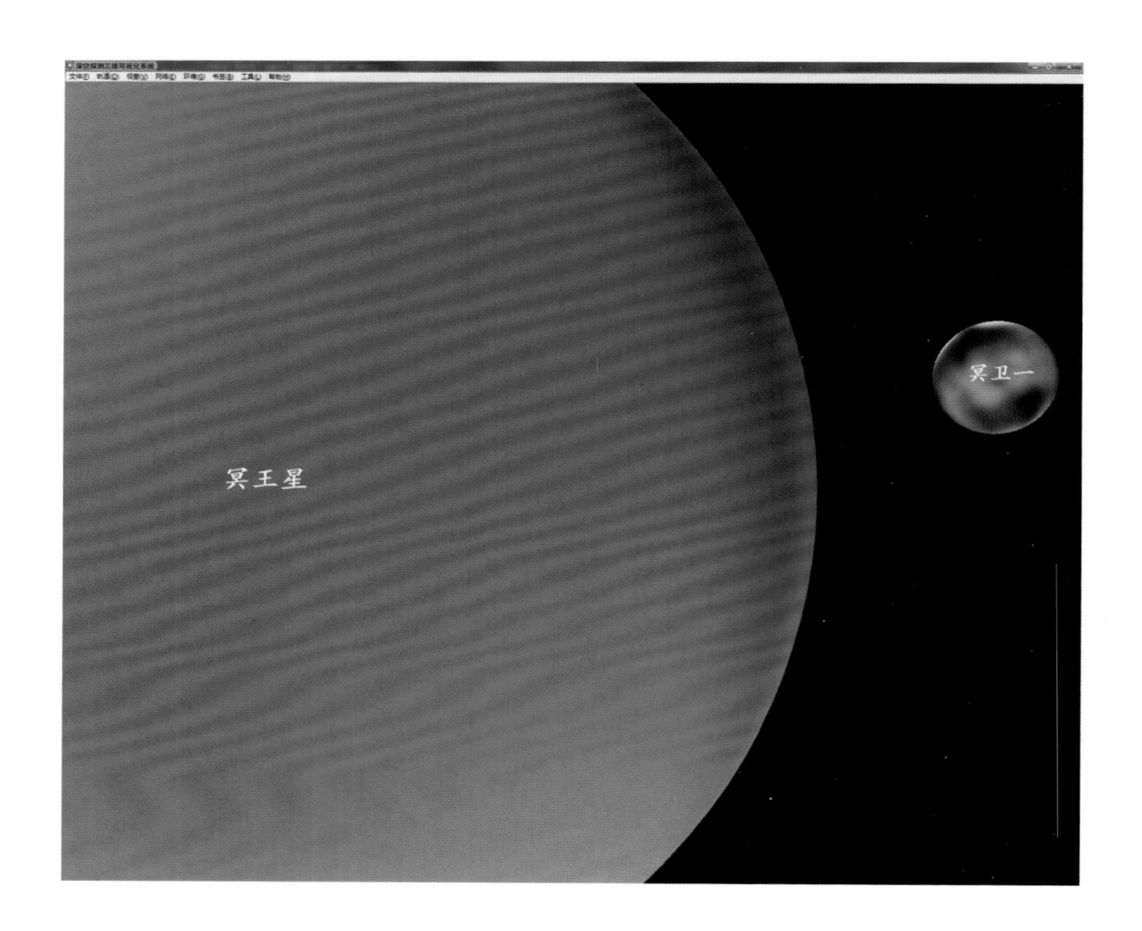

冥王星及其伴星在深空探测三维可视化系统中的显示。

木星在深空探测三维可视化系统中的显示。

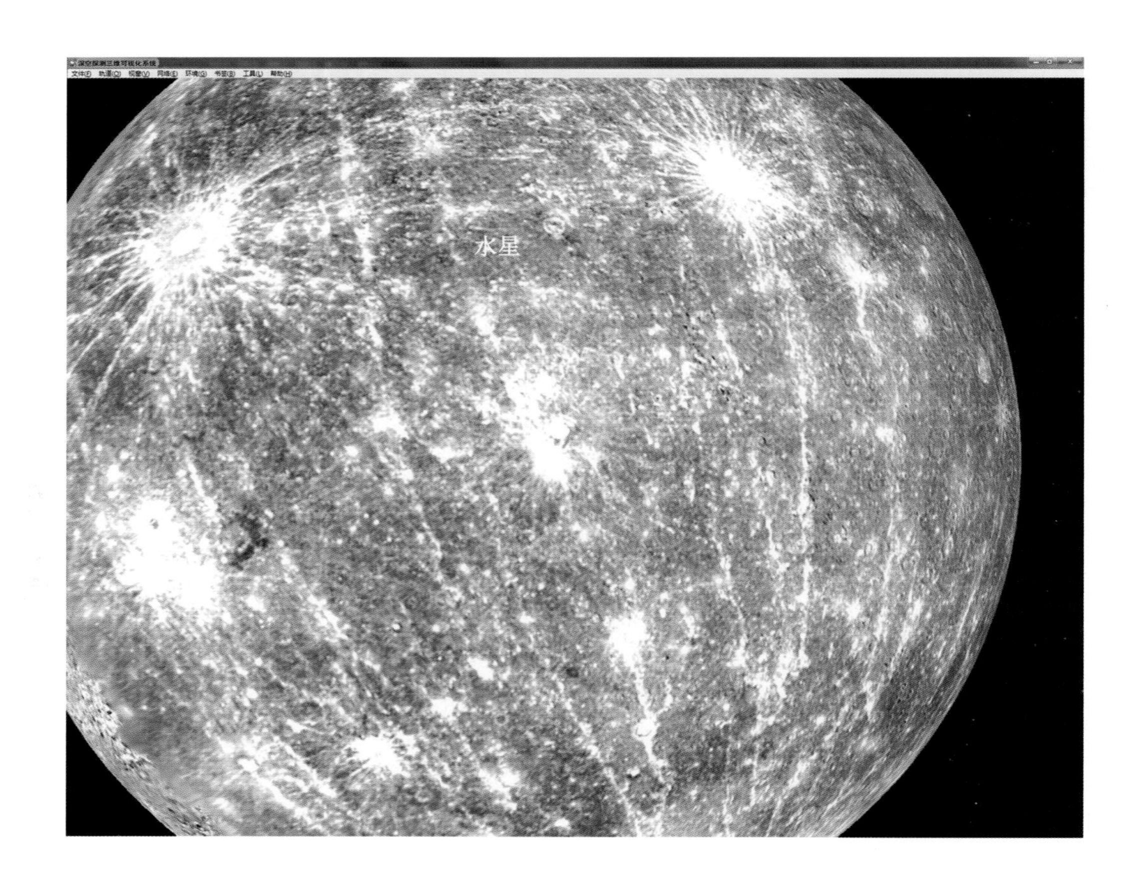

水星在深空探测三维可视化系统中的显示。

土星在深空探测三维可视化系统中的显示。

地球在深空探测三维可视化系统中的显示。

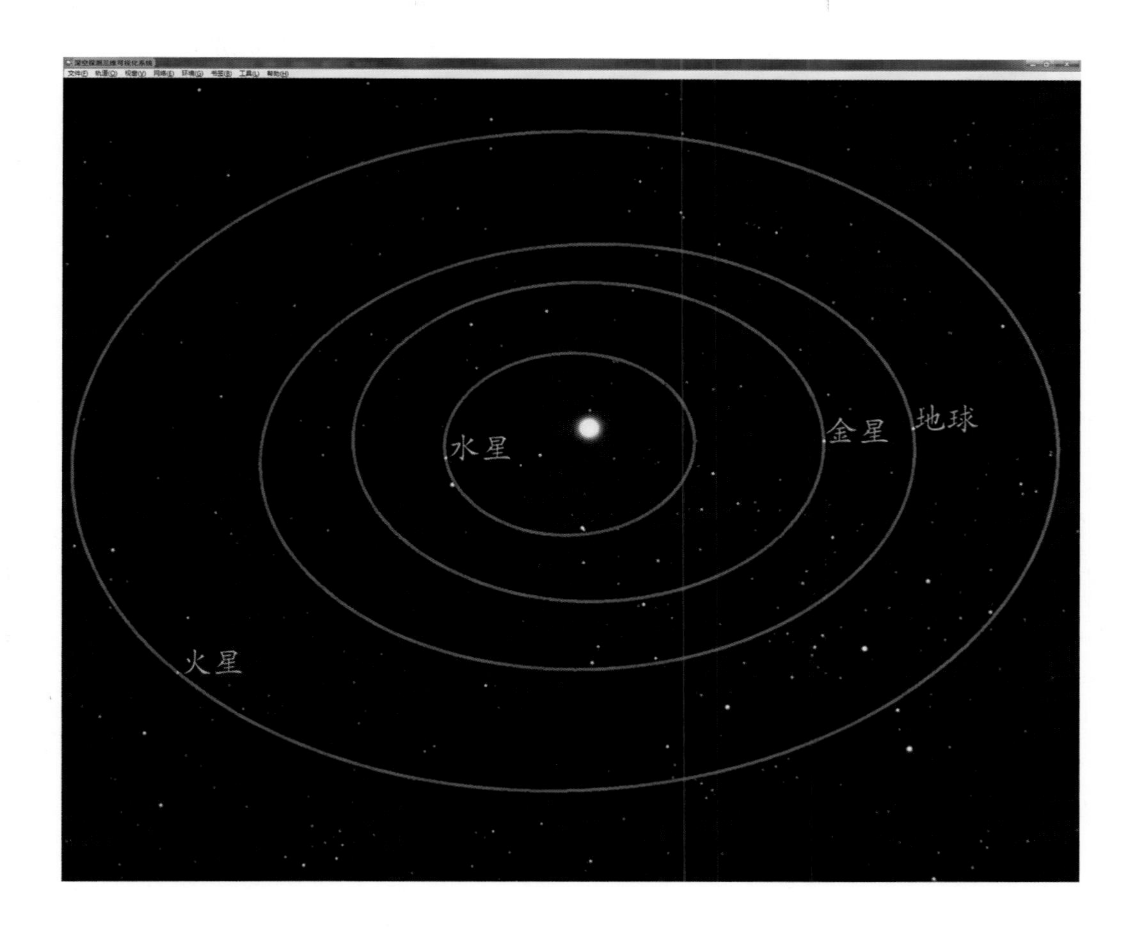

太阳系内行星在深空探测三维可视化系统中的显示。

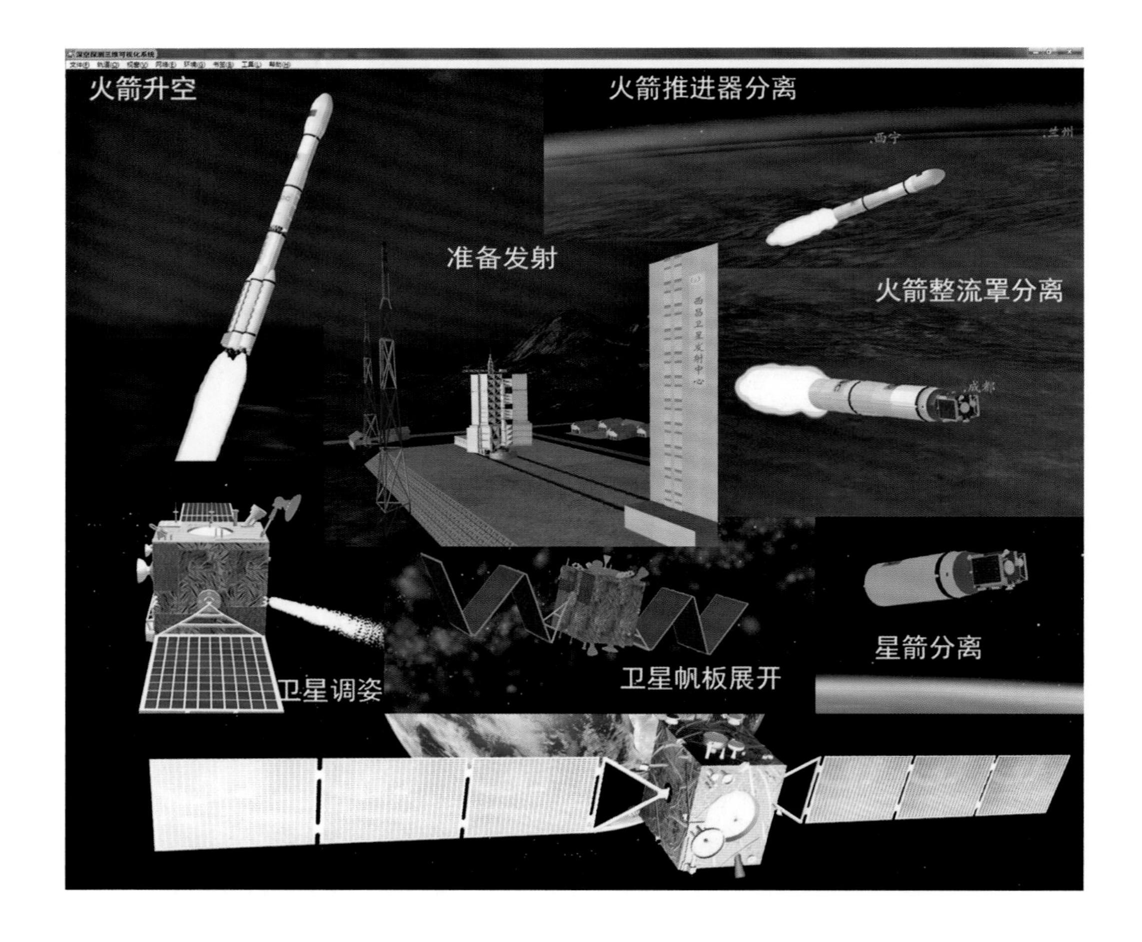

火箭上升段在深空探测三维可视化系统中的显示。

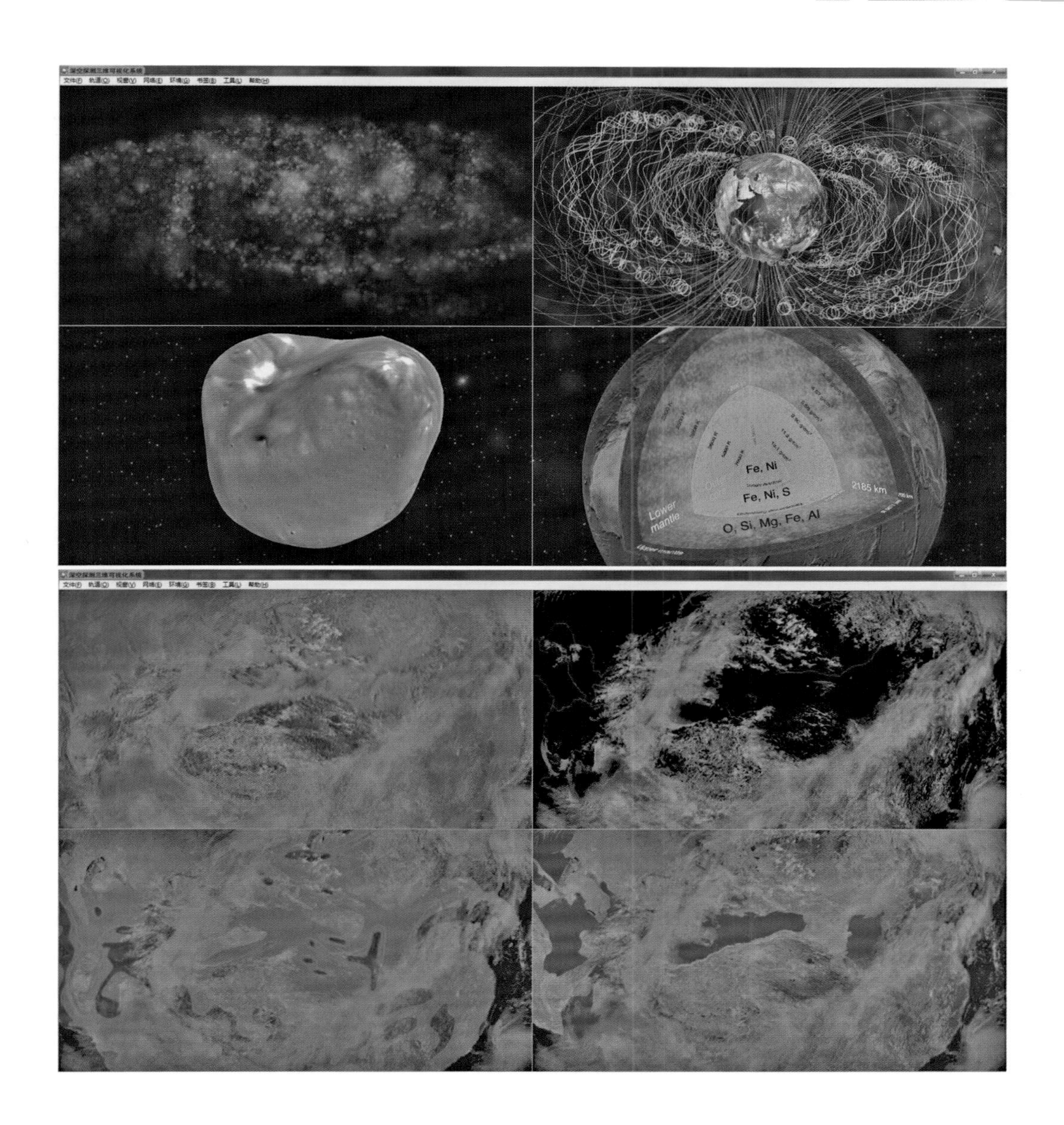

星云、磁场、天体卫星、地核以及各种检测结果在深空探测三维可视化系统中的显示。

太空物体的参考标示，如太阳方向、目标姿态、星球坐标网格、母体方向、昼夜限、自旋转矢量、坐标系、速度矢量，在深空探测三维可视化系统中的显示。

萤火一号火星探测可视化任务

2011 年 11 月 9 日 4 时 16 分，中国首颗火星探测器萤火一号搭乘俄罗斯福布斯—土壤探测器，由俄天顶号运载火箭自哈萨克斯坦拜科努尔发射场发射升空。深空探测三维可视化系统作为整个任务全过程的推演平台。

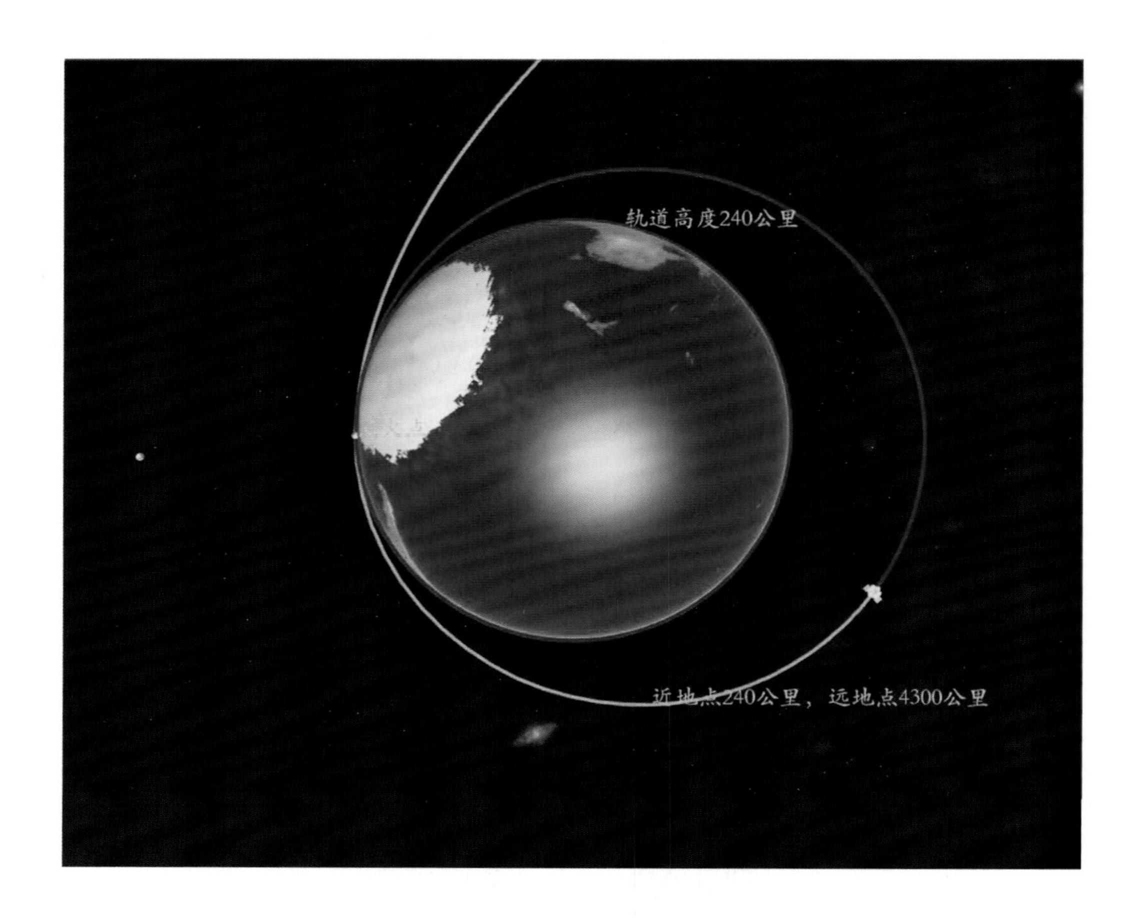

深空探测三维可视化系统作为萤火一号火星探测任务的推演平台，实时显示探测器运行轨道，为地面控制人员提供技术支持和工程保障。

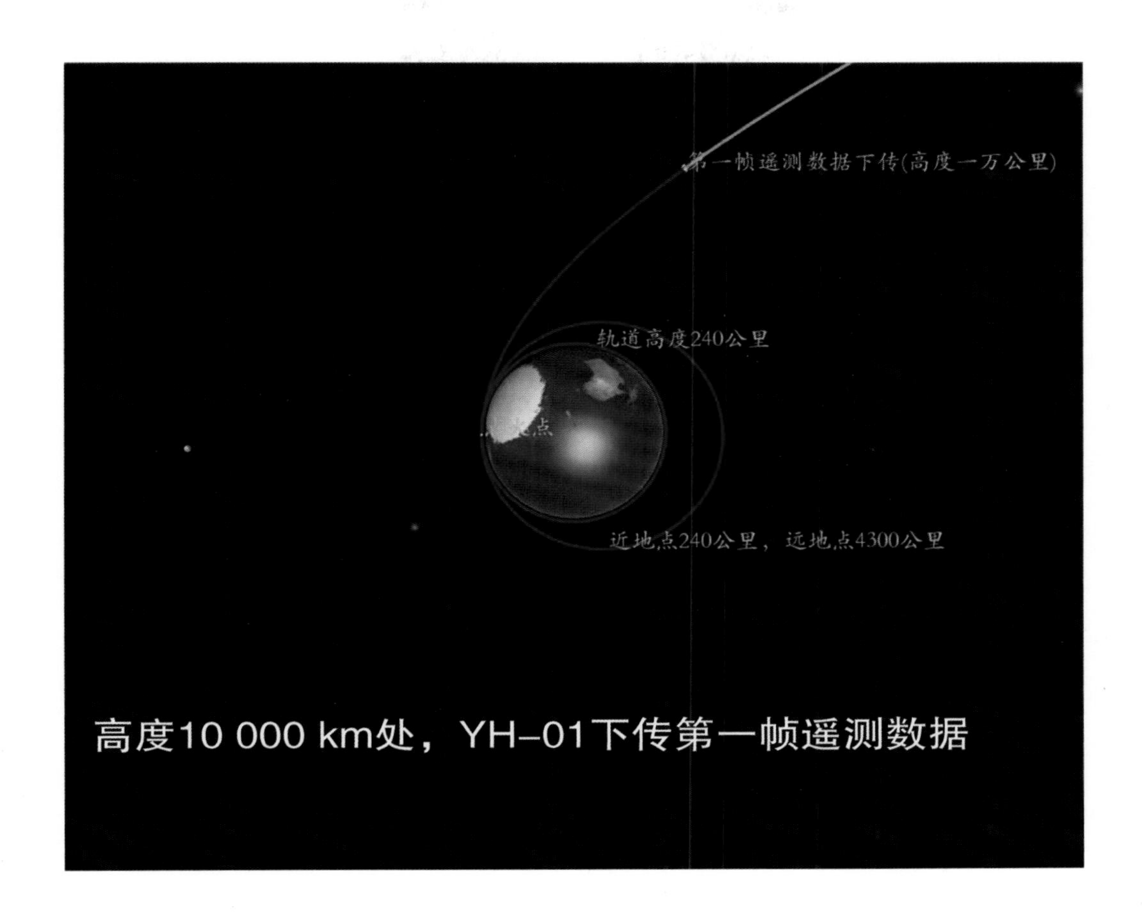

萤火一号火星探测工程包括火星探测系统、测控系统、地面数据接收系统以及科学应用系统四部分。萤火一号探测器携带等离子体探测包、磁强计、掩星接收机、光学成像仪四种探测仪器。

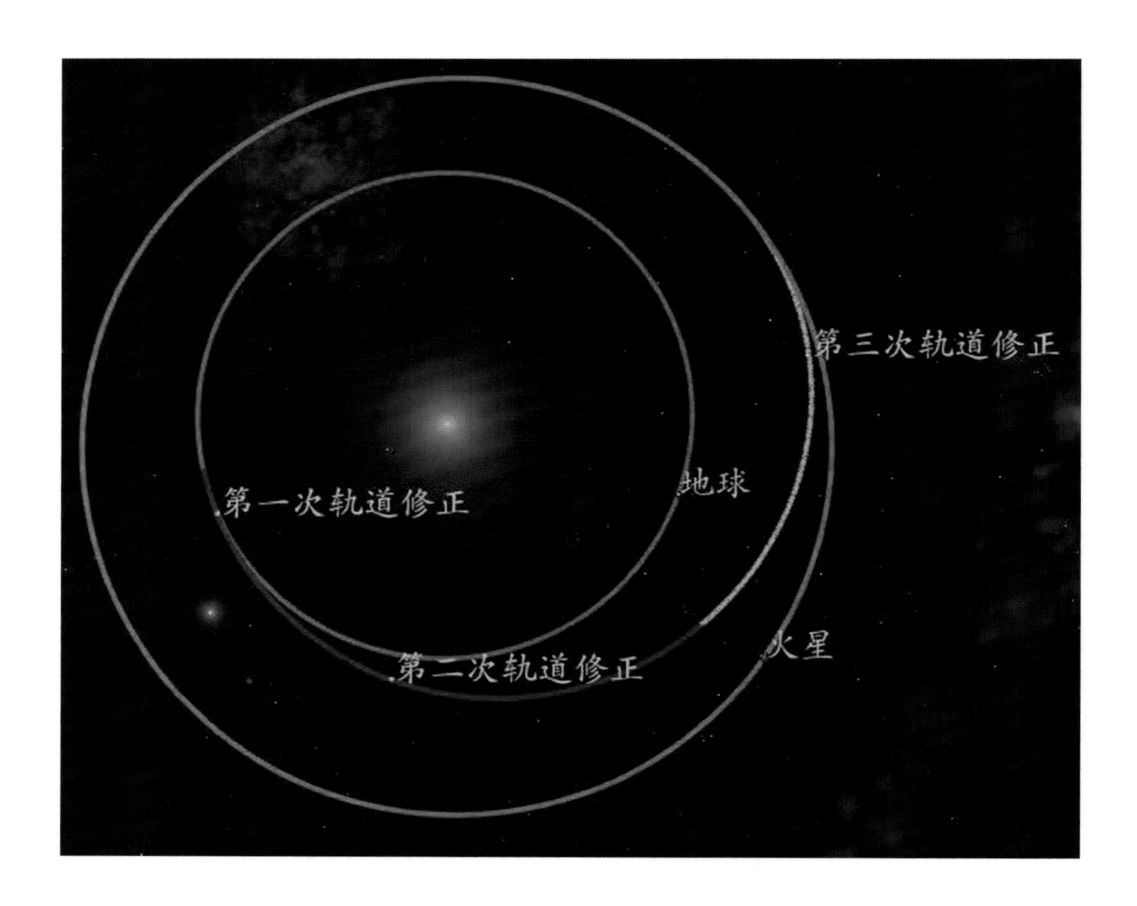

萤火一号探测器设计在轨寿命为期一年，围绕火星沿倾角为20°～30°的大椭圆轨道进行飞行，其距离卫星最远距离为80 000 km，最近距离为800 km，周期为72 h。

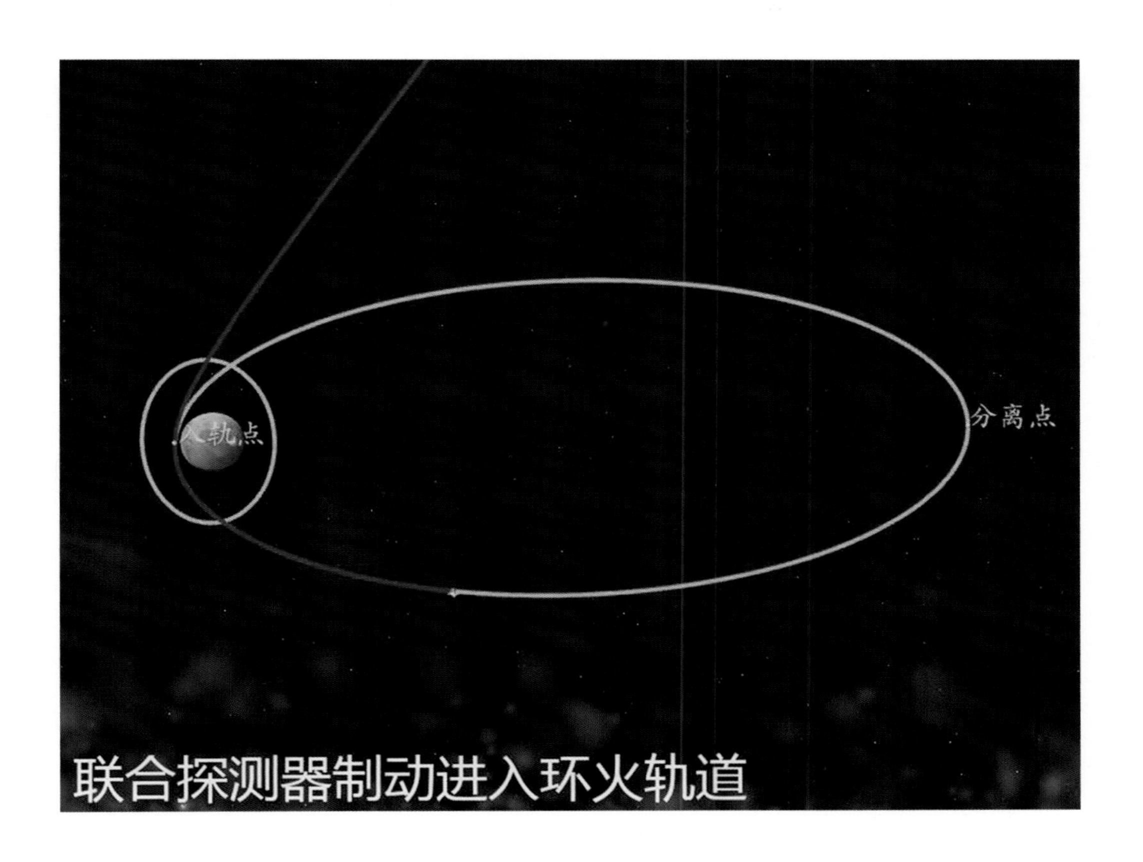

萤火一号探测器进入火星环绕轨道。

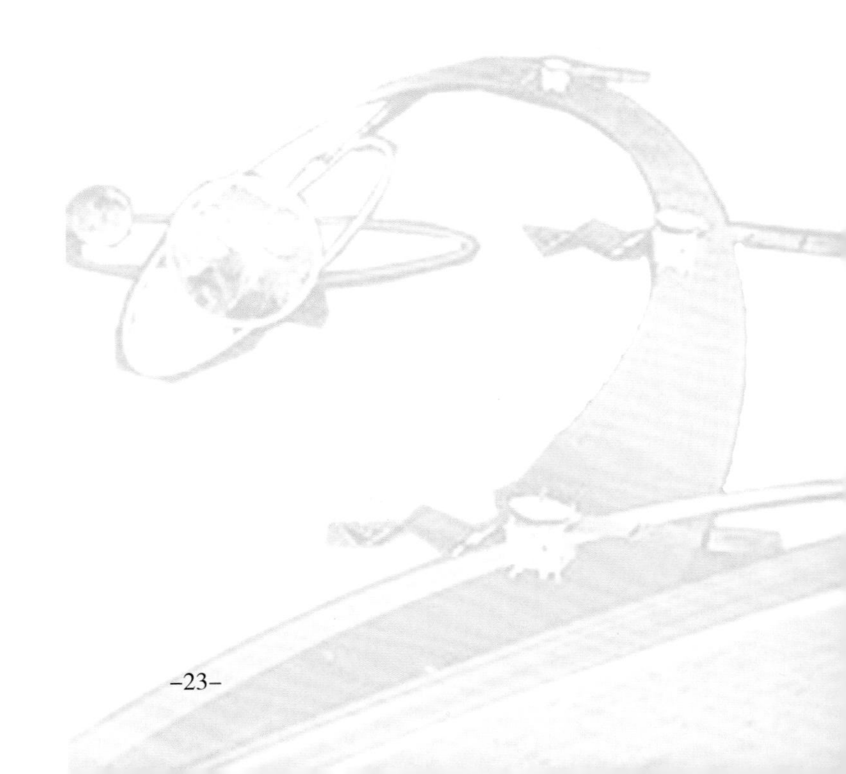

萤火一号探测器的探测目标为探测火星的空间磁场、电离层和粒子分布及其变化规律；探测火星大气离子的逃逸率；探测火星地形、地貌和沙尘暴；探测火星赤道区重力场。

嫦娥二号
绕月探测可视化任务

嫦娥二号卫星于 2010 年 10 月 1 日 18 时 59 分 57 秒在西昌卫星发射中心由长征三号运载火箭成功发射升空并进入地月转移轨道。深空探测三维可视化系统承担了对任务全过程的实时三维可视化飞行控制与指挥。

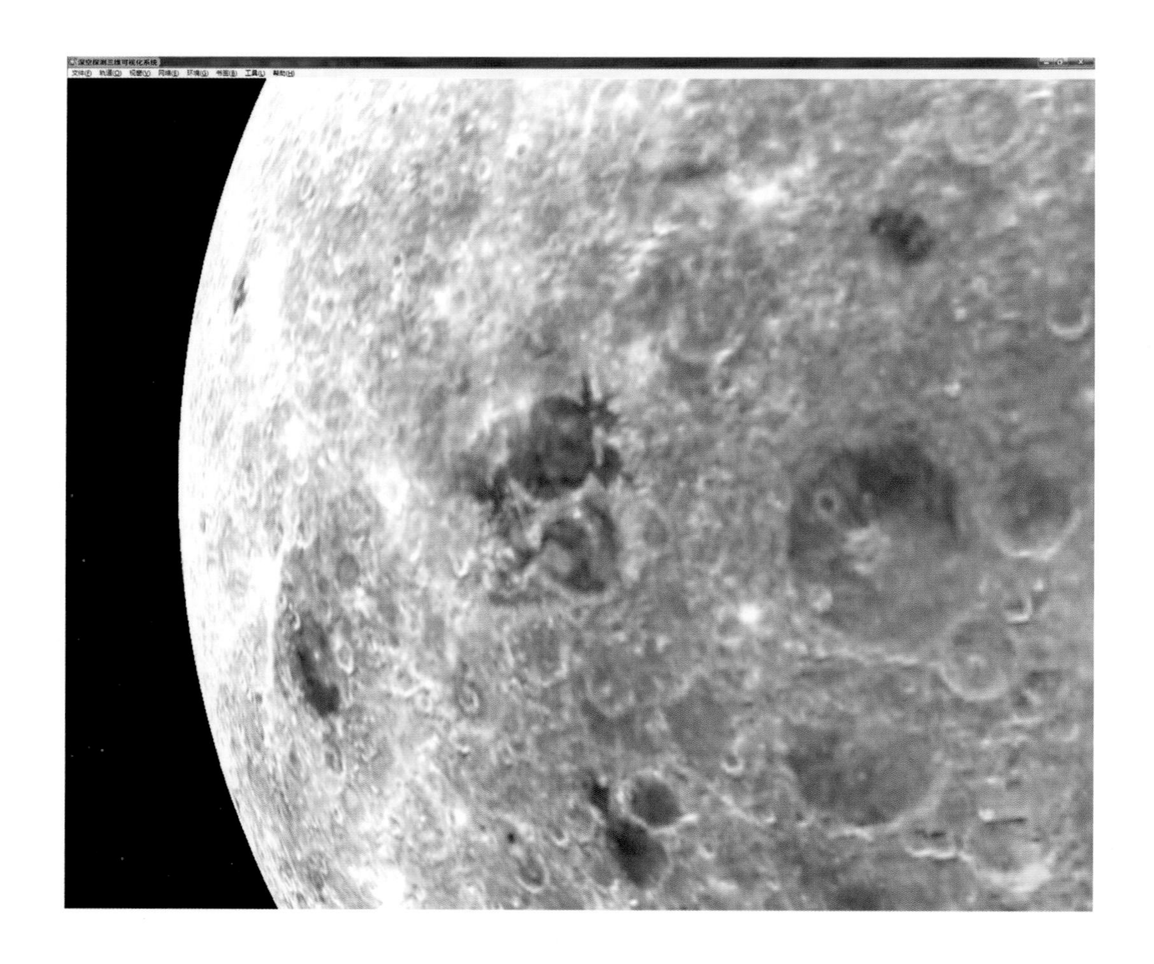

嫦娥二号卫星配备有高分辨率的 CCD 立体相机、伽马谱仪、太阳风粒子探测器、高能粒子探测器等 7 种科学仪器。

深空探测三维可视化系统模拟西昌卫星发射中心嫦娥二号卫星发射准备状态。

深空探测三维可视化系统对长征三号运载火箭上升段过程的实时可视化。

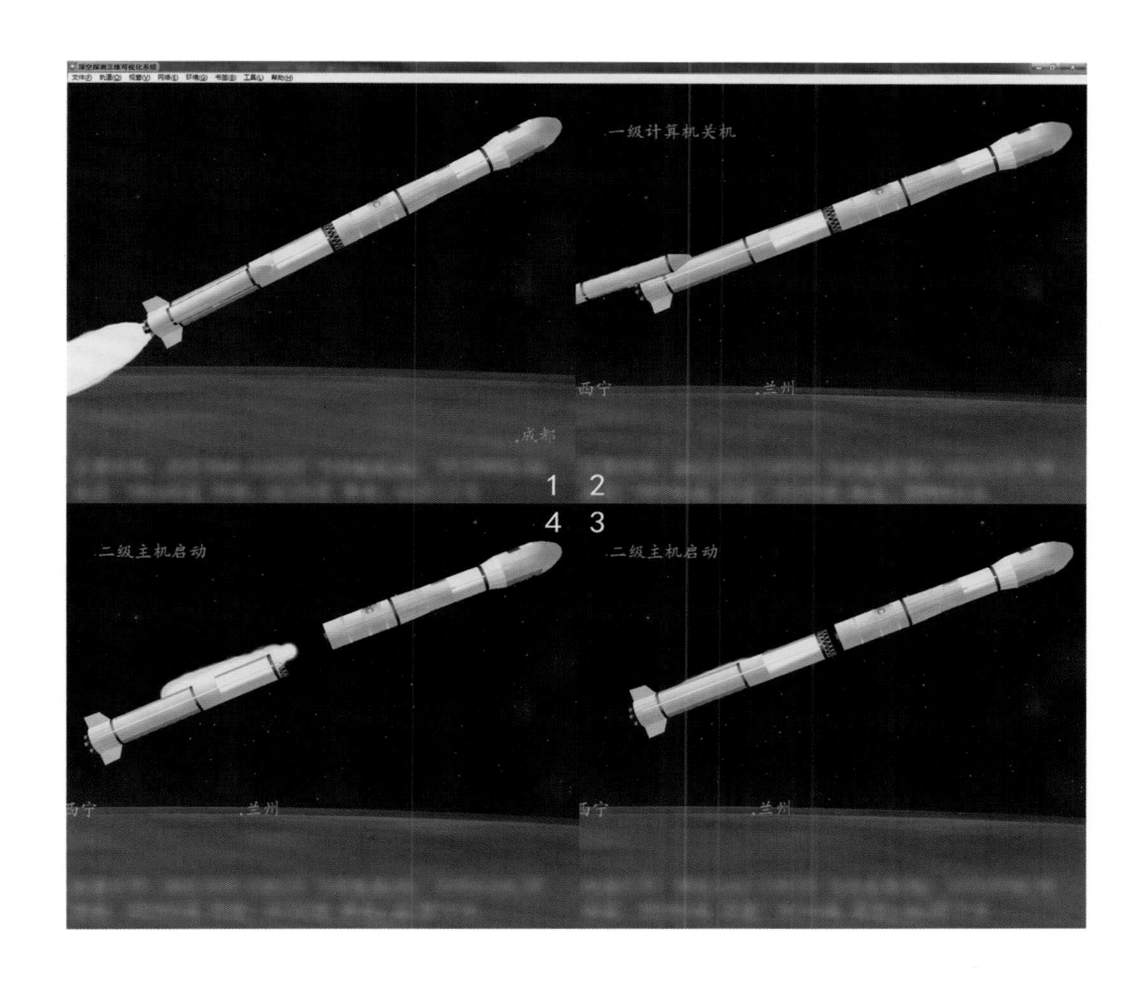

深空探测三维可视化系统对长征三号运载火箭一级火箭关机分离、二级火箭开机工作过程的实时可视化。

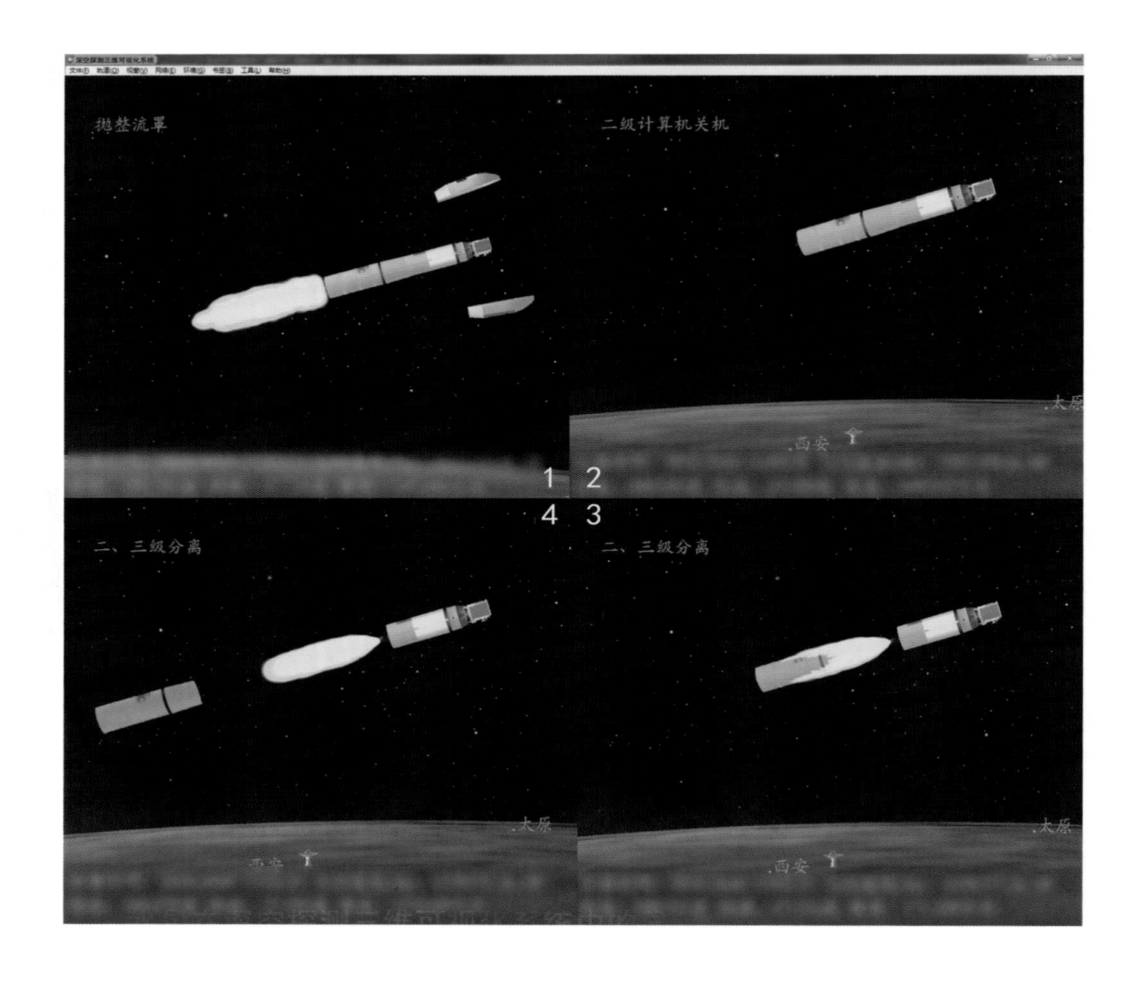

深空探测三维可视化系统对长征三号运载火箭二级火箭关机分离、三级火箭开机过程的实时可视化。

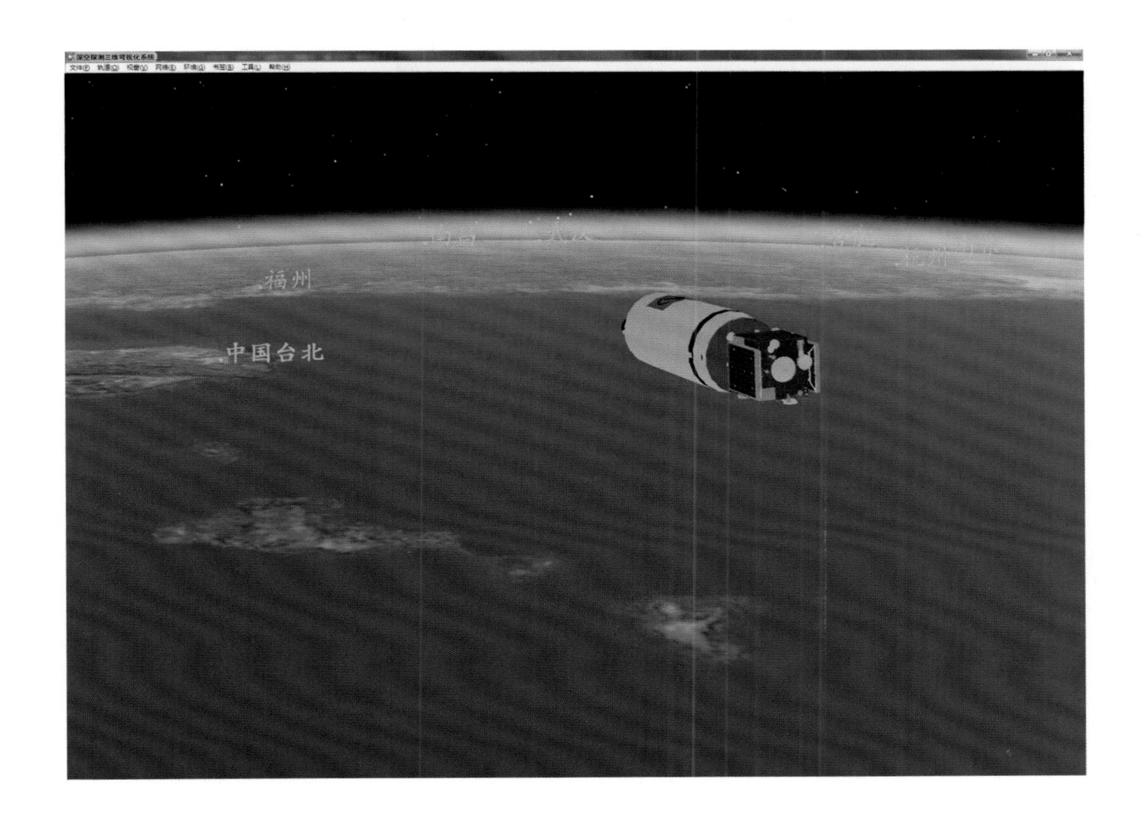

深空探测三维可视化系统对“星箭分离”准备过程的实时可视化。

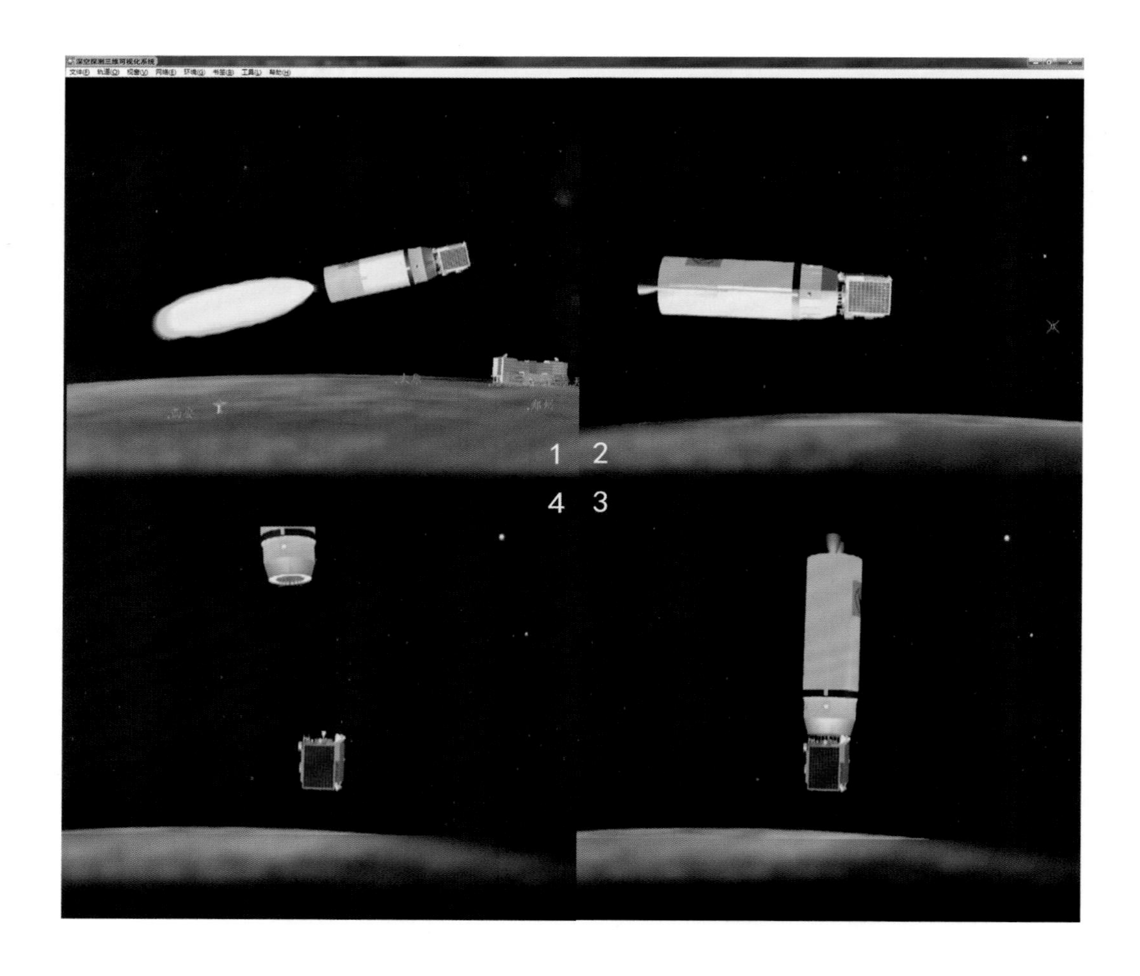

深空探测三维可视化系统对“星箭分离”过程的实时可视化。

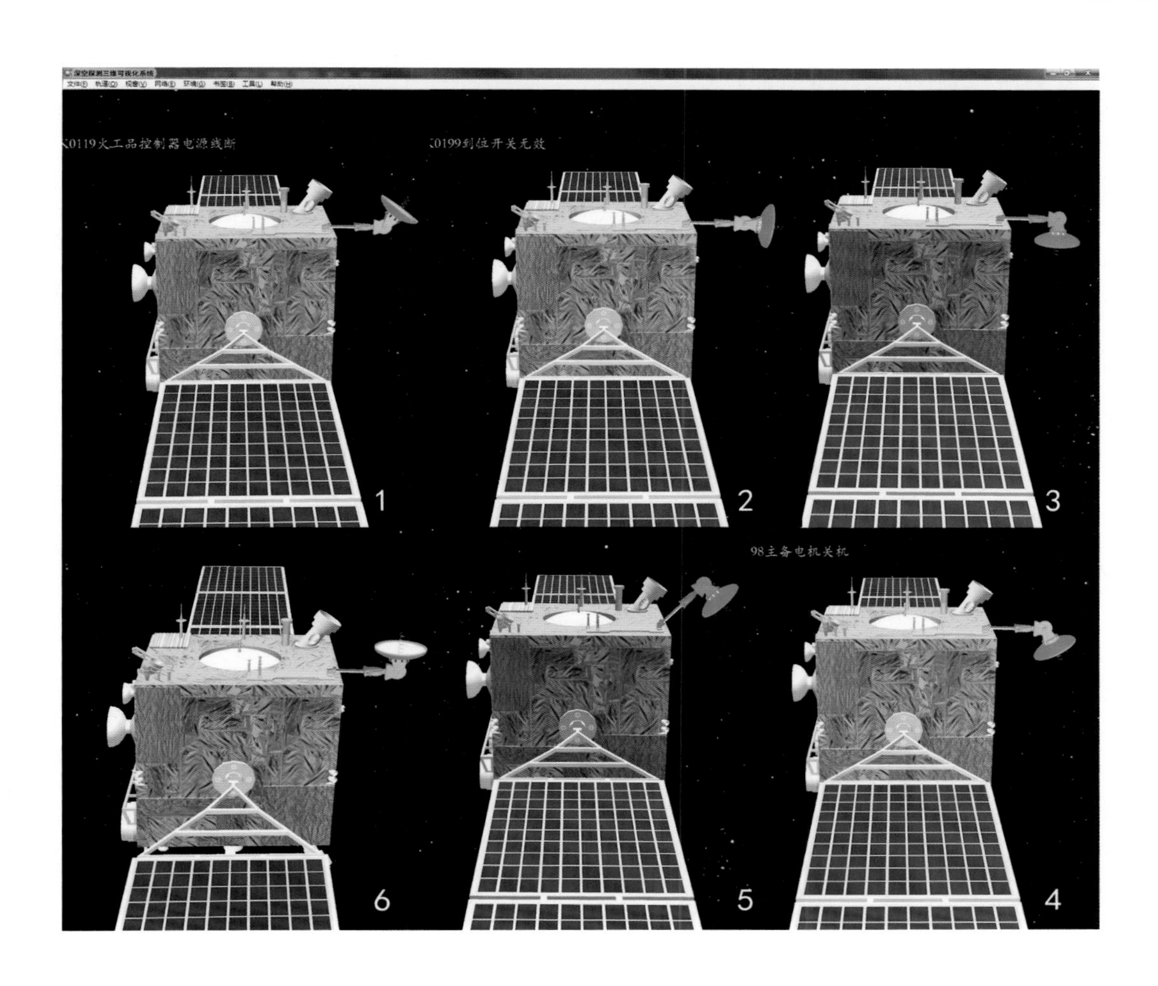

深空探测三维可视化系统对嫦娥二号卫星定向天线初始化过程的实时可视化。

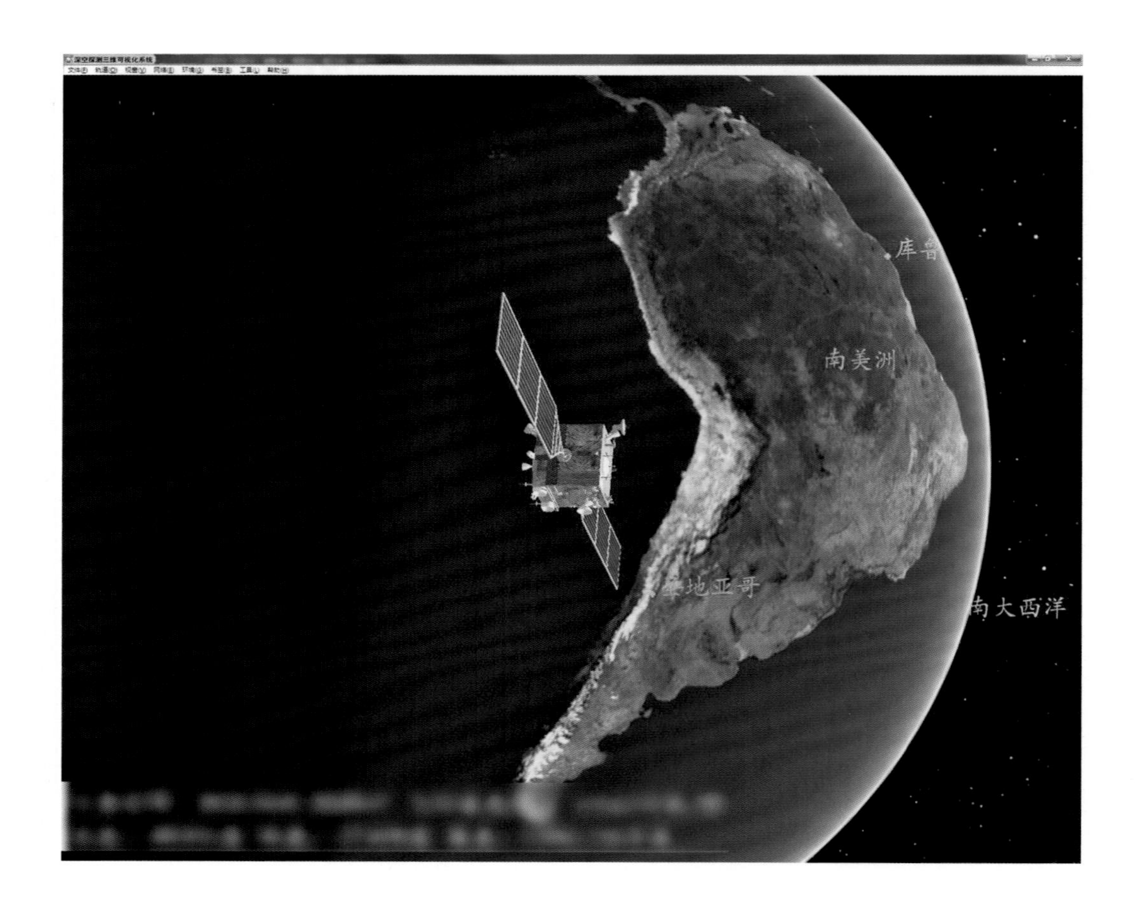

深空探测三维可视化系统对嫦娥二号卫星姿态的实时可视化。

嫦娥二号绕月探测任务期间，深空探测三维可视化系统在北京航天飞行控制中心工作实况。

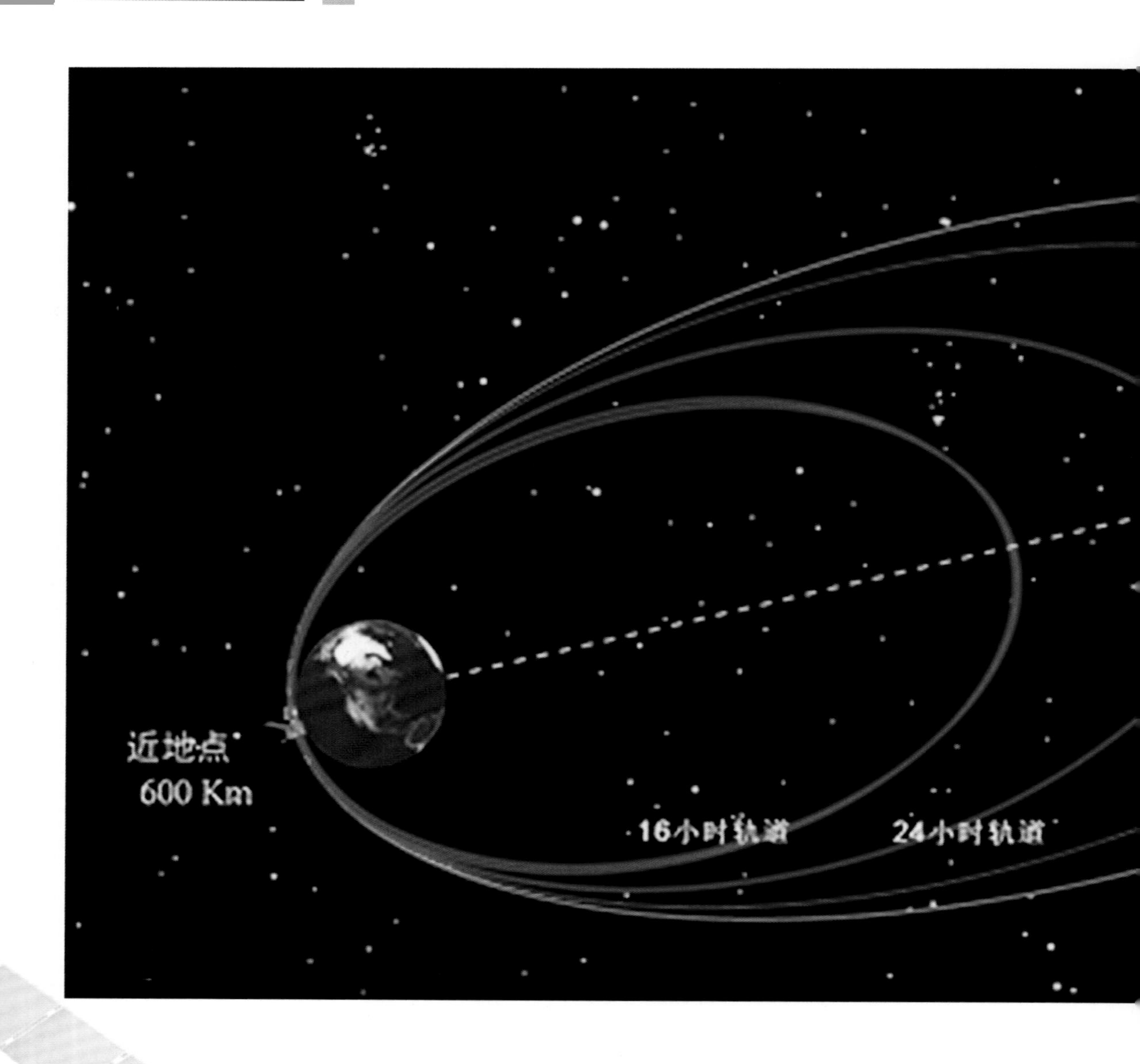

嫦娥二号全局轨道在深空探测三维可视化系统上的显示效果。

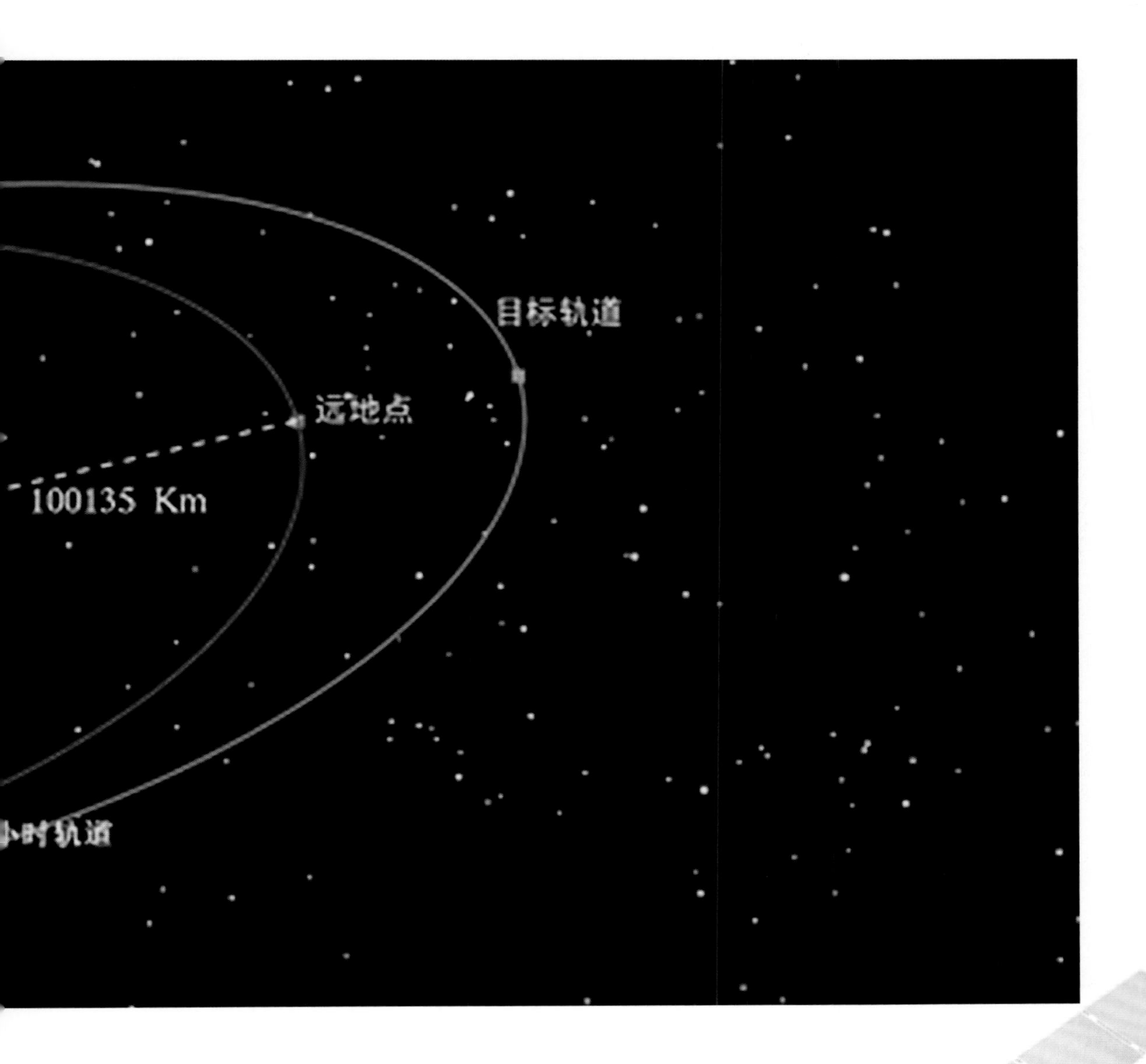
目标轨道
远地点
100135 Km
小时轨道

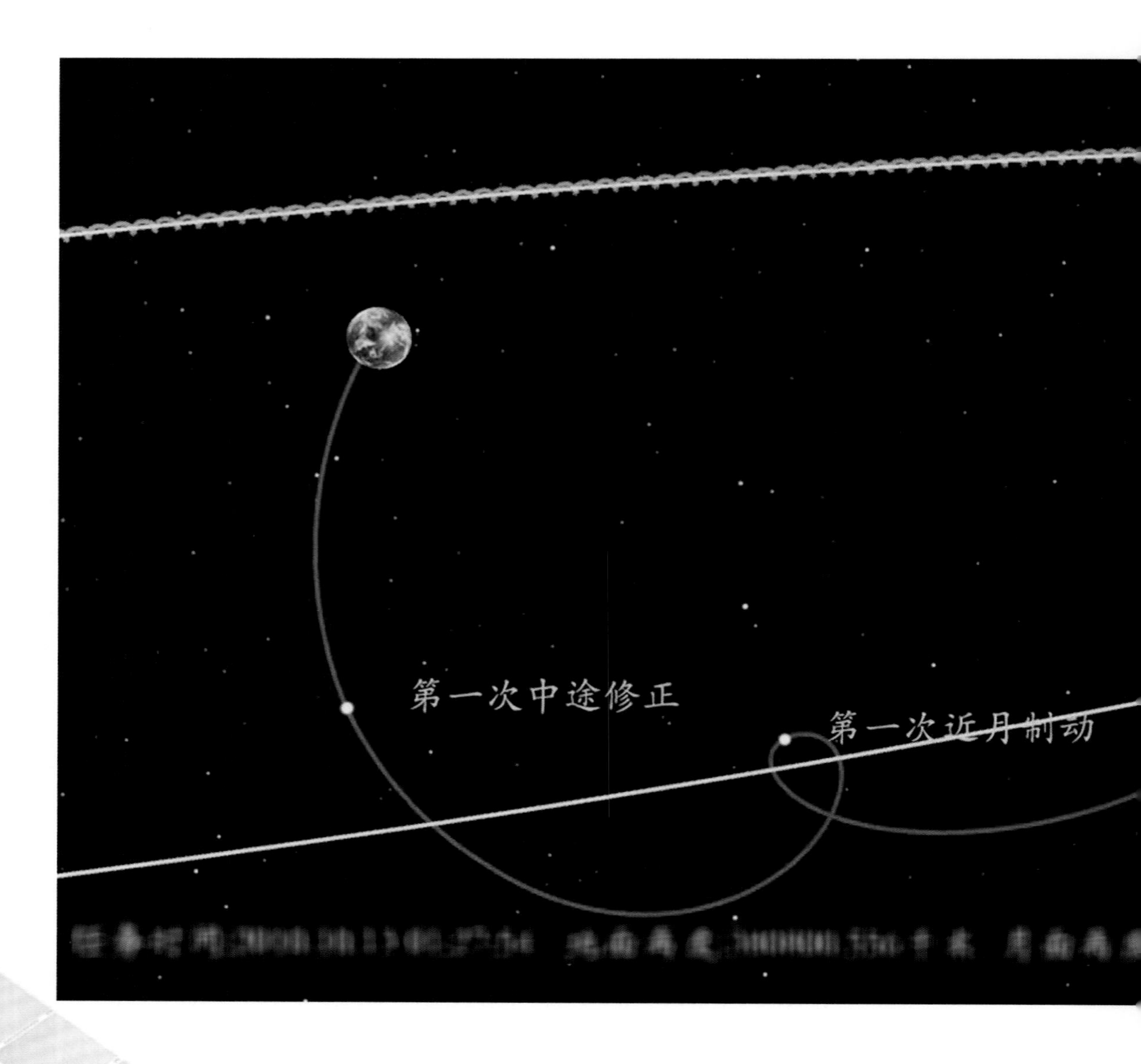

嫦娥二号地月转移段全程在深空探测三维可视化系统上的显示。

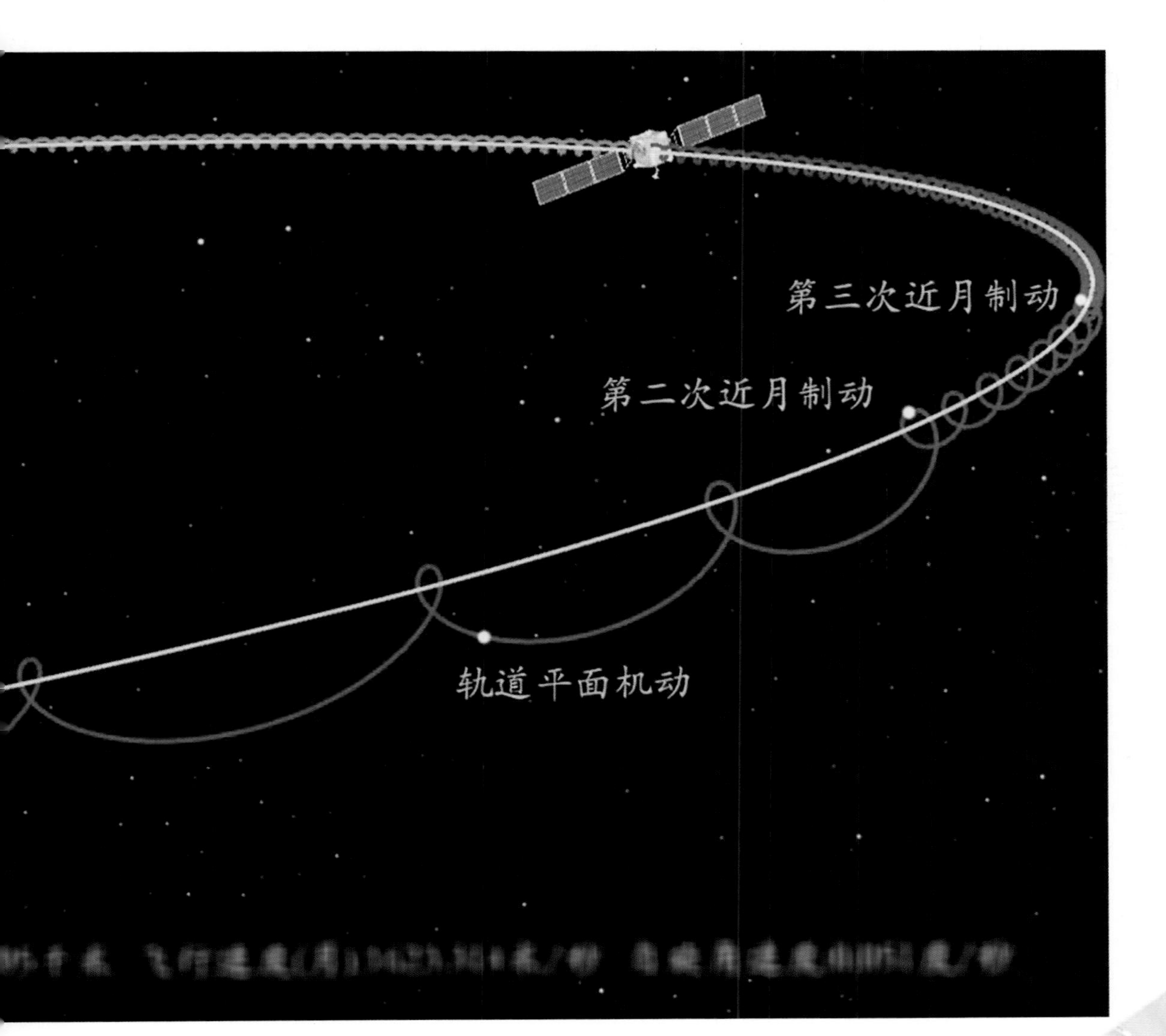
第三次近月制动
第二次近月制动
轨道平面机动

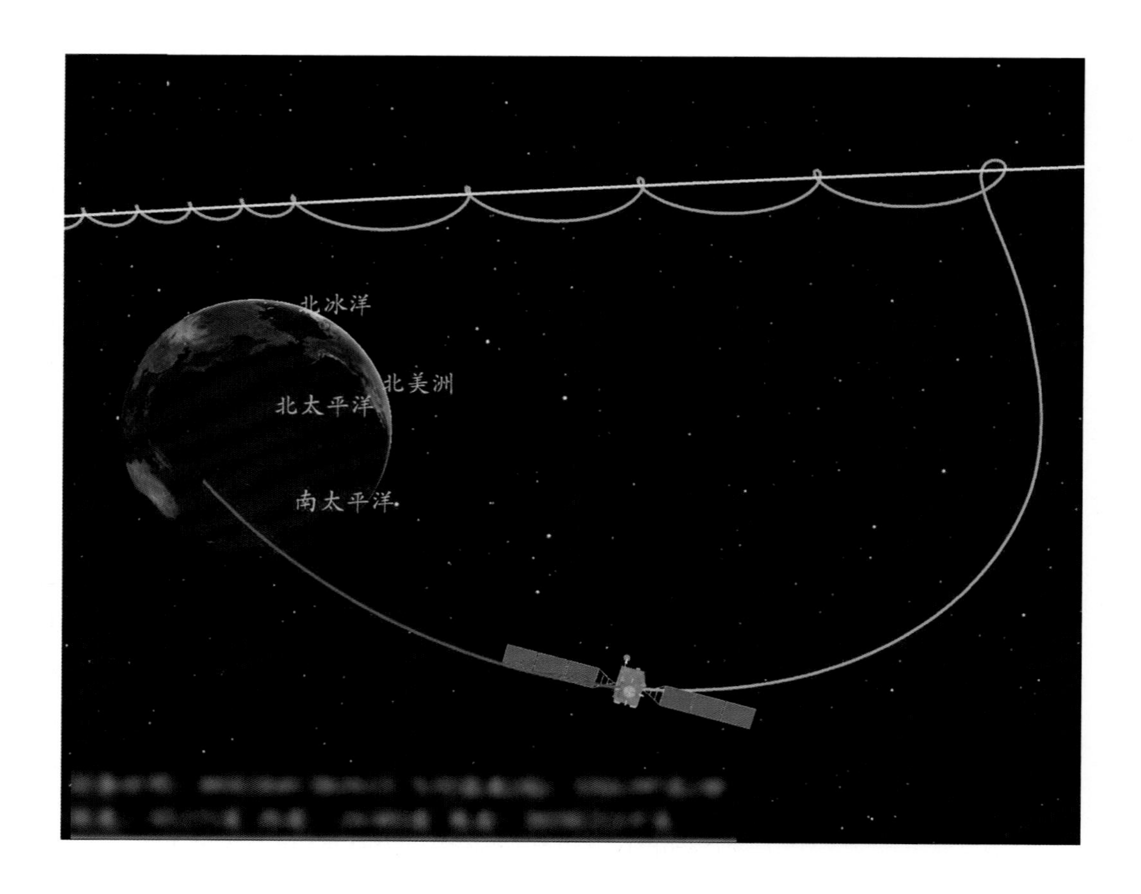

深空探测三维可视化系统对嫦娥二号第一次中途修正过程的实时可视化。

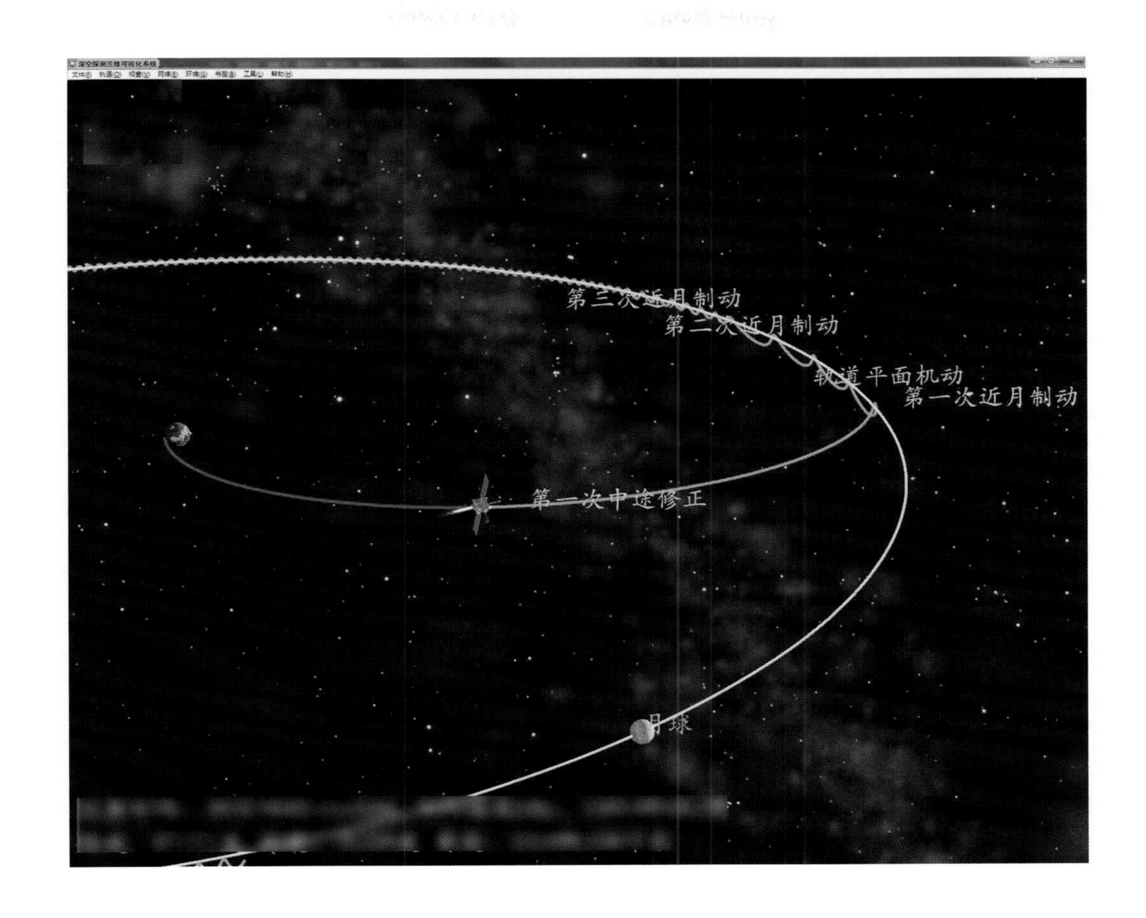

深空探测三维可视化系统对嫦娥二号卫星奔月过程关键事件的实时可视化。

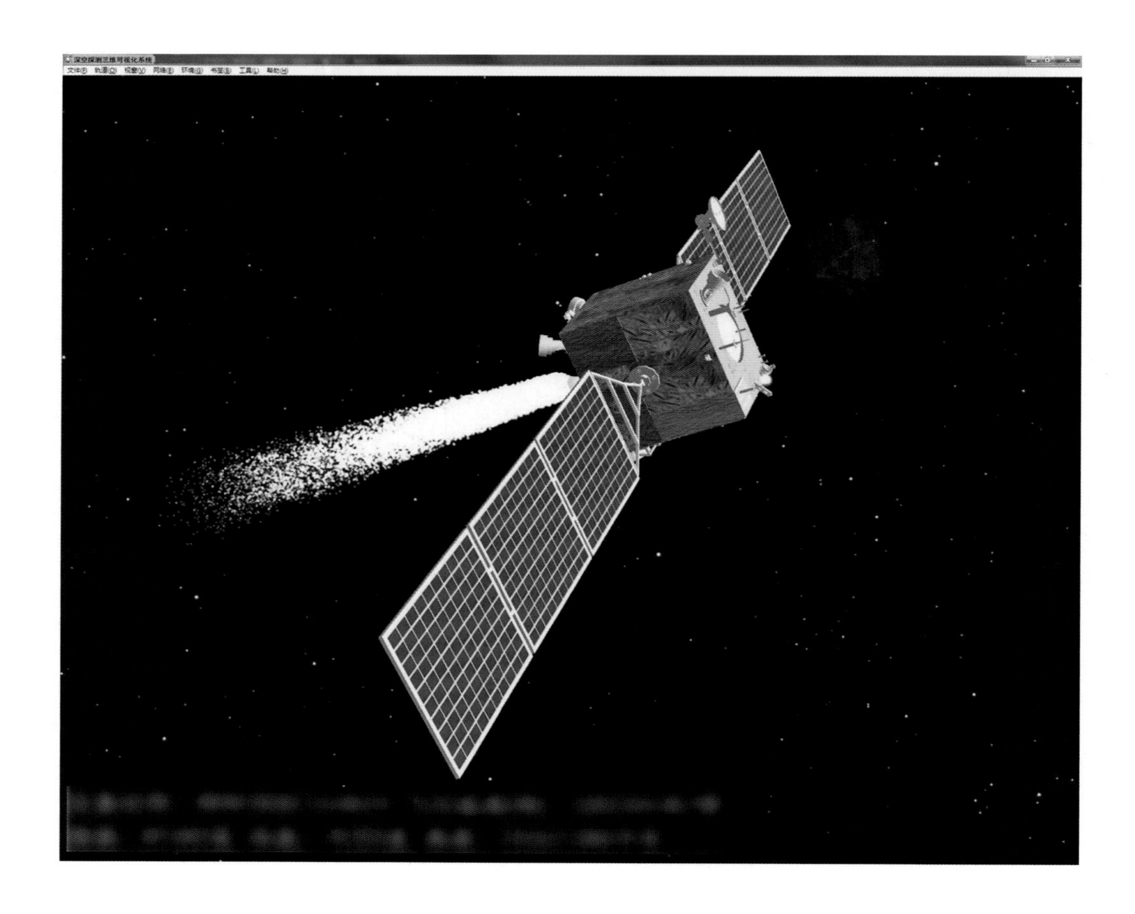

深空探测三维可视化系统对嫦娥二号卫星490 N发动机开机过程的实时可视化。

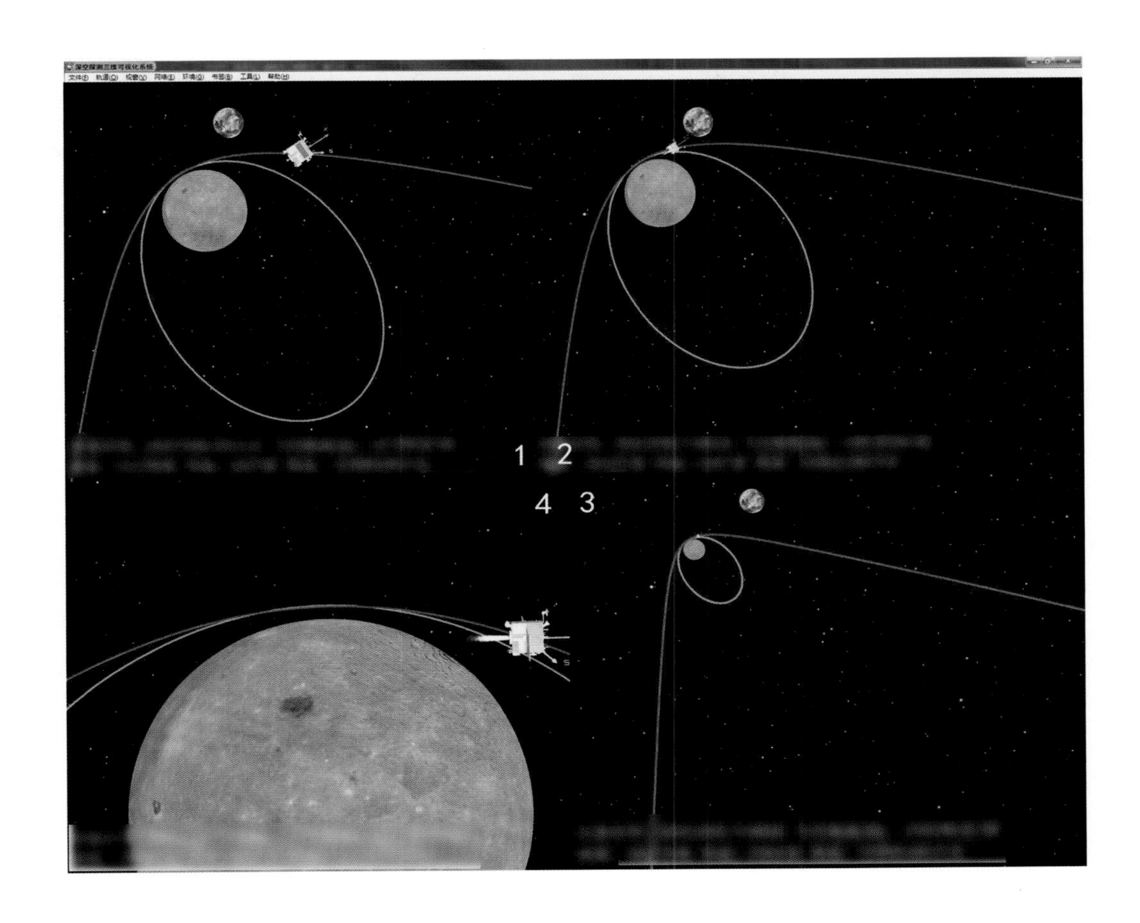

深空探测三维可视化系统对嫦娥二号第一次近月制动过程的实时可视化。

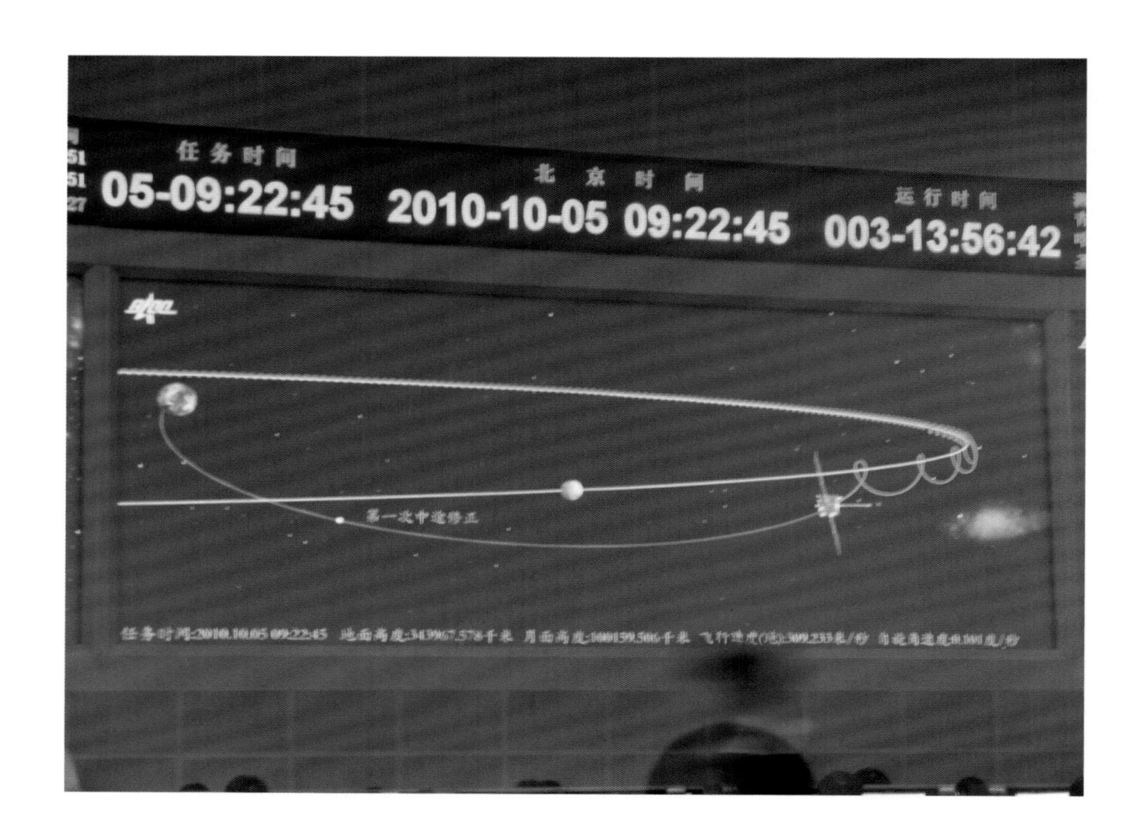

深空探测三维可视化系统在北京航天飞行控制中心呈现的嫦娥二号卫星第一次近月制动实况。

北京航天飞行控制中心，第一次近月制动现场，注入控制参数。

北京航天飞行控制中心，第一次近月制动现场实况。

第一次近月轨道制动后，深空探测三维可视化系统对嫦娥二号进行轨道平面机动过程的实时可视化。

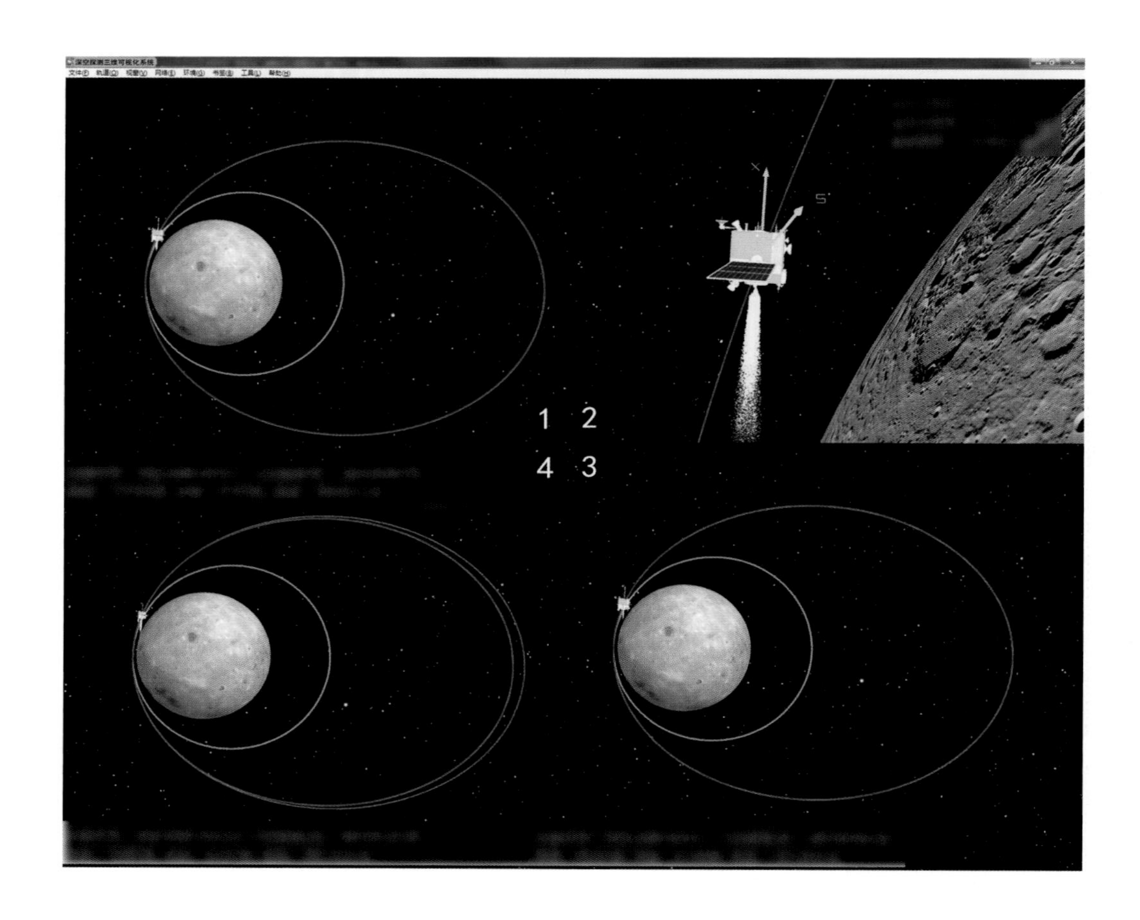

深空探测三维可视化系统对嫦娥二号第二次近月制动轨道变化过程的实时可视化。

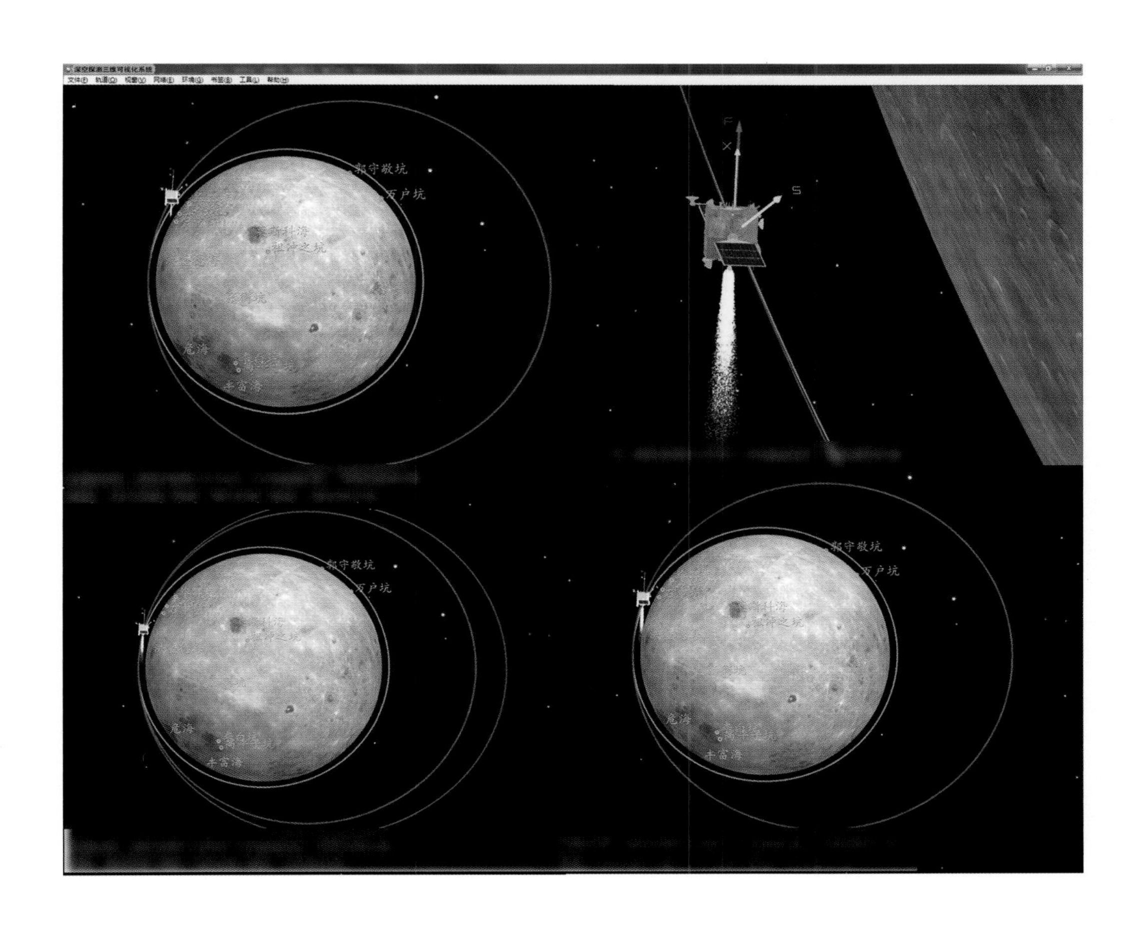

深空探测三维可视化系统对嫦娥二号第三次近月制动轨道变化过程的实时可视化。

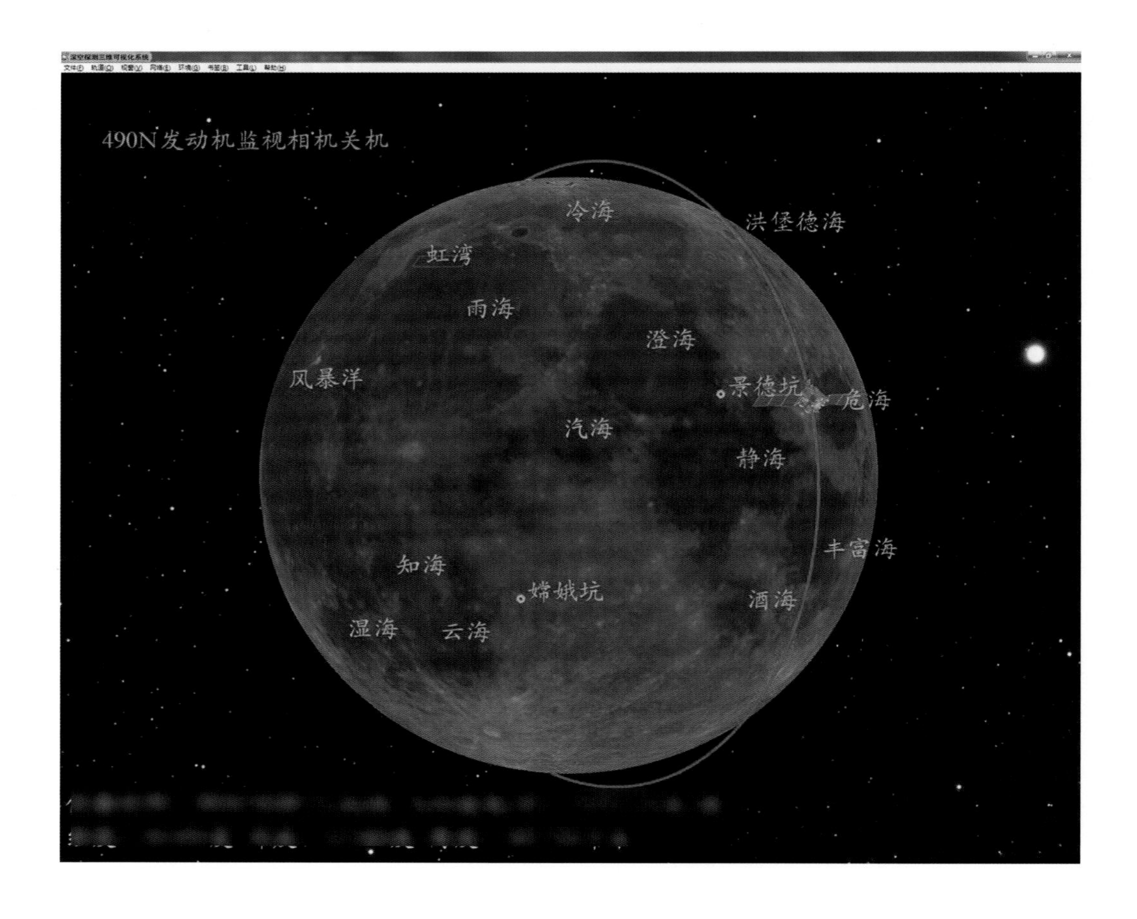

深空探测三维可视化系统对嫦娥二号进入环月轨道的实时可视化。

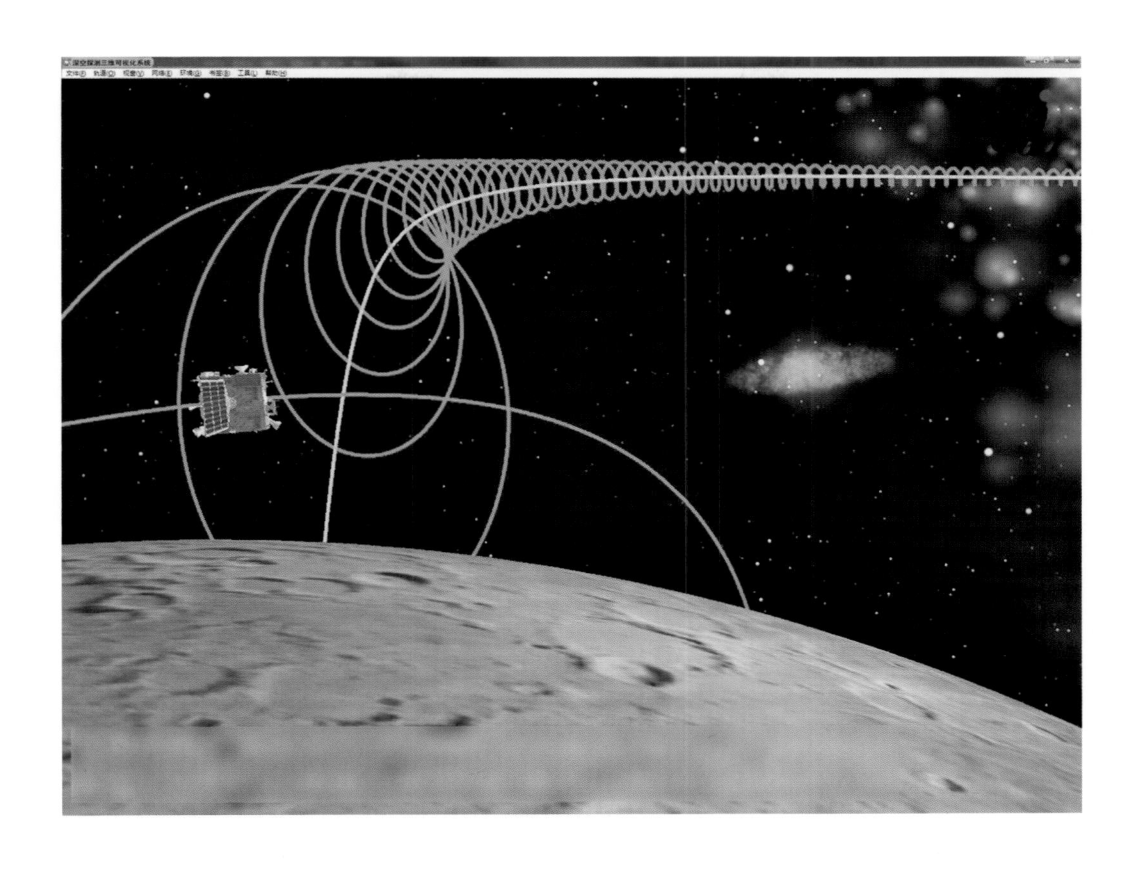

深空探测三维可视化系统对嫦娥二号进入环月轨道的实时可视化。

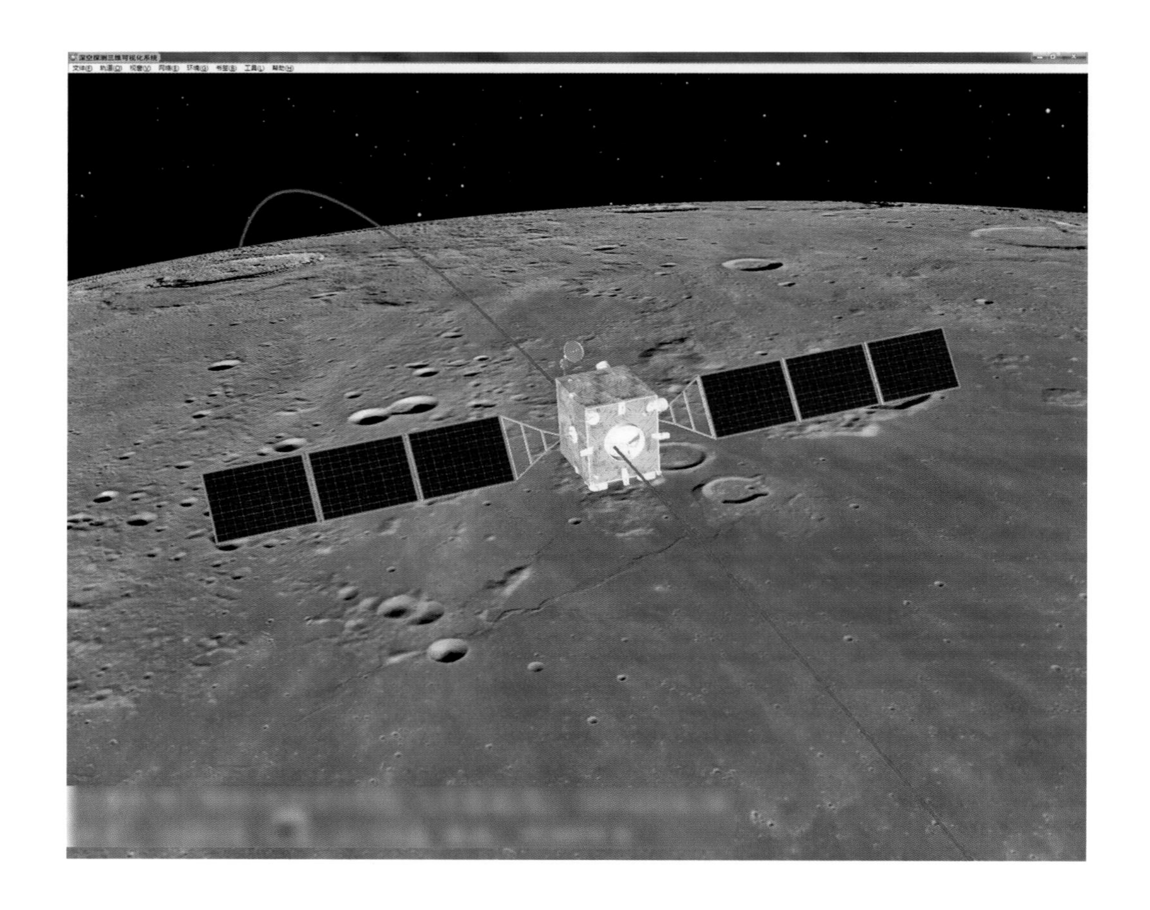

深空探测三维可视化系统对嫦娥二号在环月轨道进行姿态控制的实时可视化。

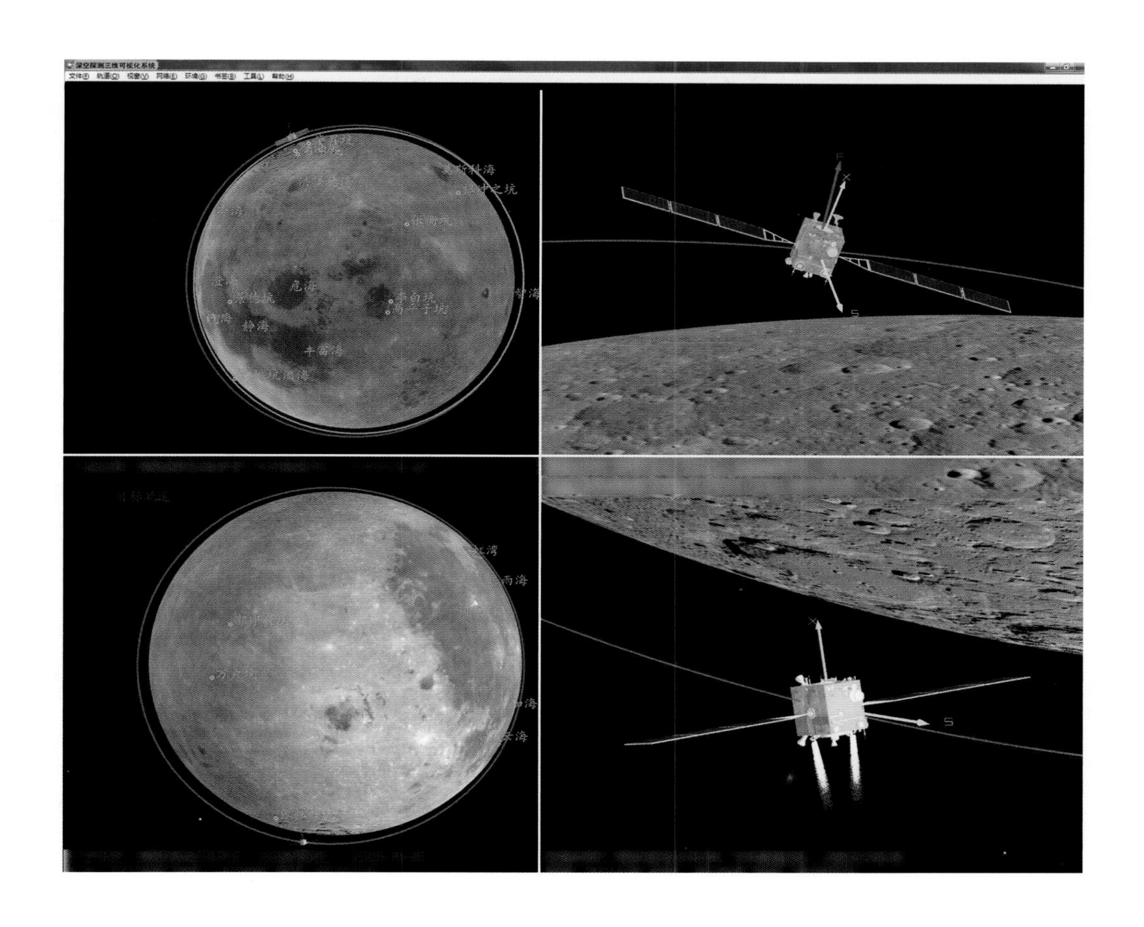

深空探测三维可视化系统对嫦娥二号在绕月轨道降轨过程的实时可视化。

深空探测三维可视化系统对嫦娥二号飞向月球表面虹湾拍照区的实时可视化。

深空探测三维可视化系统对月球表面的实时可视化。

嫦娥二号发射成功后，团队成员在任务间隙留影。

航天可视化团队对深空探测三维可视化系统进行测试。

航天可视化团队对深空探测三维可视化系统进行测试。

嫦娥二号发射成功后，团队成员在任务间隙留影。

嫦娥二号卫星完成第一次近月制动后，团队成员在任务间隙与嫦娥二号测控系统副总设计师周建亮合影。

嫦娥二号三维可视化团队部分成员合影留念。

2010 年 10 月 1 日，赵正旭教授在北京航天飞行控制中心接受媒体关于嫦娥二号卫星成功发射的电话采访。

专家组对嫦娥二号三维可视化平台进行科技成果鉴定。

航天可视化团队在评审会上对于嫦娥二号三维可视化平台的开发技术指标以及性能等情况进行了汇报和总结。

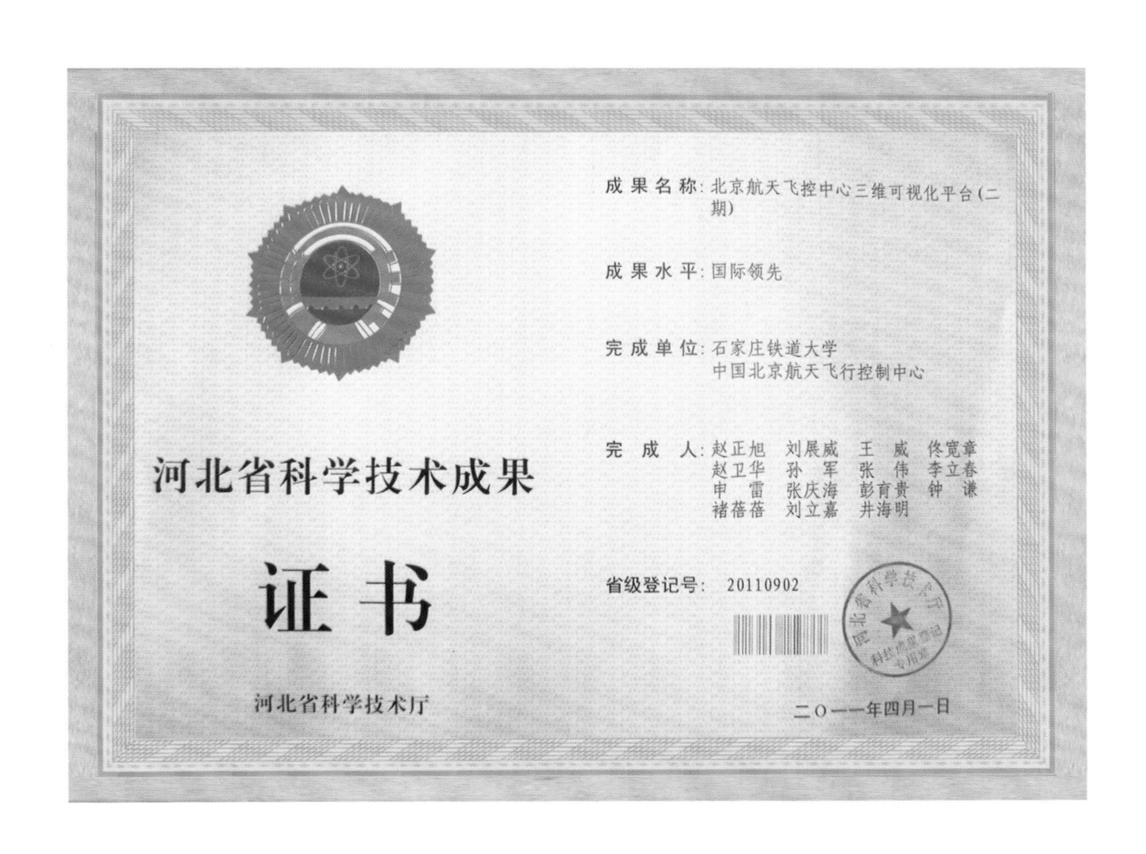

成果名称：北京航天飞控中心三维可视化平台（二期）

成果水平：国际领先

完成单位：石家庄铁道大学
中国北京航天飞行控制中心

完成人：赵正旭　刘展威　王　威　佟宽章
赵卫华　孙　军　张　伟　李立春
申　雷　张庆海　彭育贵　钟　谦
褚蓓蓓　刘立嘉　井海明

河北省科学技术成果

证书

省级登记号：20110902

河北省科学技术厅

二〇一一年四月一日

嫦娥二号三维可视化平台（二期）成果被认定为国际领先。

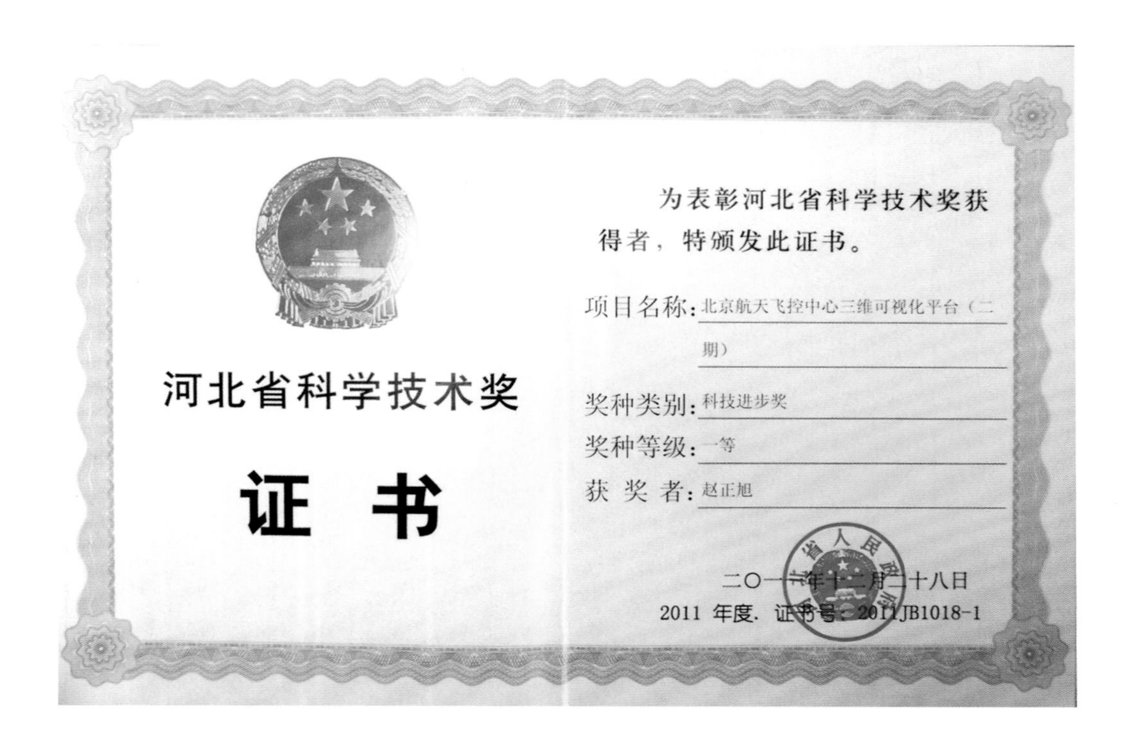
河北省科学技术奖

证 书

为表彰河北省科学技术奖获得者，特颁发此证书。

项目名称：北京航天飞控中心三维可视化平台（二期）

奖种类别：科技进步奖

奖种等级：一等

获 奖 者：赵正旭

二〇一一年十二月二十八日

2011 年度. 证书号：2011JB1018-1

嫦娥二号三维可视化平台（二期）成果荣获河北省科学技术进步一等奖。

感谢函

值此嫦娥二号卫星成功发射、准确入轨、顺利环月之际，特向贵校表示热烈的祝贺和诚挚的感谢！

在举国欢庆伟大祖国成立61周年之际，我们携手完成了嫦娥二号卫星的飞控可视化显示任务。嫦娥二号任务的成功，极大地振奋了中华民族的自信心，进一步增强了民族的凝聚力和自豪感。

在嫦娥二号卫星任务的准备和执行过程中，贵校赵正旭教授带领项目团队与中心协作研发的"探月二期工程三维可视化系统"为任务提供了准确实时的三维视景仿真，系统功能全面、性能稳定、展现精彩。贵校科学统筹、精心组织、精心测试、精心实施，与飞控中心团结协作、密切配合，确保了任务的顺利实施，为任务圆满完成奠定了坚实基础。在任务中，贵校项目团队充分展现了开拓创新、顽强拼搏的进取精神，严慎细实、一丝不苟的工作作风，深深值得我们学习。在此，谨向贵校致以崇高的敬意，对你们所给予的大力支持表示衷心的感谢！

长箭载星奔月去，神州欢腾歌声飞。让我们大力弘扬"两弹一星"精神和载人航天精神，团结一心，密切协作，再接再厉，拼搏奉献，争取我国航天事业的更大胜利，续写中华民族的壮丽篇章！

嫦娥二号任务测控通信指挥部指挥长：

二〇一〇年十月九日

嫦娥二号卫星成功发射、准确入轨、顺利环月后，北京航天飞行控制中心致航天可视化团队感谢函。

探月工程嫦娥二号任务

航天可视化研发团队参加了我国探月工程嫦娥二号任务，与北京航天飞行控制中心密切协作，集智攻关，圆满完成了测控可视化工作，谨此致谢！

BACC 北京航天飞行控制中心
Beijing Aerospace Control Center

二〇一〇年十月

嫦娥二号卫星成功发射、准确入轨、顺利环月后，北京航天飞行控制中心致航天可视化团队感谢函。

证书

获奖项目：空间探测可视化平台

获奖单位：石家庄铁道大学

获奖等级：军队科技进步叁等奖

奖励日期：2011 年 10 月

证 书 号：2011SL3010

总 装 备 部

中国人民解放军总装备部

航天可视化团队研发的空间探测可视化平台荣获军队科技进步叁等奖。

北京航天飞行控制中心聘请赵正旭教授为特聘专家。

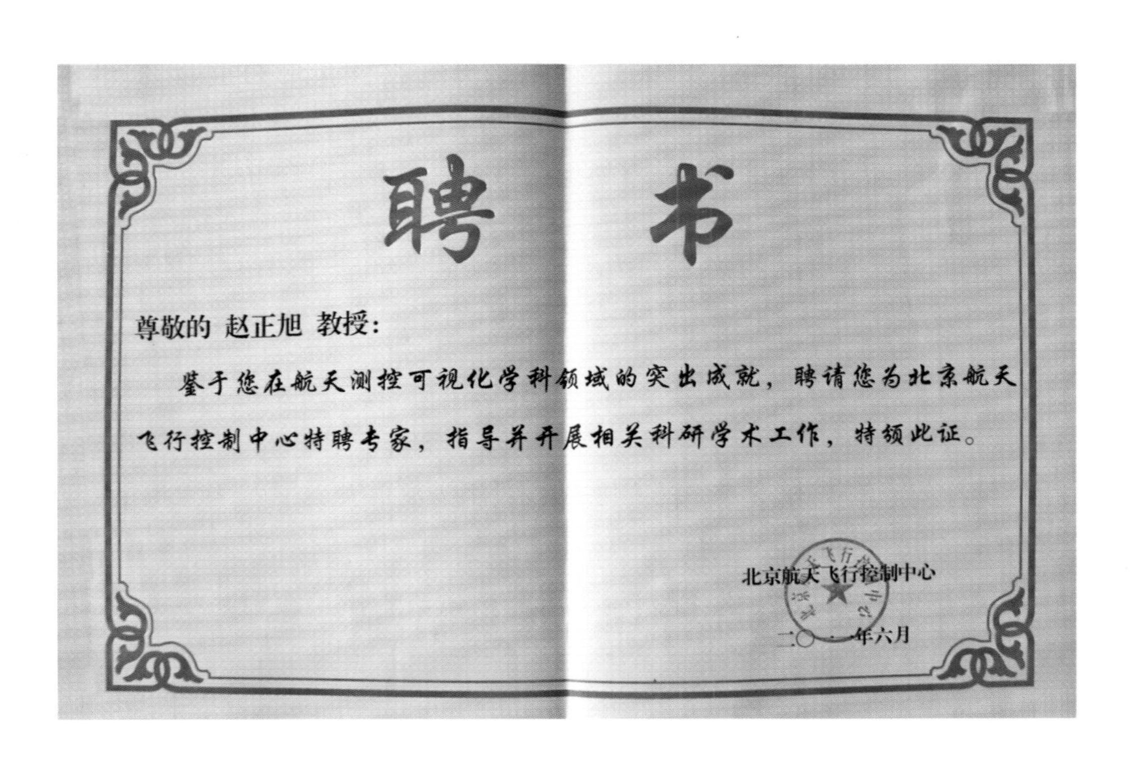
聘书

尊敬的 赵正旭 教授：

鉴于您在航天测控可视化学科领域的突出成就，聘请您为北京航天飞行控制中心特聘专家，指导并开展相关科研学术工作，特颁此证。

北京航天飞行控制中心

二○一一年六月

北京航天飞行控制中心聘请赵正旭教授为特聘专家。

嫦娥二号任务飞行成功纪念册。

嫦娥二号驶向
拉格朗日 L2 点可视化任务

2011 年 8 月 25 日，经过 77 天的飞行，嫦娥二号从月球轨道出发，受控准确进入距离地球 1 500 000 km 的太阳与地球引力平衡点——拉格朗日 L2 点的环绕轨道，标志着中国成为世界上第三个造访日地拉格朗日 L2 点的国家。深空探测三维可视化系统承担了对任务全程的实时三维可视化飞行控制与指挥。

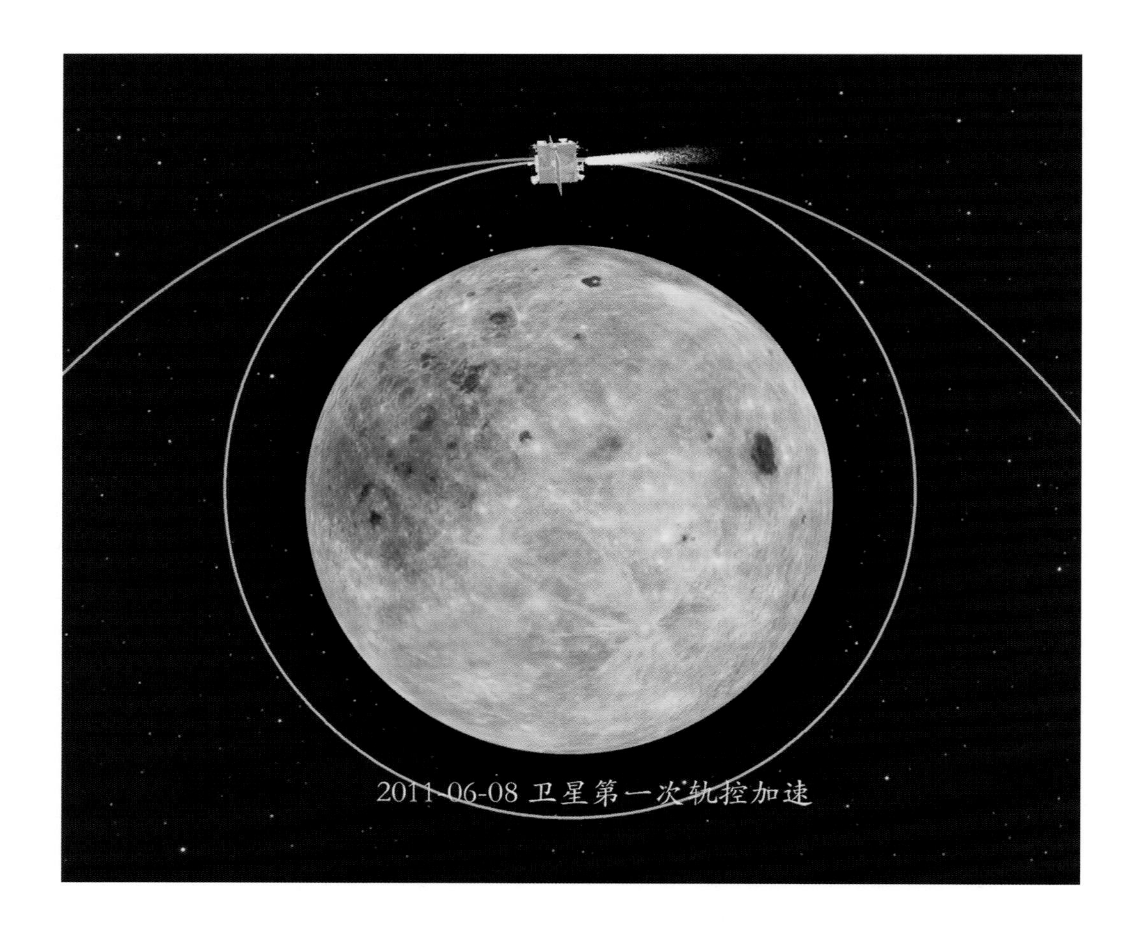

嫦娥二号进行第一次轨控加速，飞离环月轨道并驶向日地拉格朗日 L2 点，开启中国深空探测的新征程。

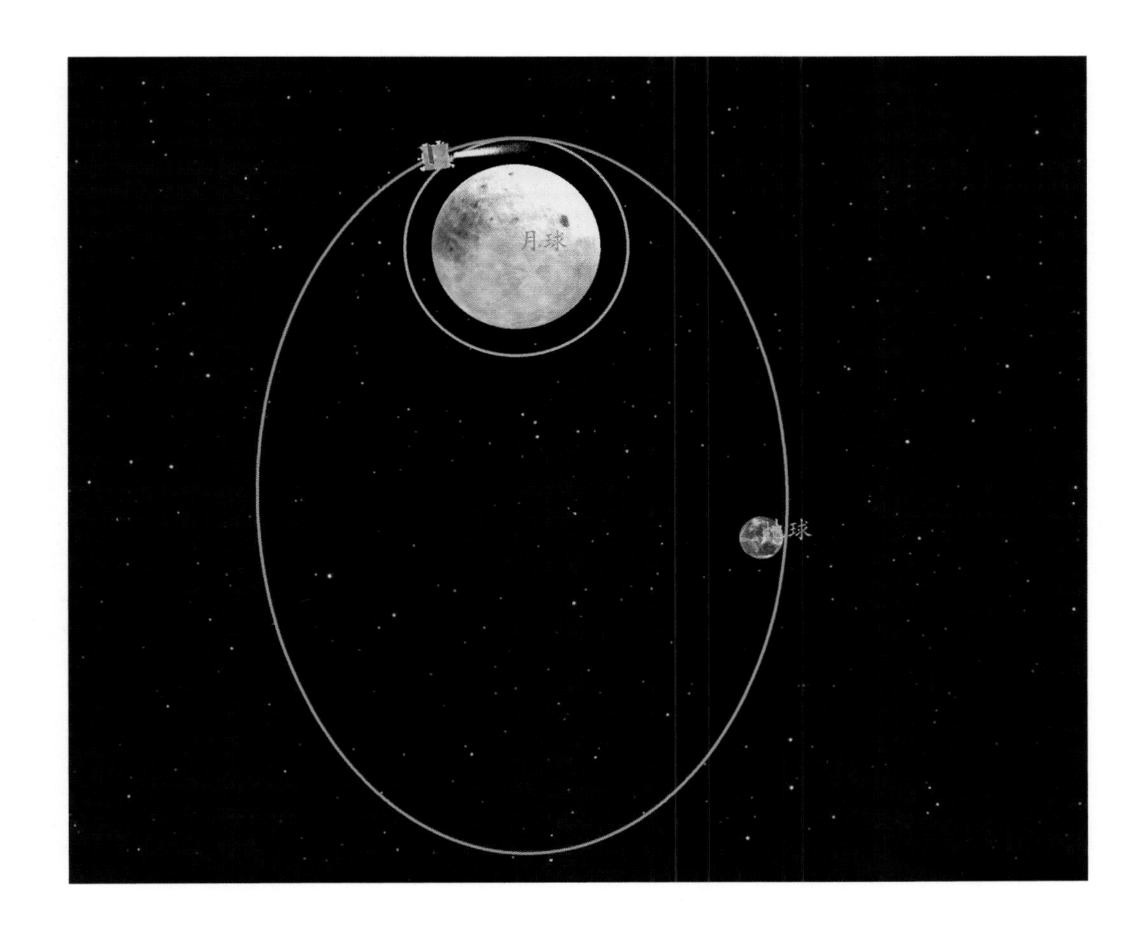

嫦娥二号飞行轨道三维可视化显示。

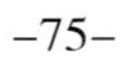

嫦娥二号飞离月球，抵达距地球 1 500 000 km 远的日地拉格朗日 L2 点。

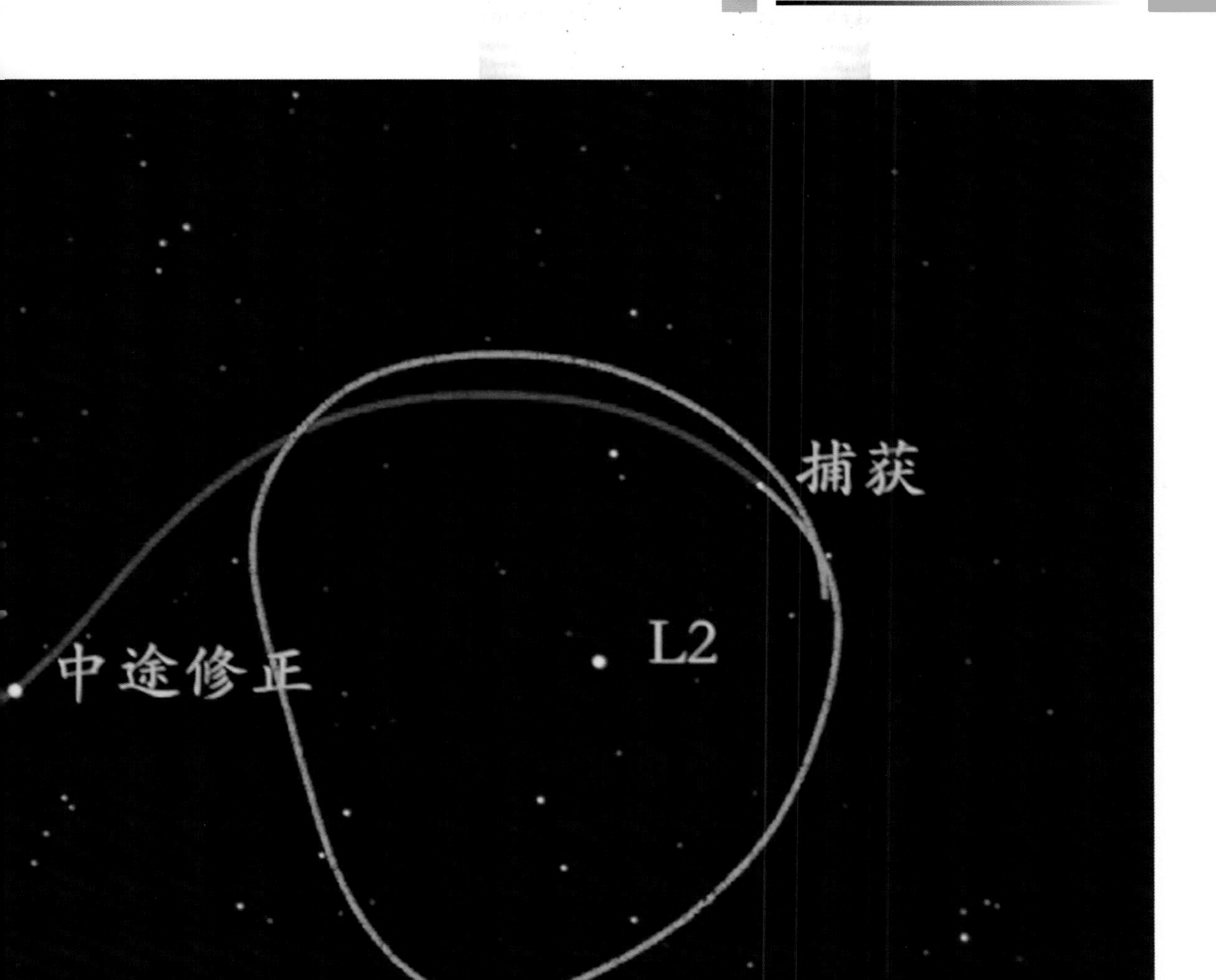
捕获
L2
中途修正

深空探测三维可视化系统为嫦娥二号从发射到飞越拉格朗日 L2 点并飞向深层空间等系列任务保驾护航。

嫦娥二号飞越
图塔蒂斯小行星可视化任务

2012 年 12 月 13 日，在距地球 7 000 000 km 远的深空，嫦娥二号卫星成功飞越 4179 号图塔蒂斯小行星，并捕获小行星影像，完成了 4179 号小行星国际首次近距离的光学探测。深空探测三维可视化系统承担任务全过程的实时三维可视化飞行控制与指挥。

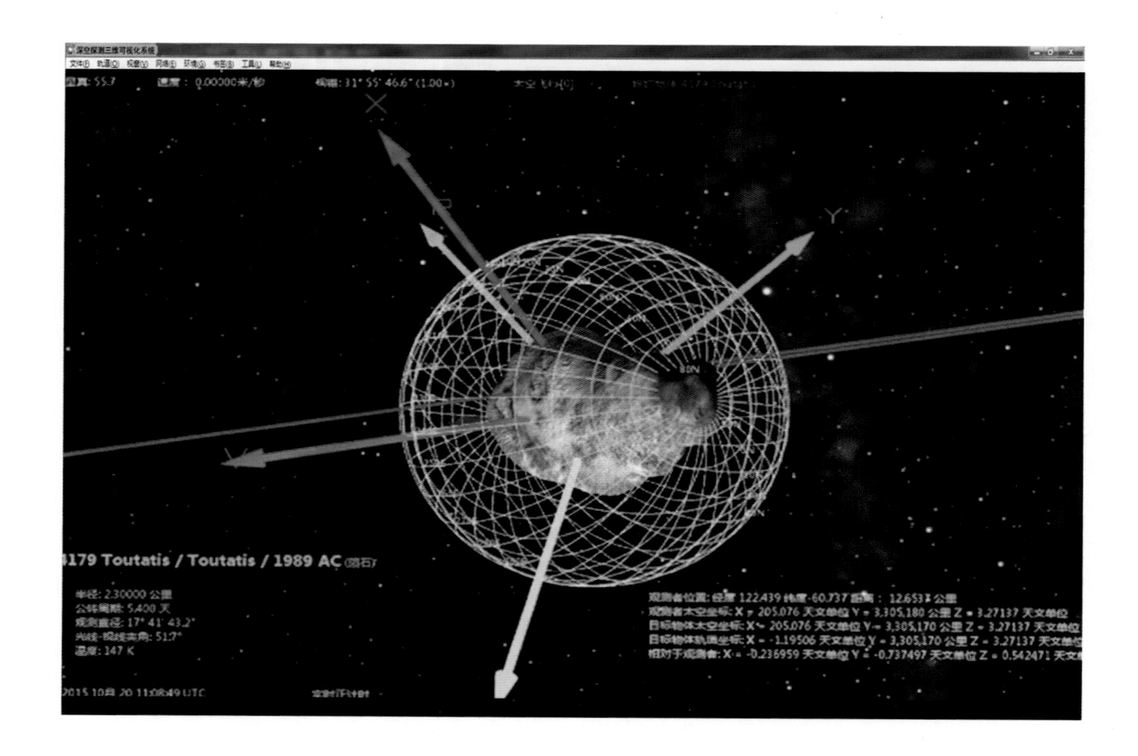

图塔蒂斯小行星在深空探测三维可视化系统中的三维显示。

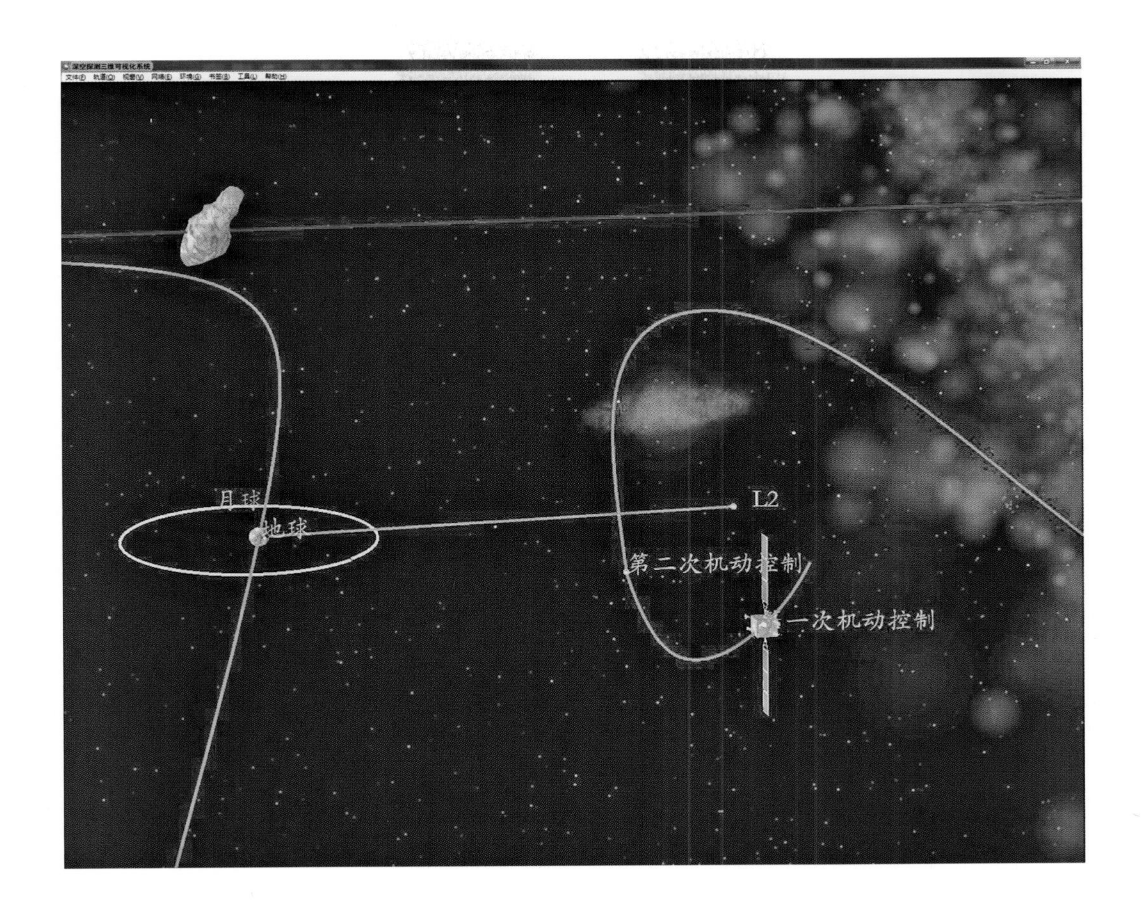

深空探测三维可视化系统对嫦娥二号由日地拉格朗日 L2 点飞向图塔蒂斯小行星过程的实时可视化。

深空探测三维可视化系统在北京航天飞行控制中心呈现的嫦娥二号对图塔蒂斯小行星进行飞越探测任务实况。

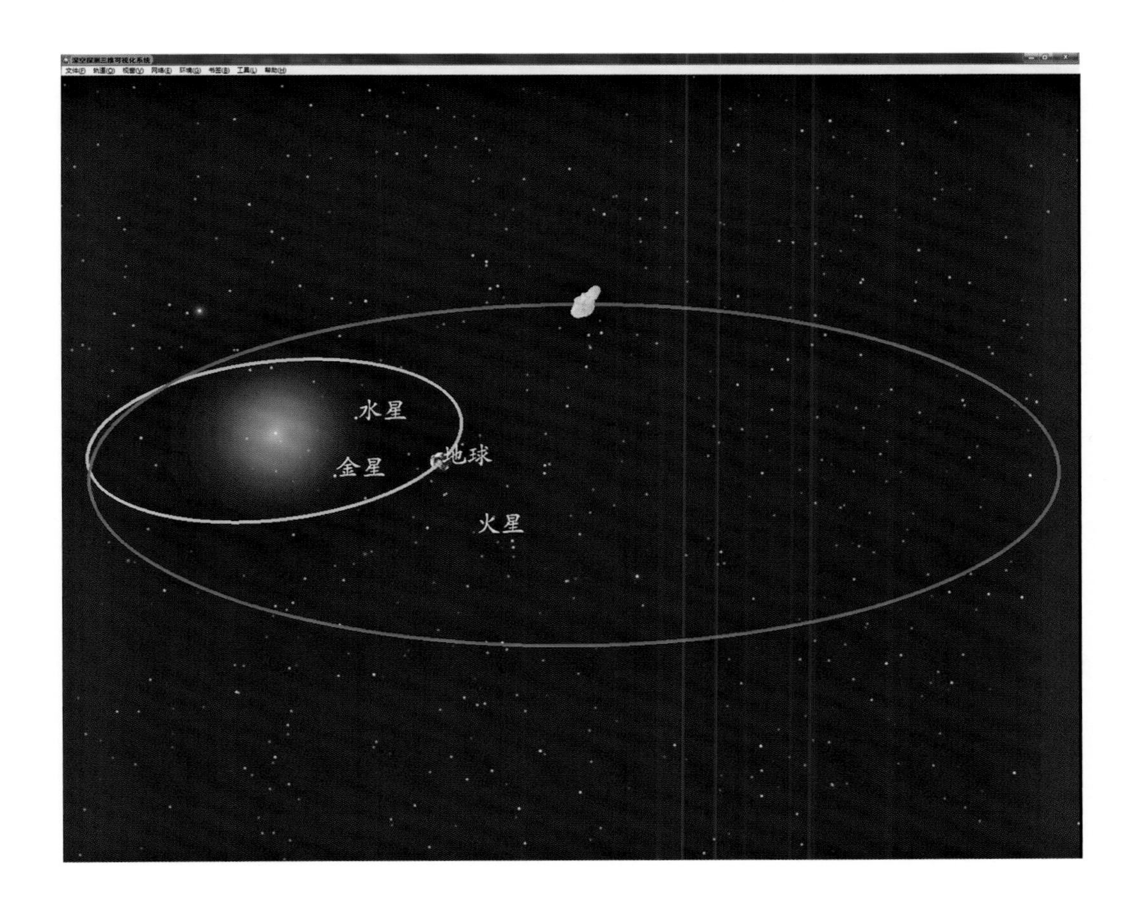

深空探测三维可视化系统对图塔蒂斯小行星运行轨道的实时可视化。

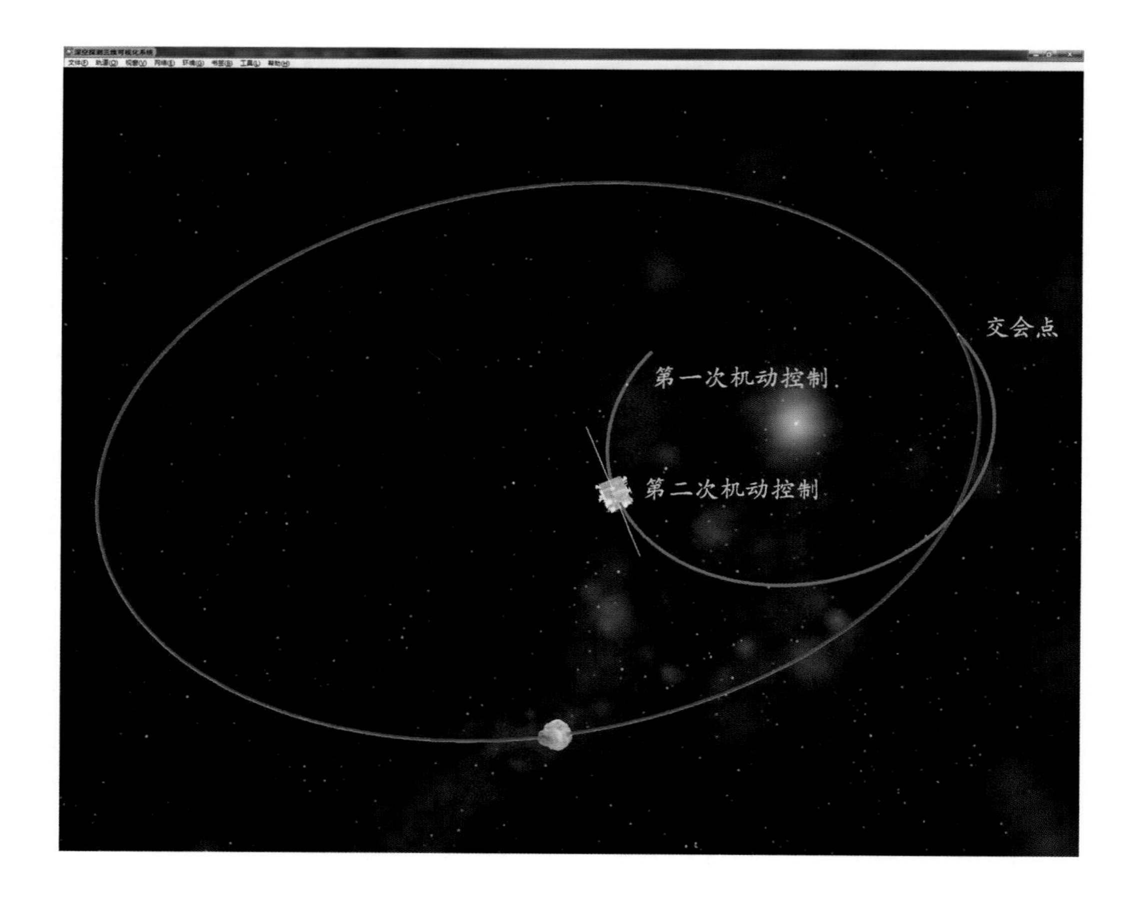

深空探测三维可视化系统对嫦娥二号与图塔蒂斯小行星交会过程的实时可视化。

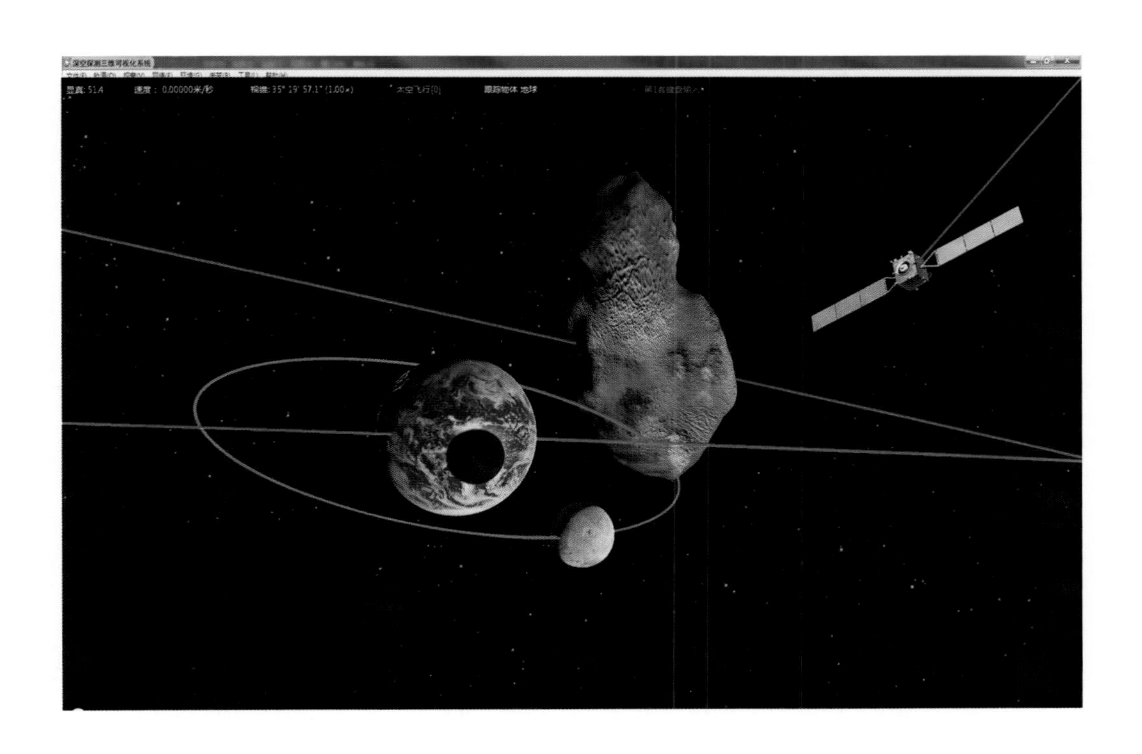

深空探测三维可视化系统对嫦娥二号飞越探测图塔蒂斯小行星的效果模拟。

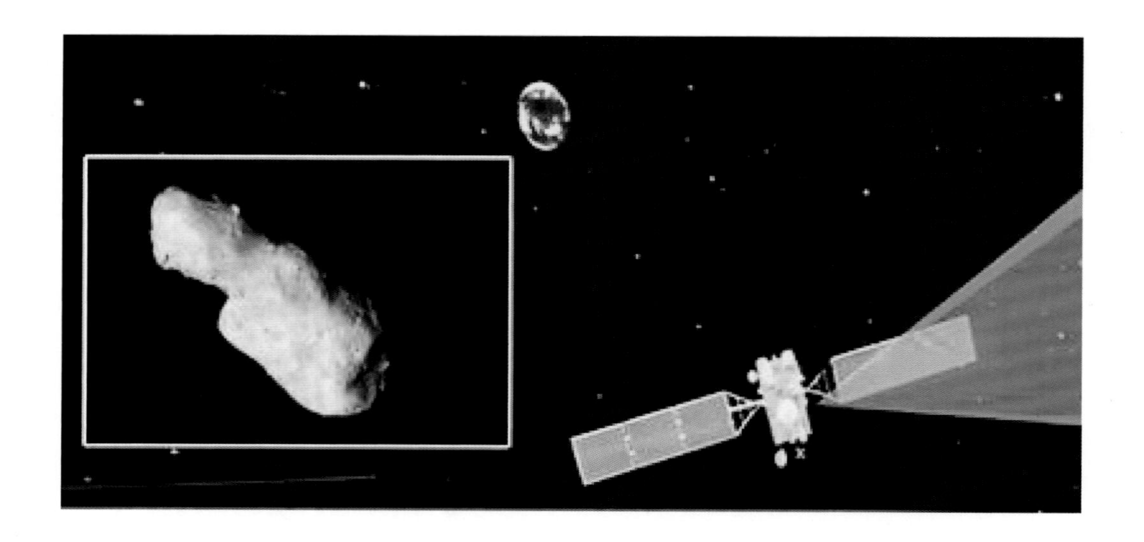

嫦娥二号与图塔蒂斯小行星最小距离达 3.2 km，交会时星载监视相机对小行星进行光学成像，这是国际上首次实现对该小行星的近距离观测。

天宫一号发射可视化任务

2011 年 9 月 29 日 21 时 16 分 03 秒，长征二号 FT1 运载火箭搭载天宫一号在酒泉卫星发射中心发射升空。深空探测三维可视化系统承担了对任务全过程的实时三维可视化飞行控制与指挥。

天宫一号目标飞行器是中国首个目标飞行器和空间实验室，分别与神舟八号、神舟九号和神舟十号飞船进行交会对接。深空探测三维可视化系统承担了上述任务的全程可视化。

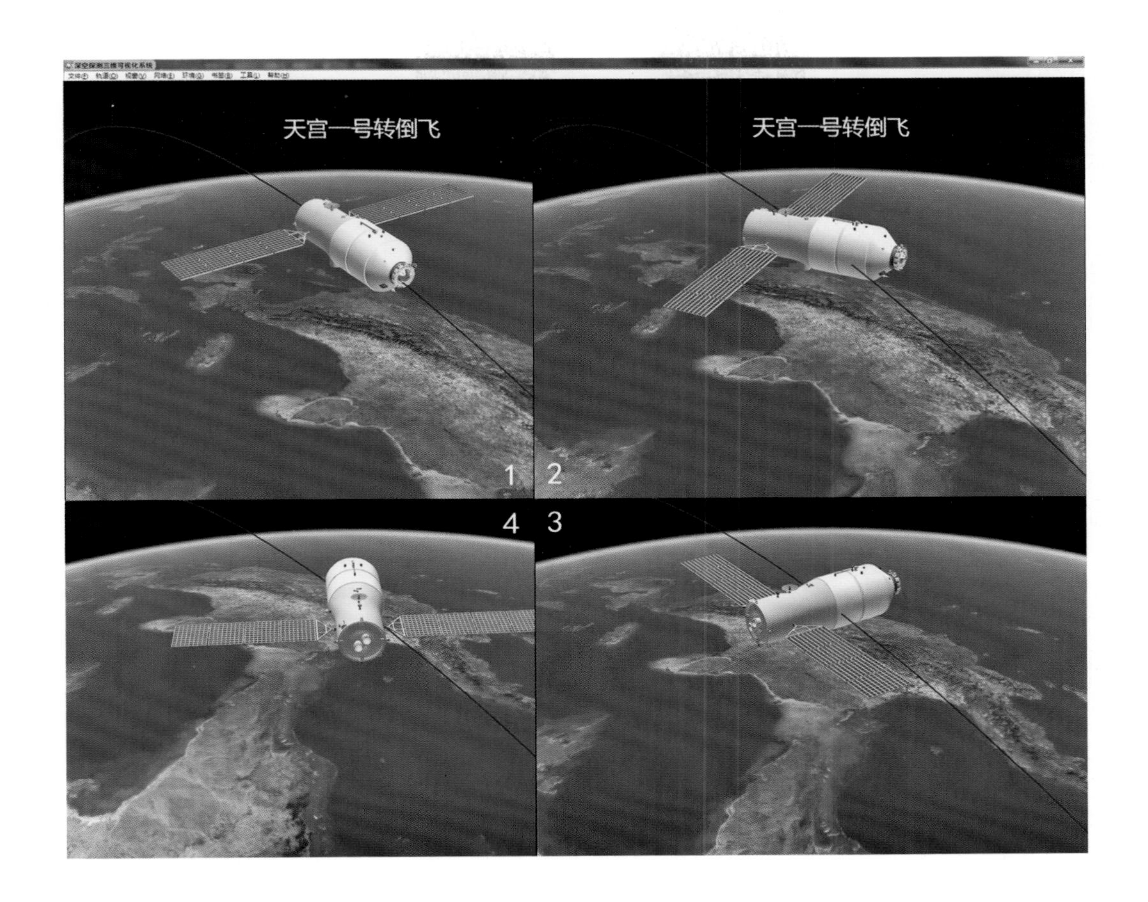

深空探测三维可视化系统对天宫一号在轨姿态控制过程的可视化。

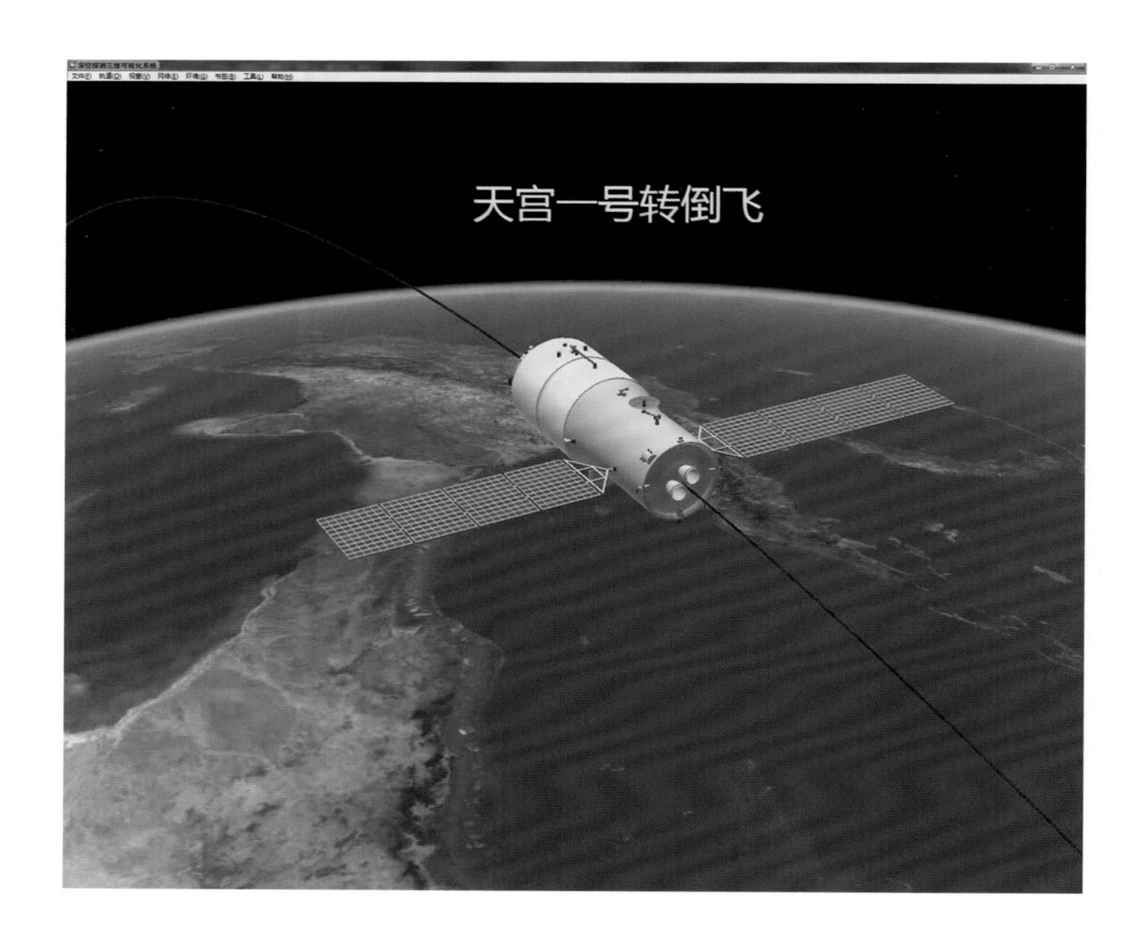

深空探测三维可视化系统对天宫一号目标飞行器在轨姿态调整过程的可视化。

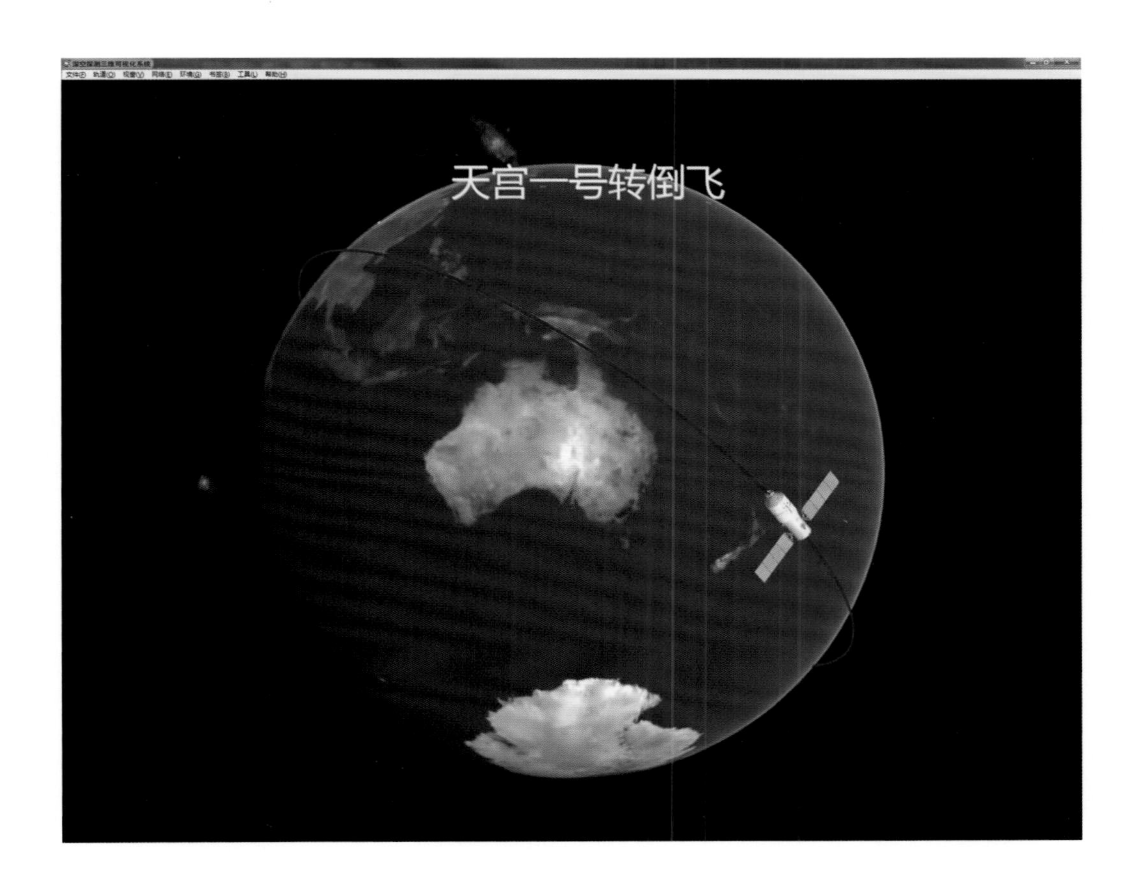

深空探测三维可视化系统对天宫一号绕地在轨飞行过程的实时可视化。

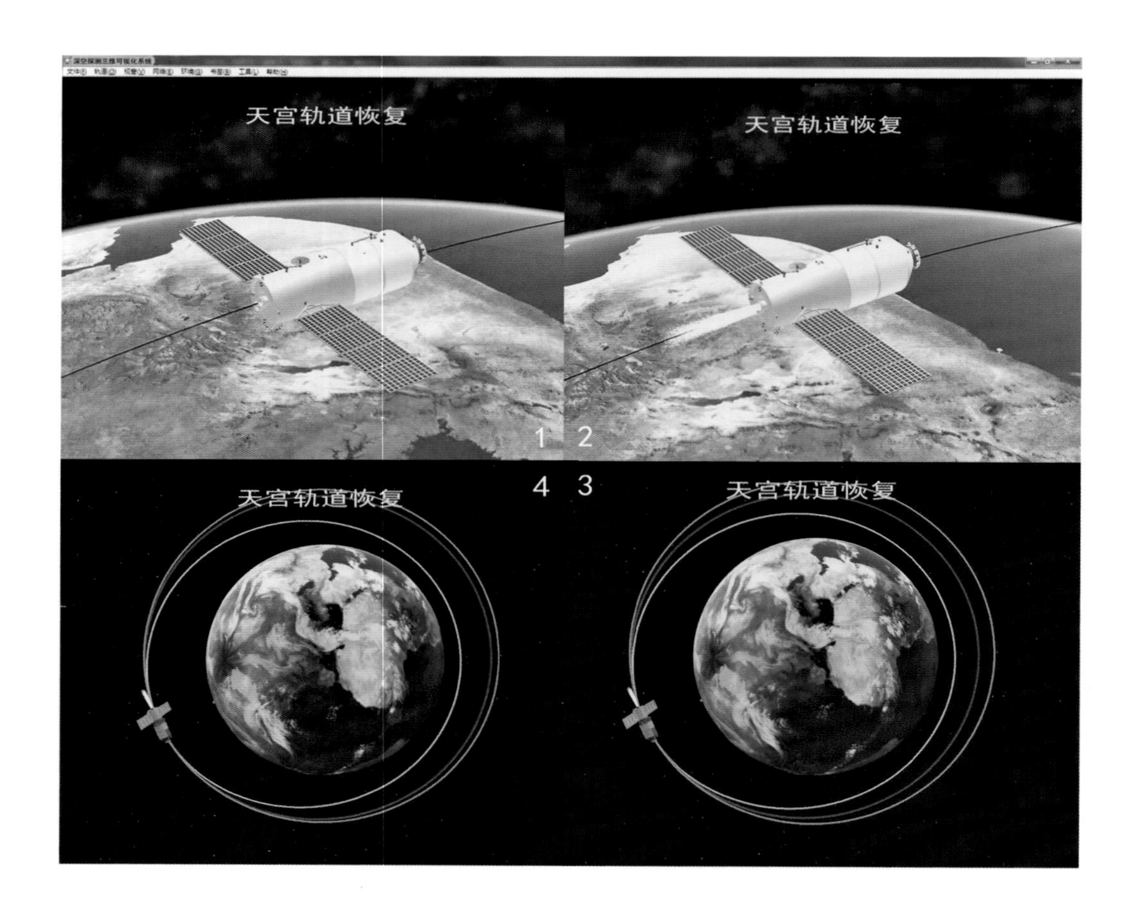

天宫一号轨道恢复过程三维实时可视化显示。

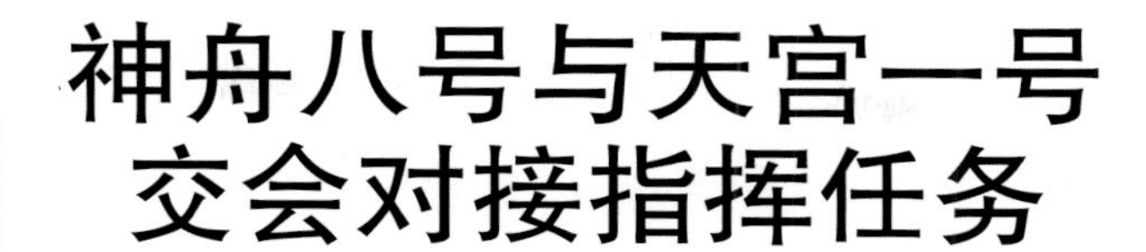

神舟八号与天宫一号交会对接指挥任务

2011 年 11 月 1 日 5 时 58 分 10 秒，改进型长征二号 F 遥八运载火箭搭载神舟八号飞船在酒泉卫星发射中心发射升空。

2011 年 11 月 3 日，神舟八号飞船与天宫一号目标飞行器实现刚性连接，形成组合体；2011 年 11 月 17 日返回舱降落于内蒙古中部地区的主着陆场区，完成对接任务。深空探测三维可视化系统承担了对任务全程的实时三维可视化控制与指挥。

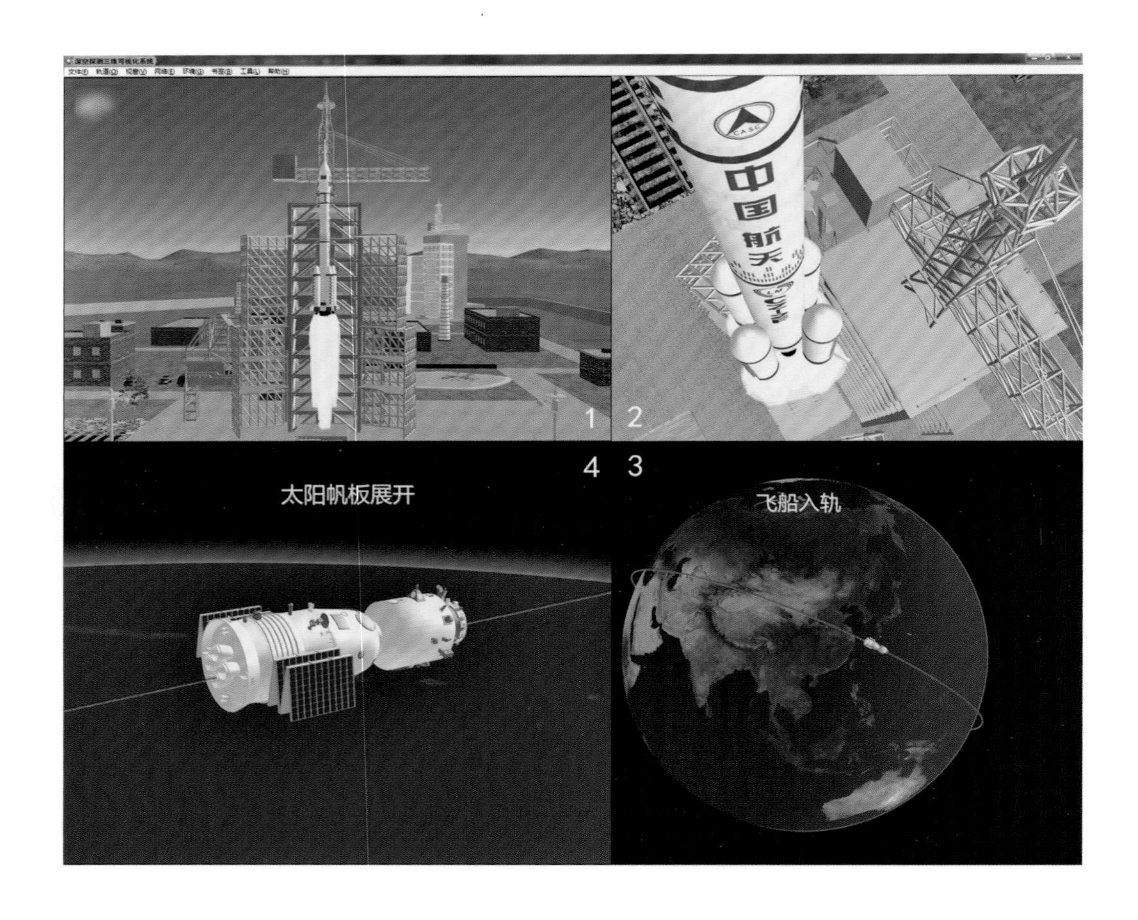

长征二号F遥八运载火箭发射升空，将神舟八号飞船送入预定轨道。深空探测三维可视化系统承担该任务全程的实时可视化。

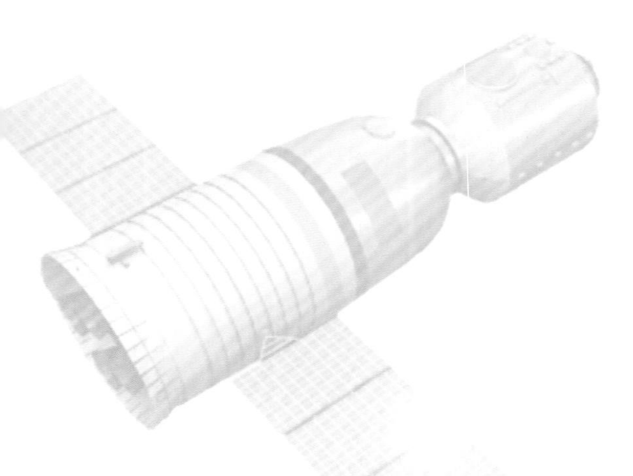

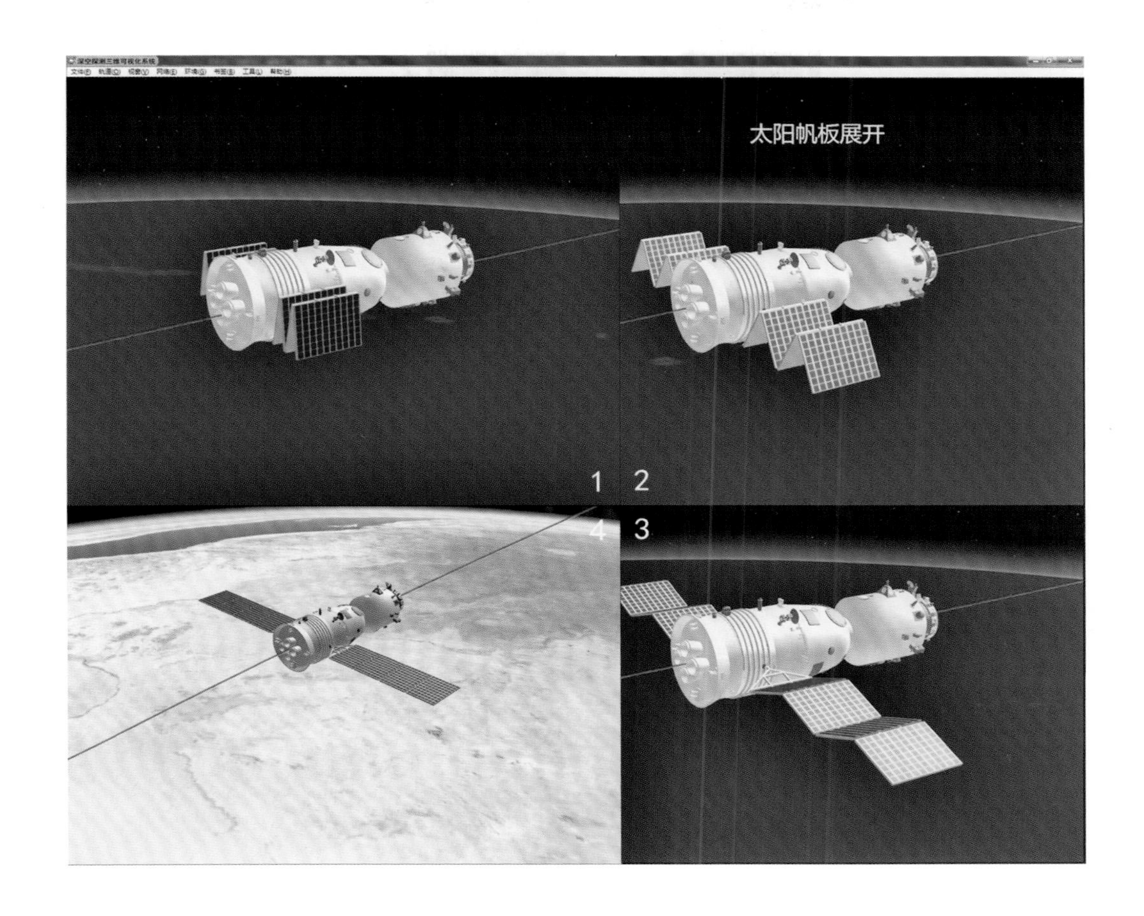

深空探测三维可视化系统对神舟八号太阳帆板展开过程的实时可视化。

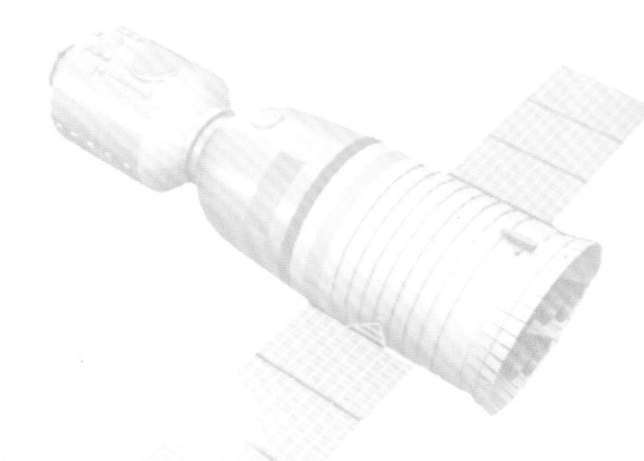

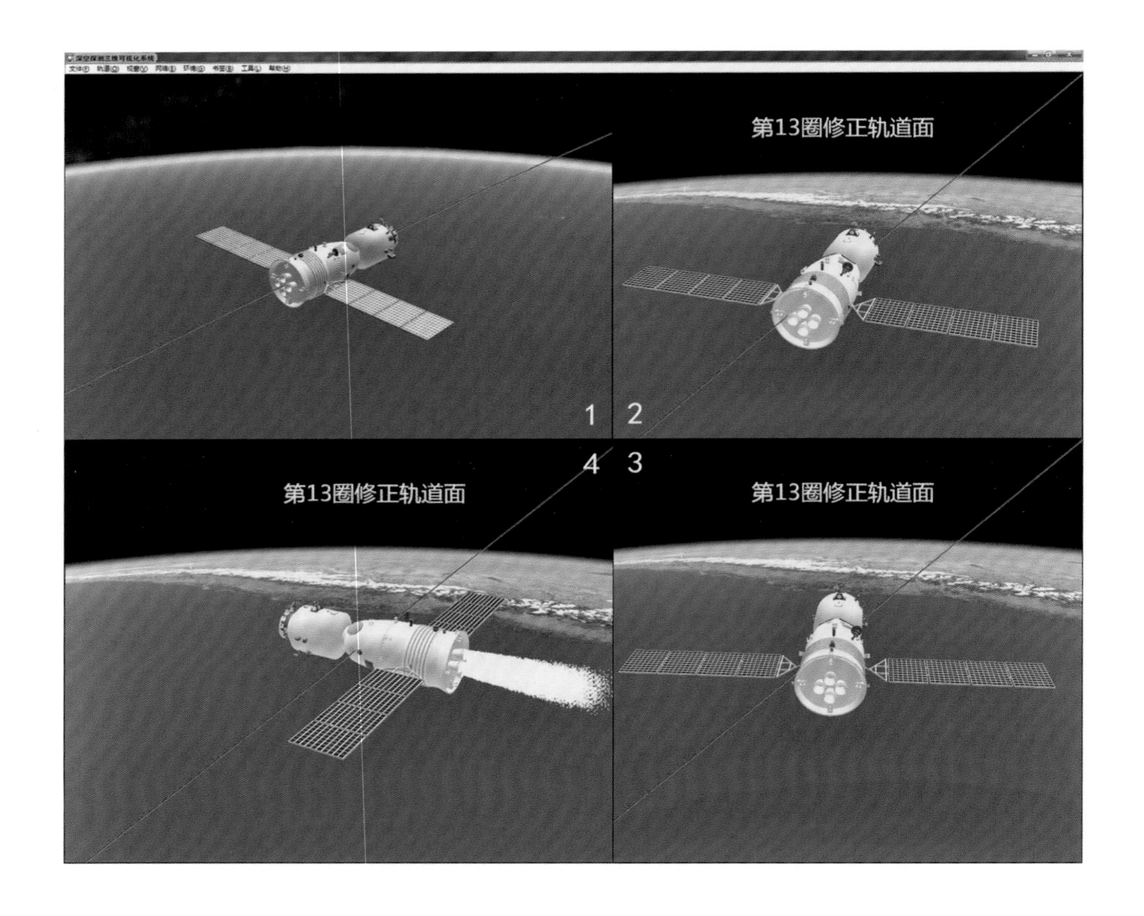

深空探测三维可视化系统对神舟八号轨道面修正过程的实时可视化。

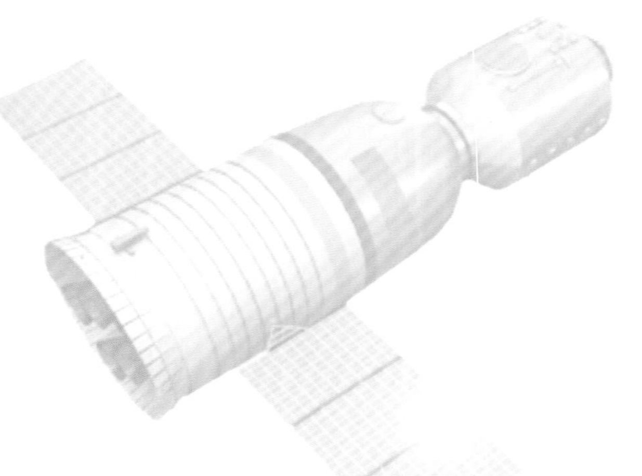

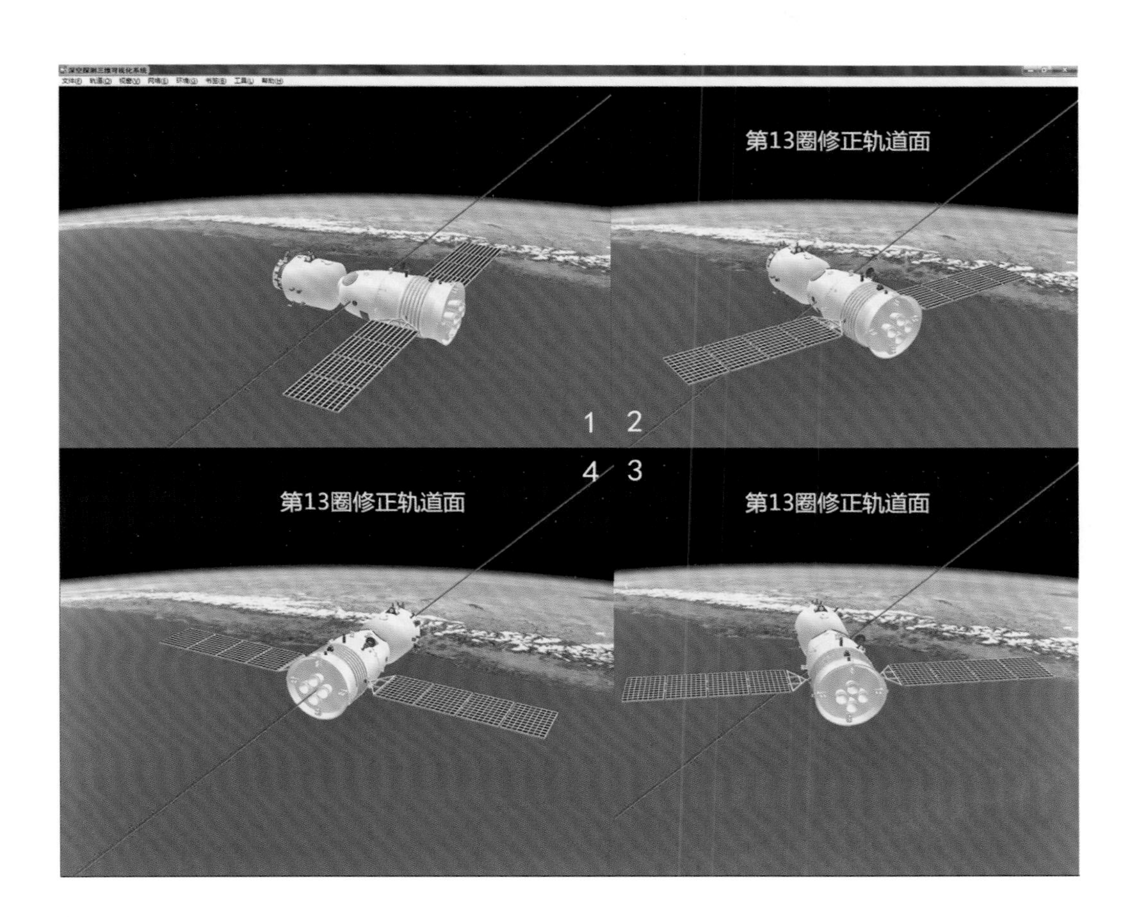

深空探测三维可视化系统对神舟八号转向调姿和轨道面修正过程的实时可视化。

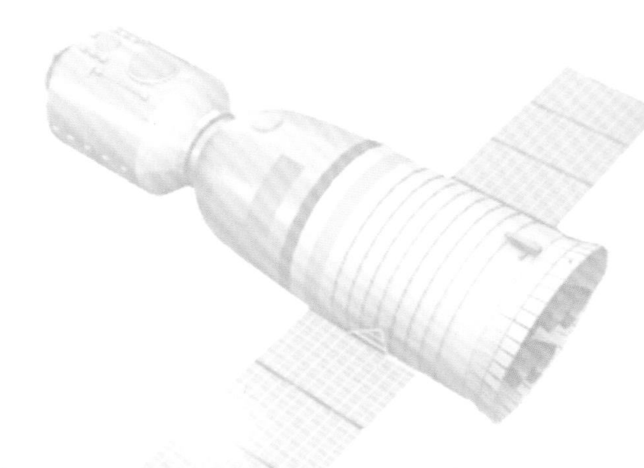

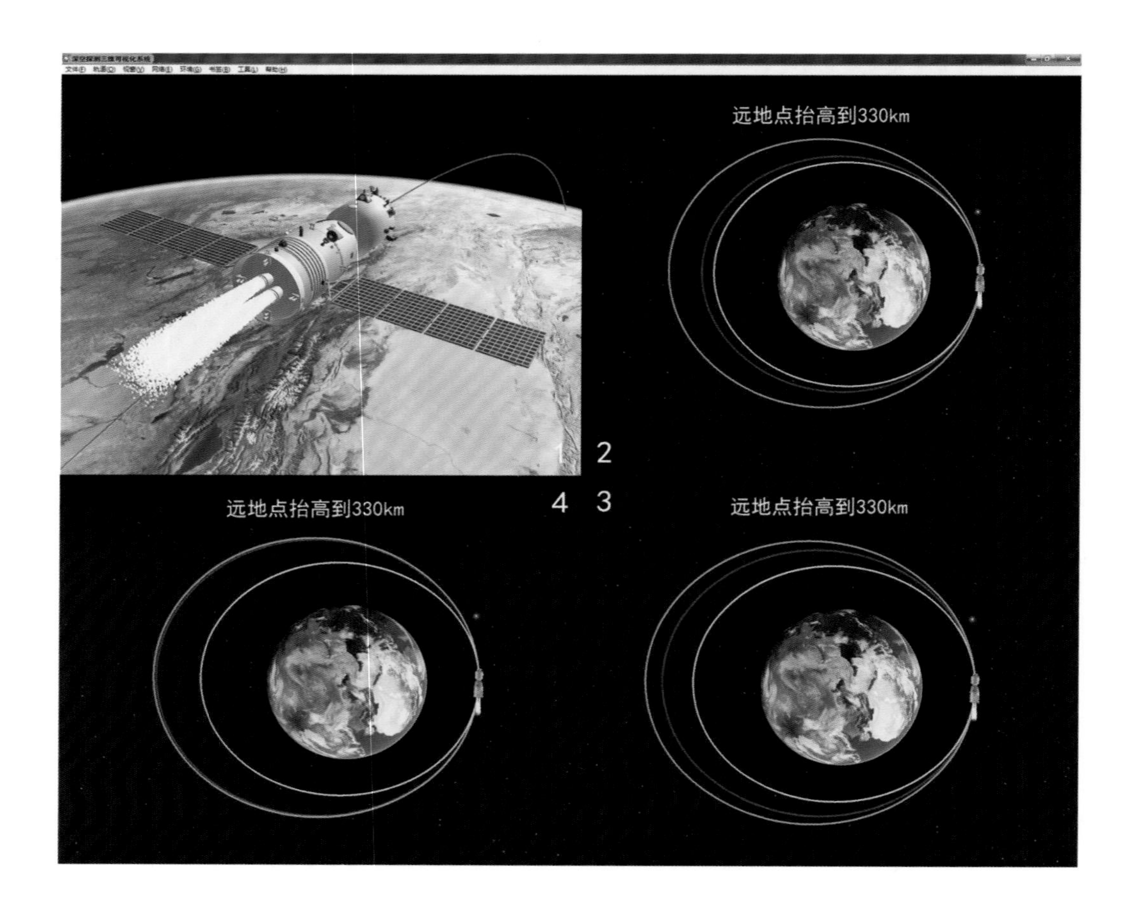

深空探测三维可视化系统对神舟八号轨道远地点抬高到 330 km 过程的实时可视化。

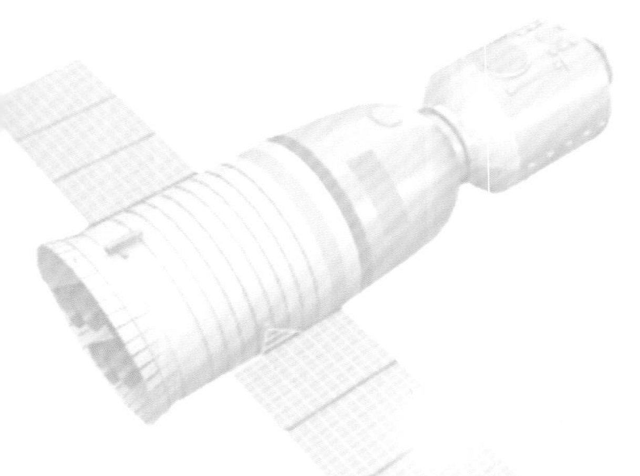

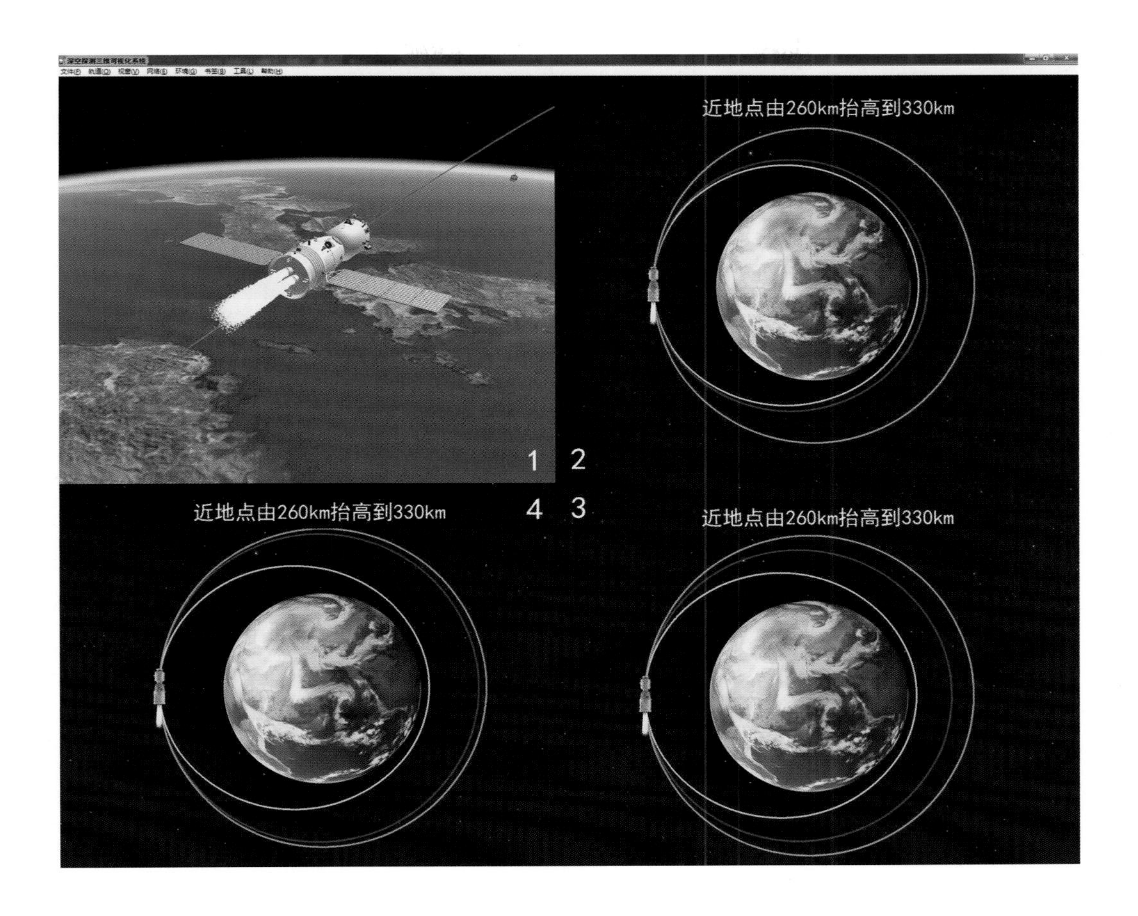

深空探测三维可视化系统对神舟八号轨道近地点抬高过程的实时可视化。

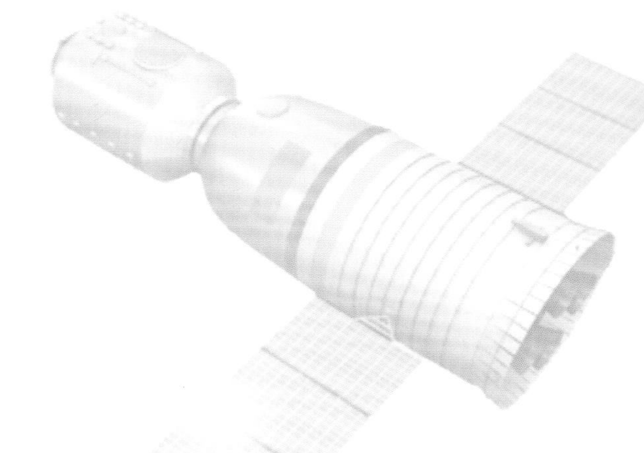

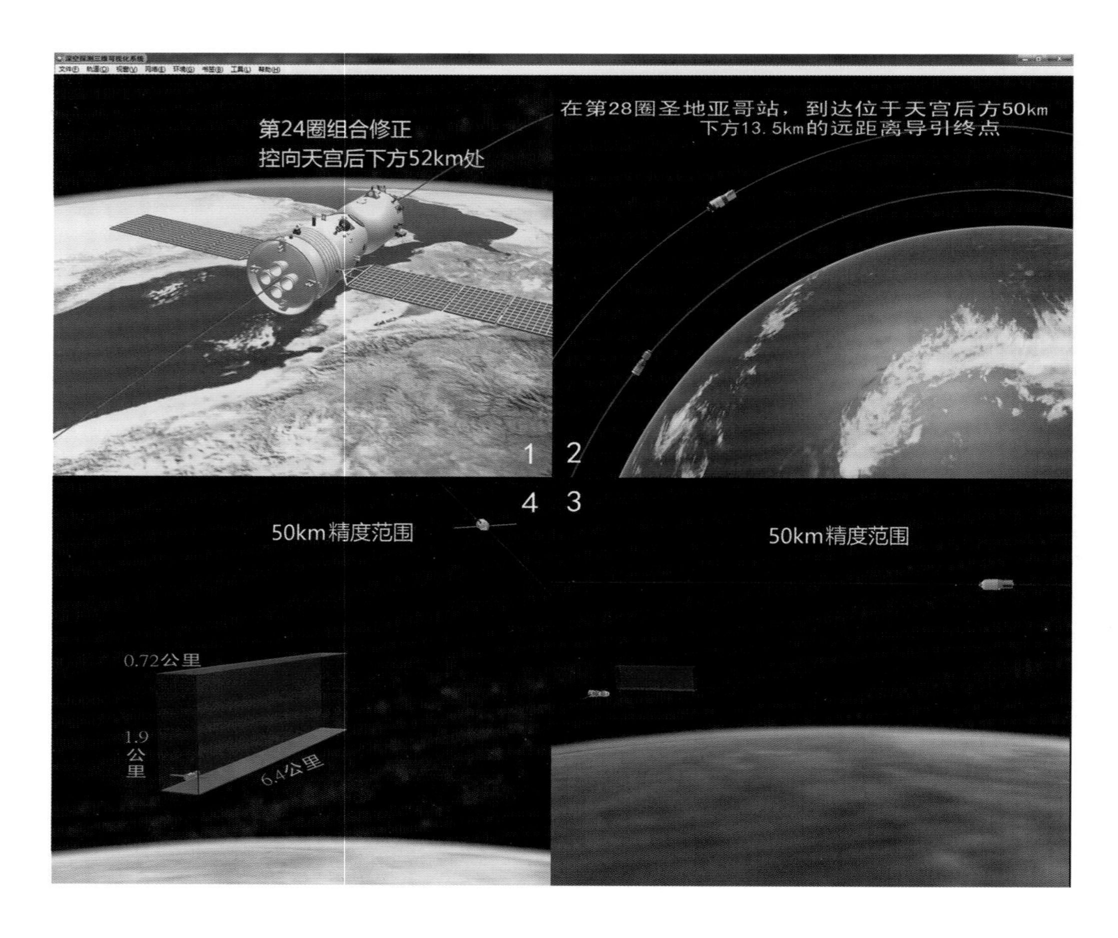

深空探测三维可视化系统对神舟八号飞向天宫一号过程的实时可视化。

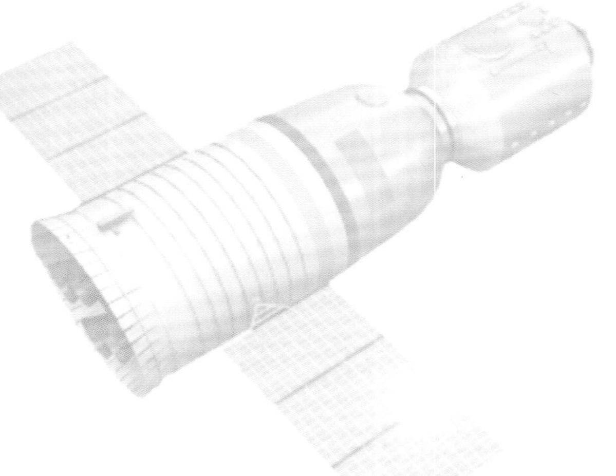

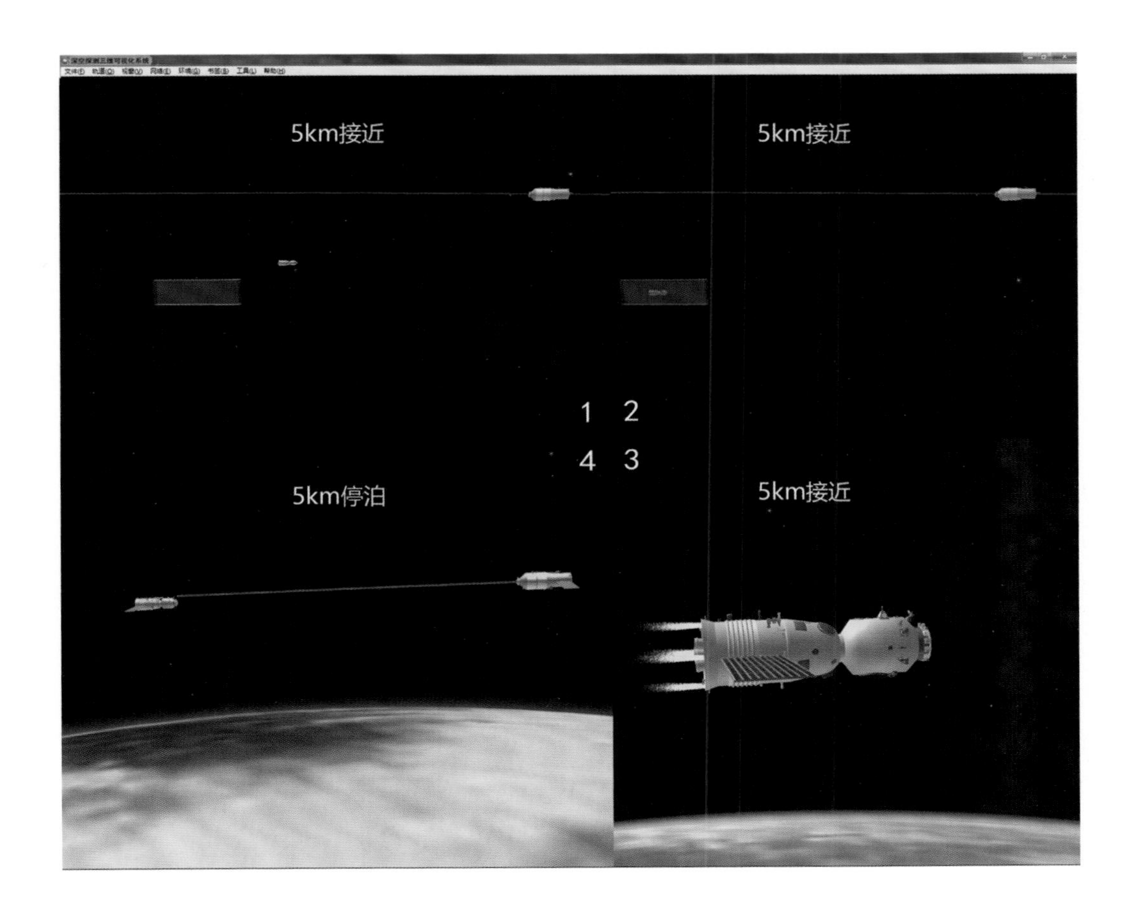

深空探测三维可视化系统对神舟八号逐步向天宫一号靠近，飞向 5 km 停泊点过程的实时可视化。

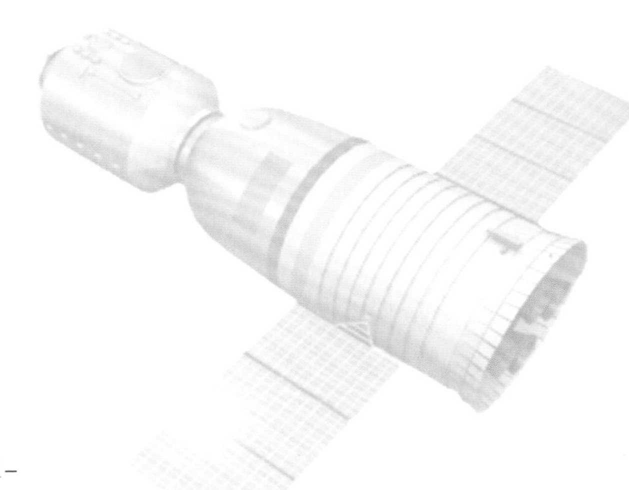

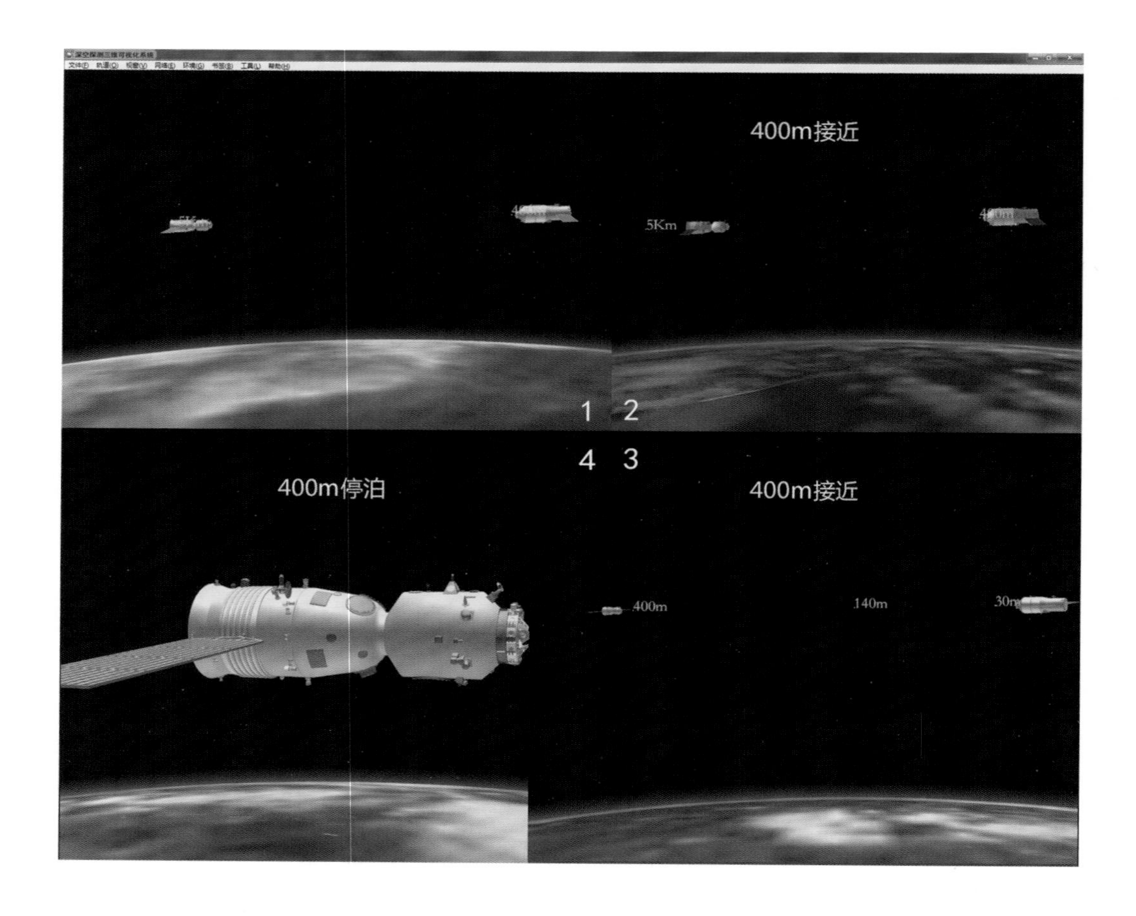

深空探测三维可视化系统对神舟八号飞向 400 m 停泊点过程的实时可视化。

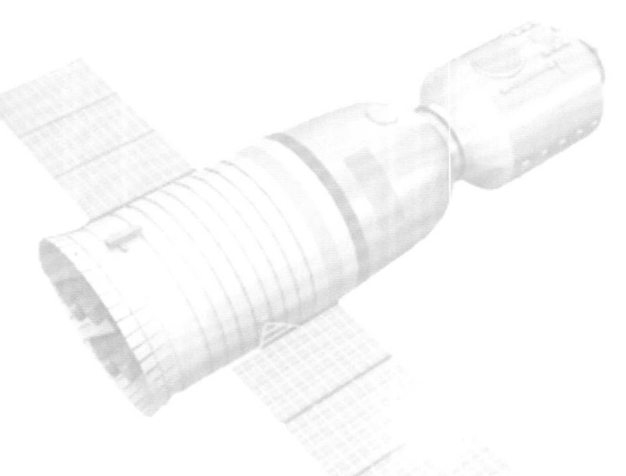

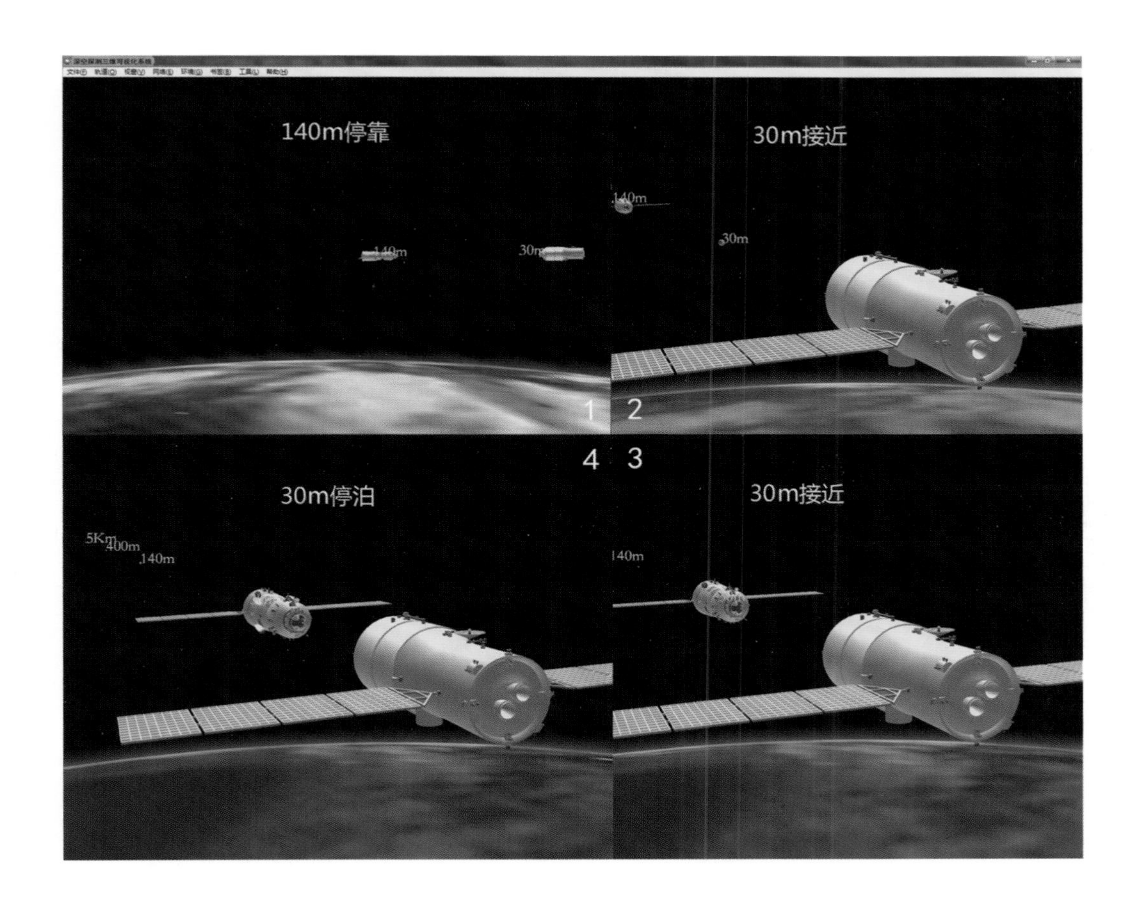

深空探测三维可视化系统对神舟八号从 140 m 停泊点飞向 30 m 停泊点过程的实时可视化。

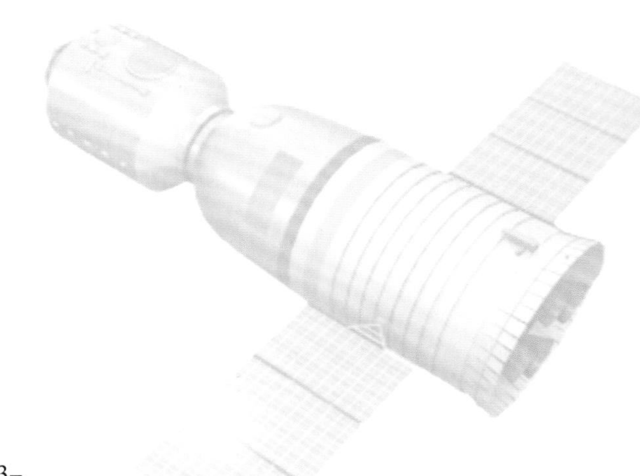

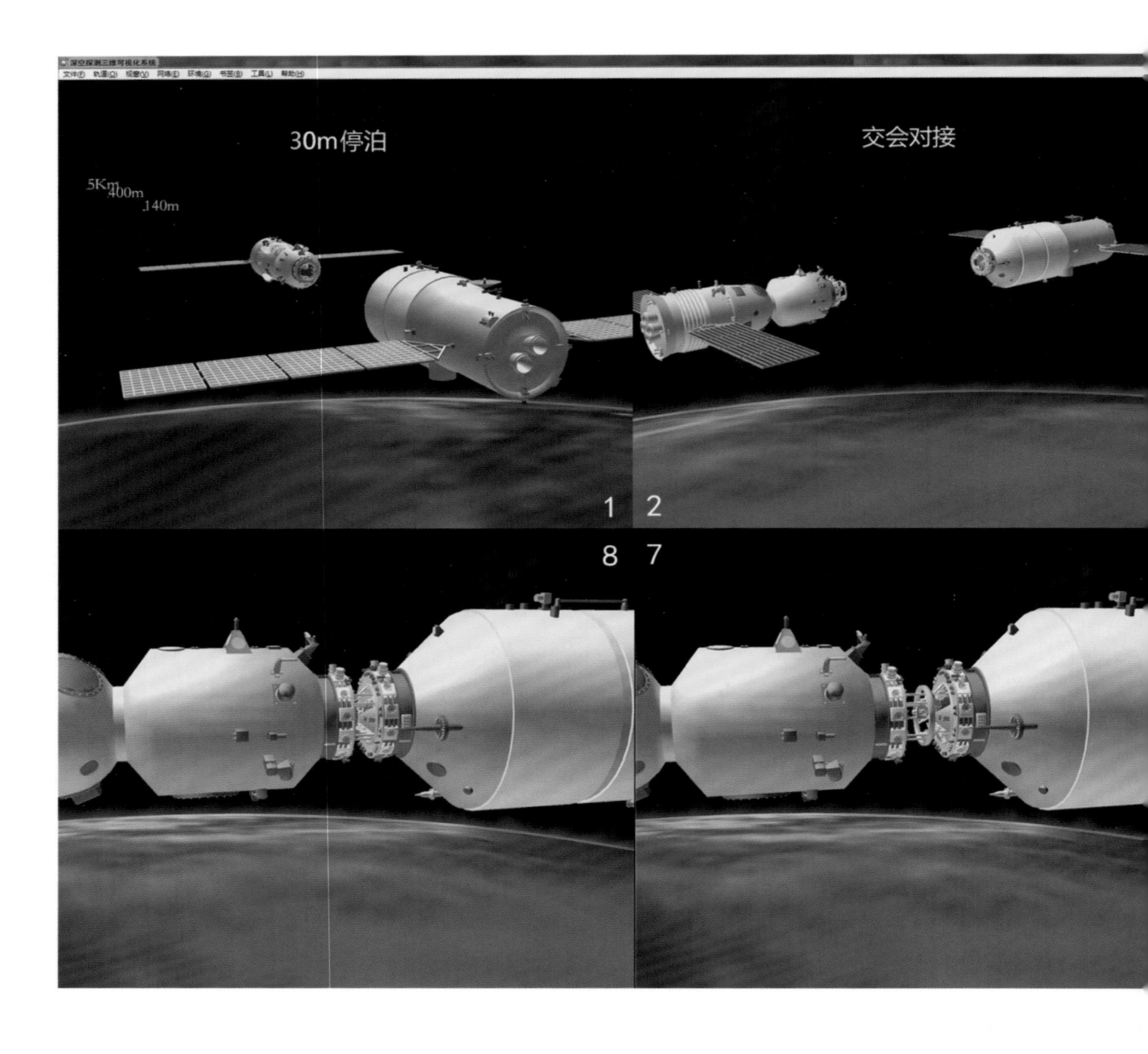

深空探测三维可视化系统对神舟八号从 30 m 停泊点逐步向天宫一号靠近，最终进行交会对接过程的实时可视化。

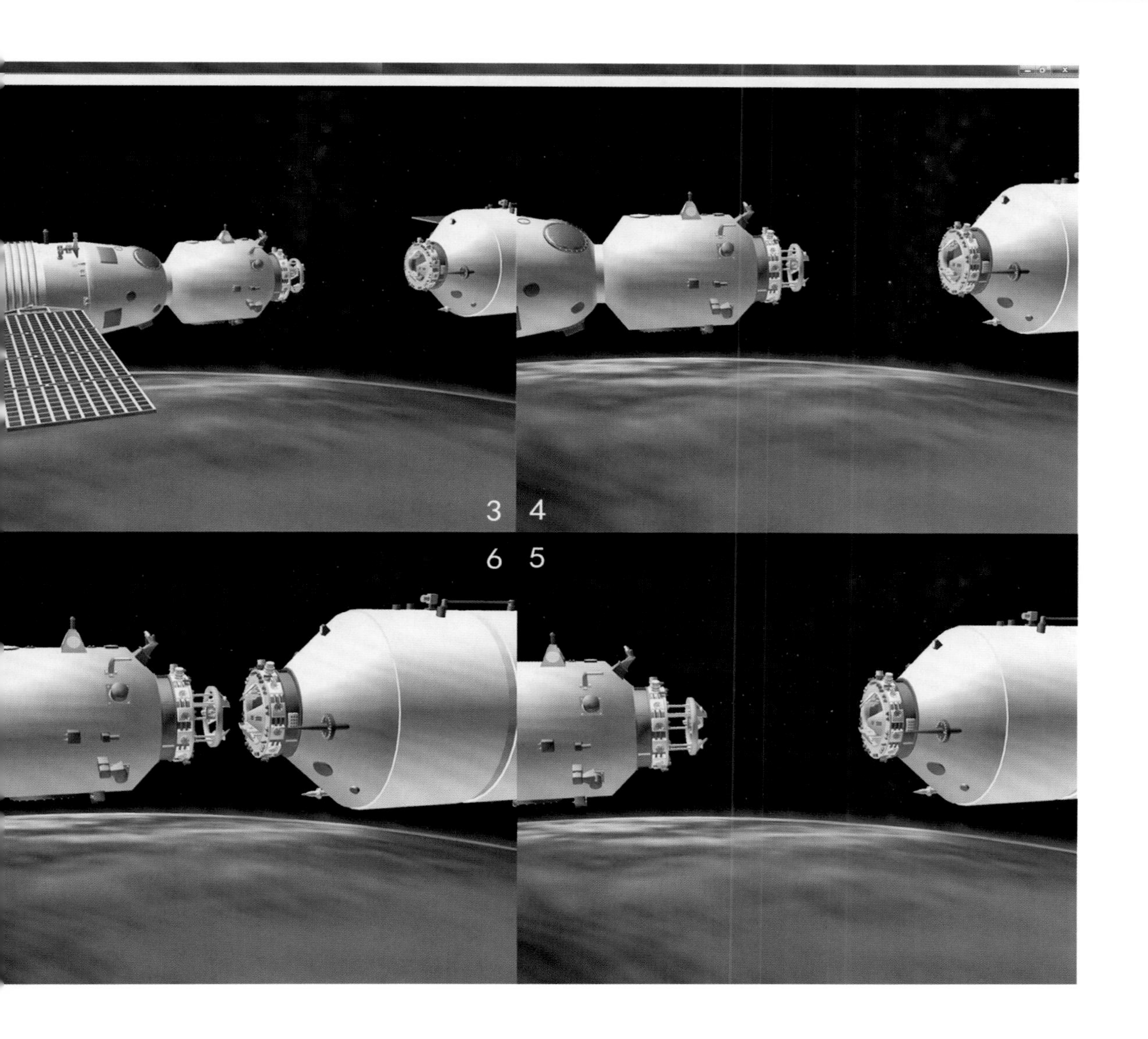
3
4
6
5

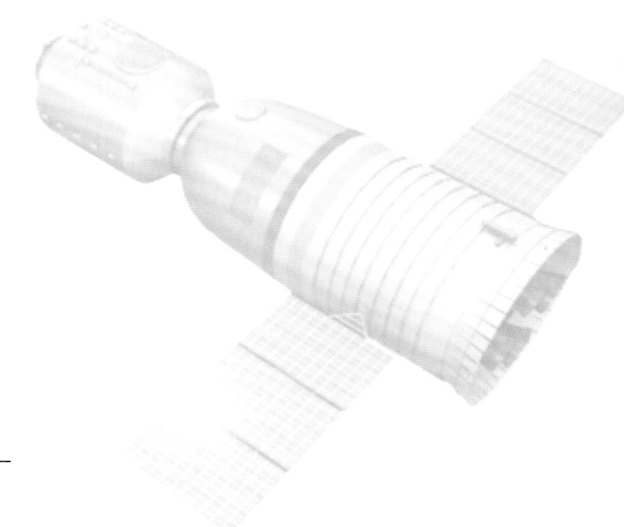

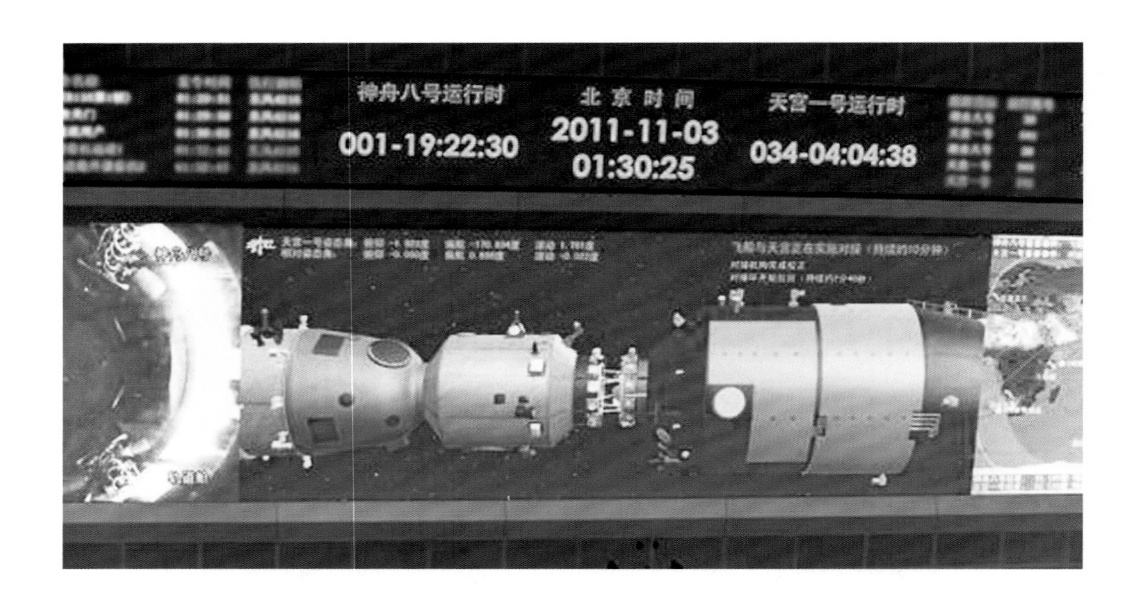

天宫一号目标飞行器与神舟八号飞船成功实现首次交会对接。

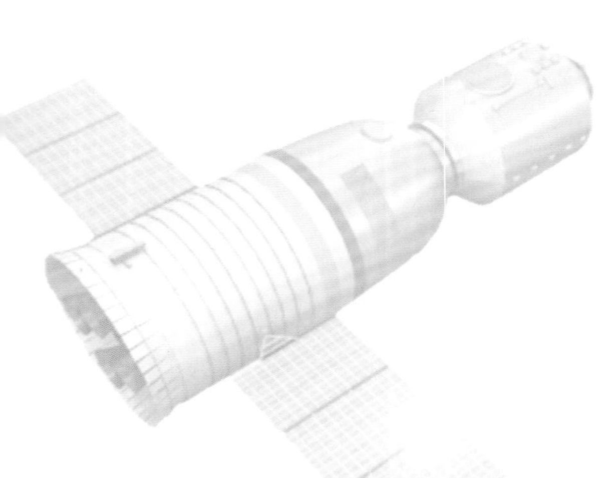

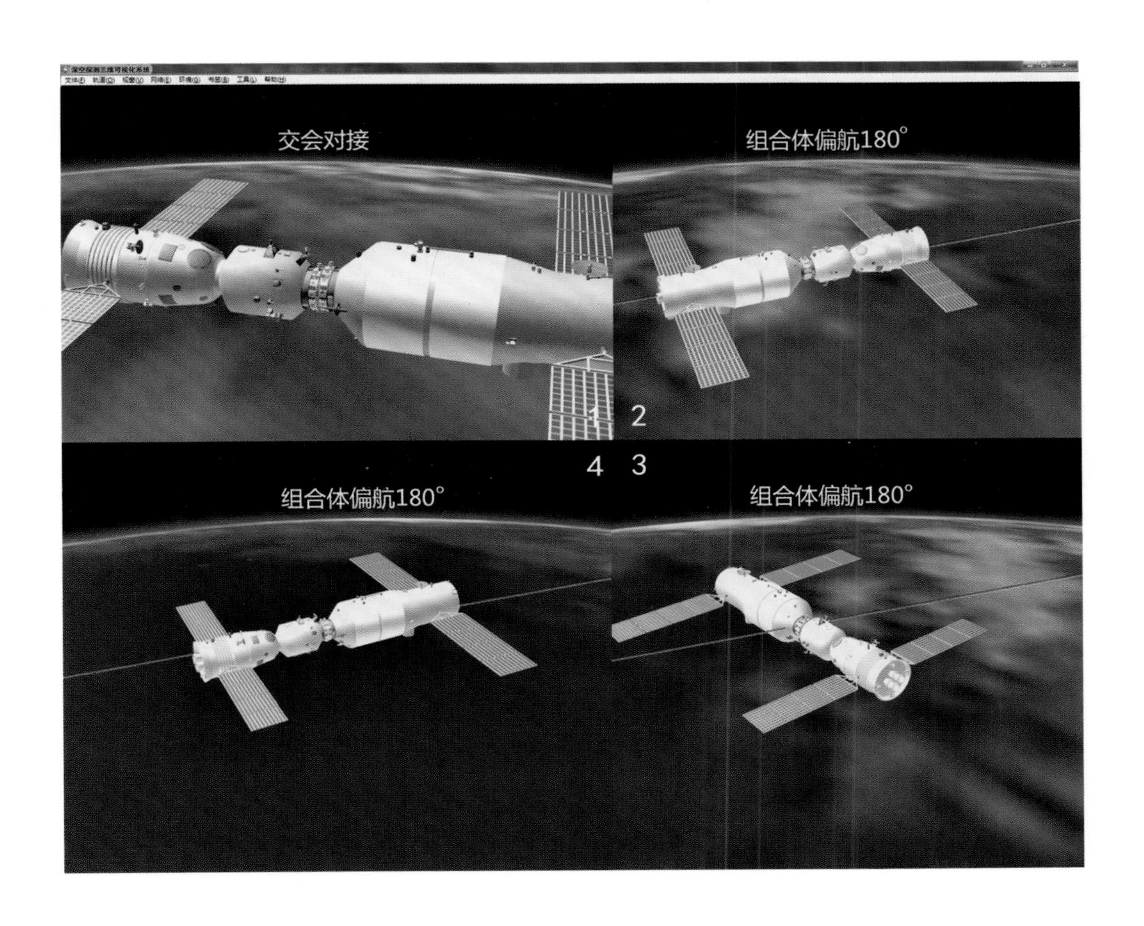

神舟八号与天宫一号对接完成，形成组合体，组合体偏航 180°，为第二次对接做准备工作。

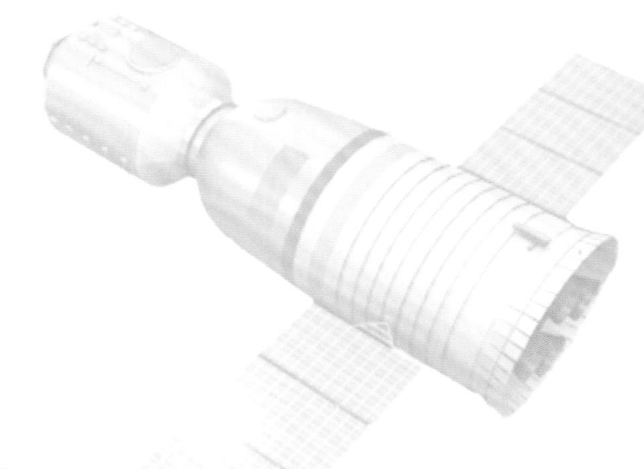

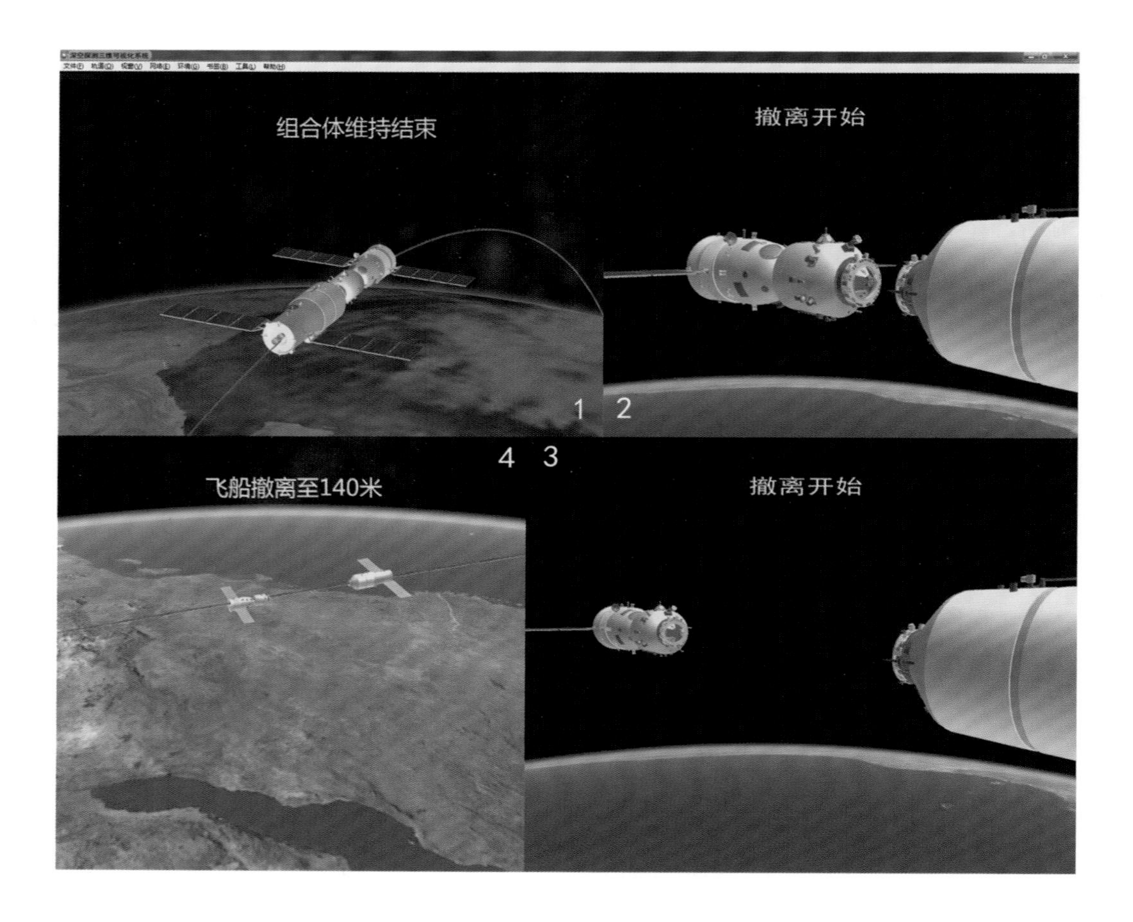

组合体维持结束，神舟八号开始撤离天宫一号，并撤离至 140 m 停泊点。

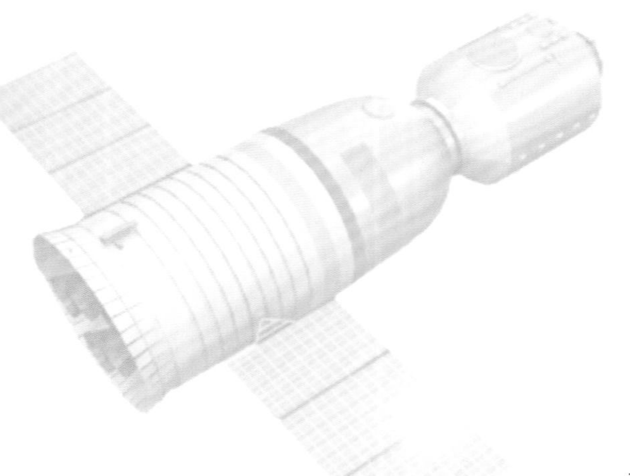

2011 年 11 月 14 日，在北京航天飞行控制中心的精确控制下，天宫一号与神舟八号进行第二次交会对接。深空探测三维可视化系统实时处理和推动航天器海量动态测控数据，再现和监测天宫一号与神舟八号的轨道、位置、姿态及其部件操作过程，为第二次空间交会对接成功提供技术支持和工程保障。

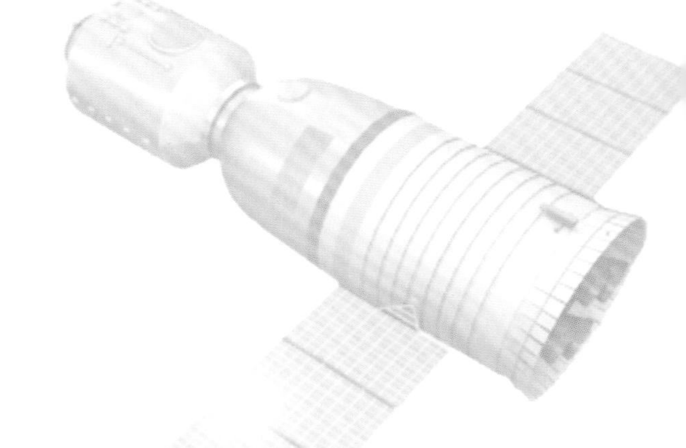

北京航天飞行控制中心，神舟八号与天宫一号第二次交会对接现场实况，深空探测三维可视化系统对对接过程进行展示。

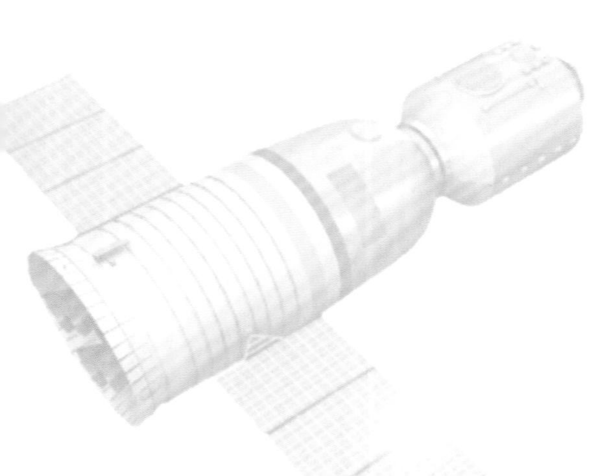

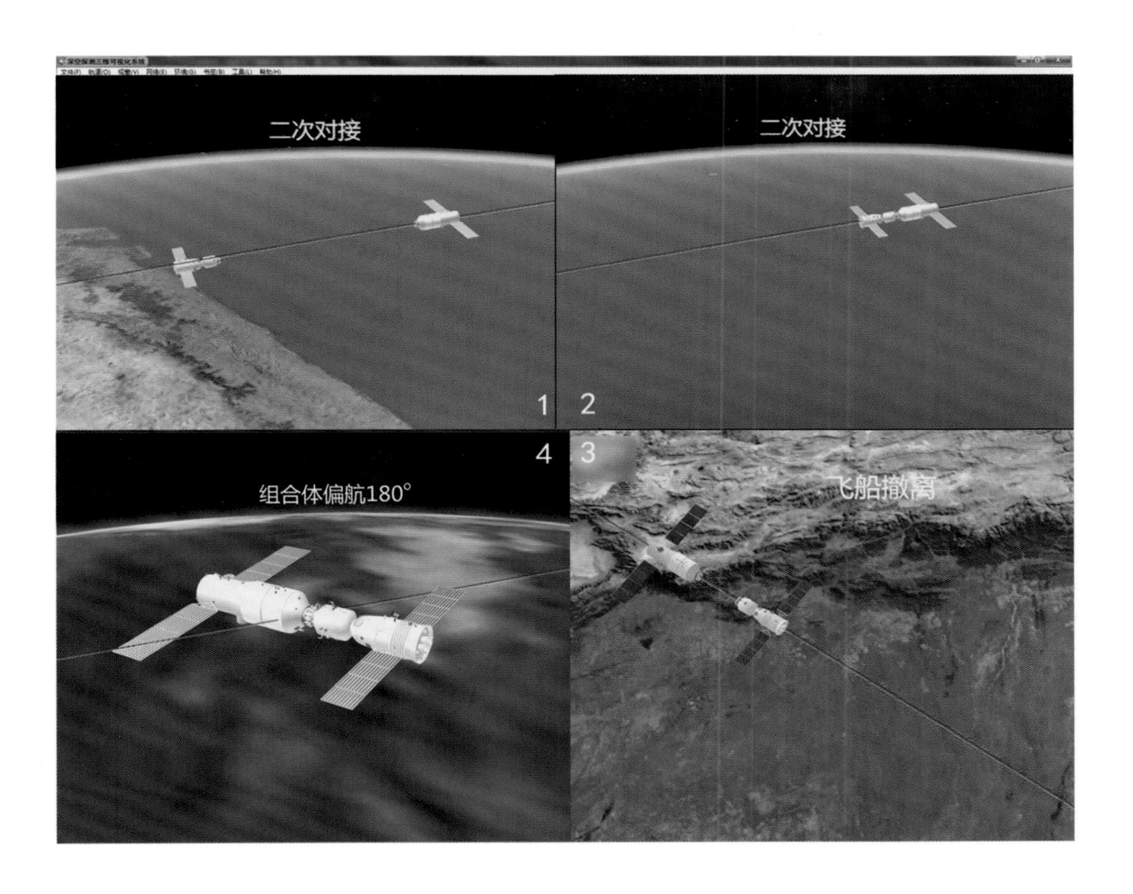

神舟八号与天宫一号进行第二次交会对接，组合体偏航 180°，组合体分离。深空探测三维可视化系统对第二次对接过程进行实时可视化展示。

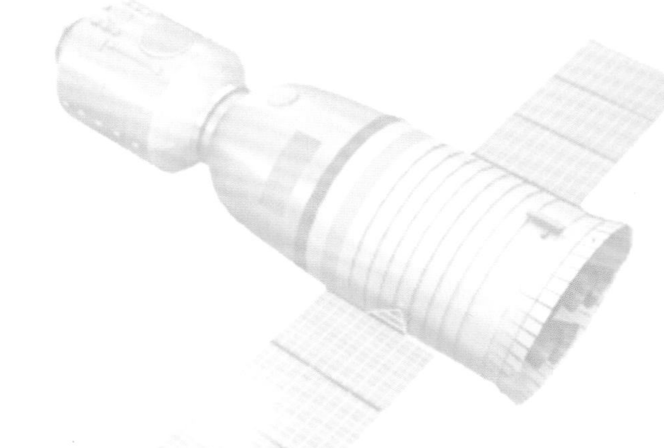

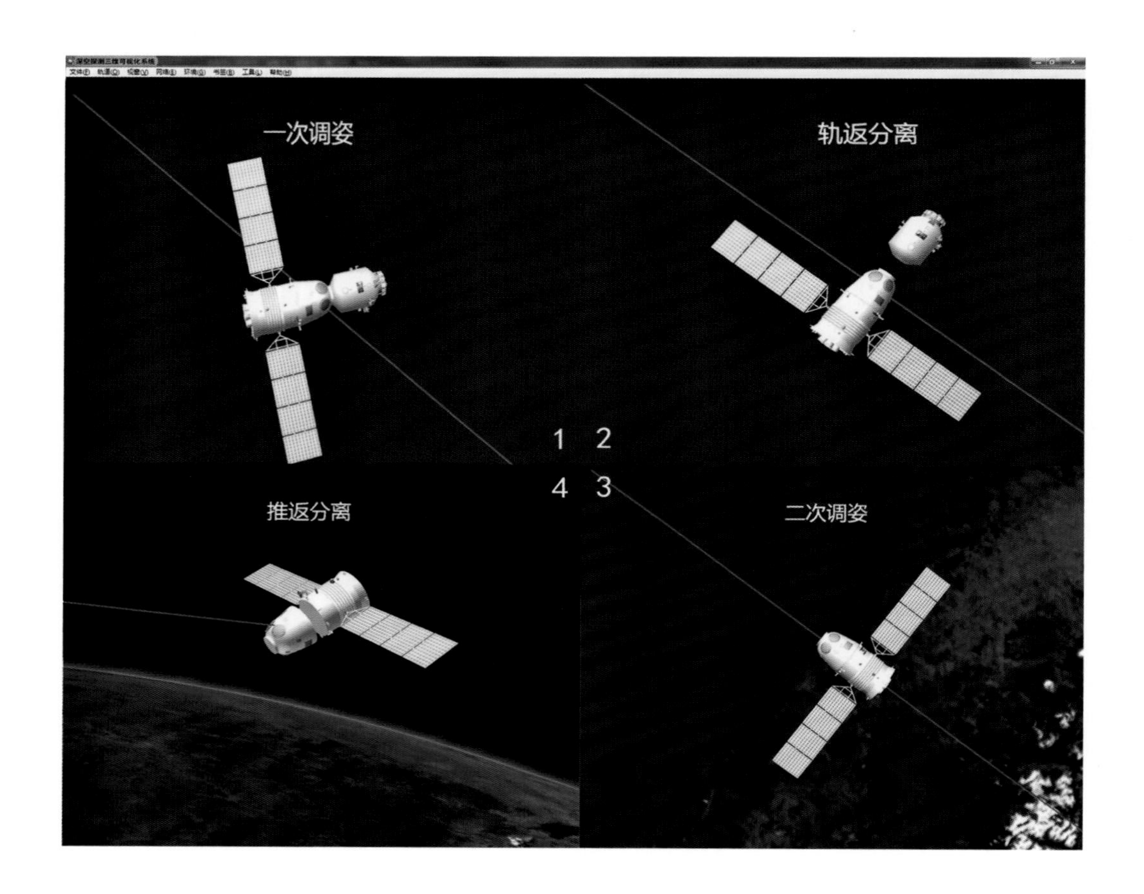

深空探测三维可视化系统对神舟八号两次调姿过程以及返回舱与轨道舱分离过程的实时可视化。

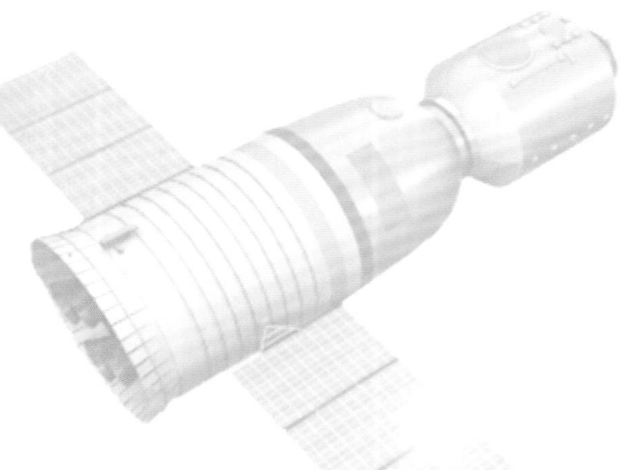

航天可视化团队成员在神舟八号与天宫一号首次交会对接任务现场合影。

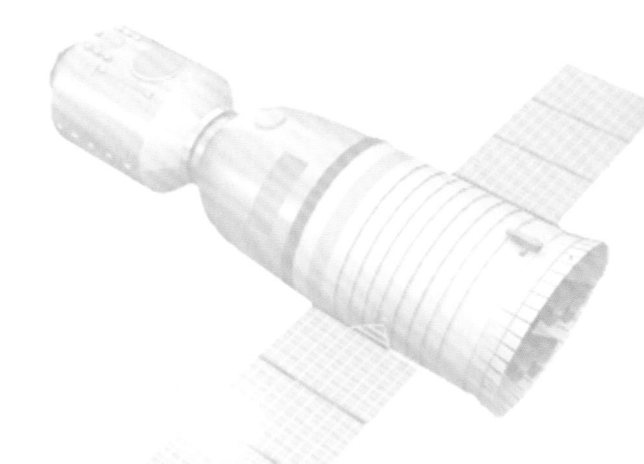

河北省科学技术成果

证书

河北省科学技术厅

成果名称：天宫一号与神舟八号交会对接任务三维可视化平台

成果水平：国际领先

完成单位：石家庄铁道大学

完成人：王威 赵正旭 赵卫华 郭阳 赵文彬 徐骞

省级登记号：20141464

河北省科学技术厅 科技成果登记专用章

二〇一四年七月十四日

天宫一号与神舟八号交会对接任务三维可视化平台成果被认定为国际领先。

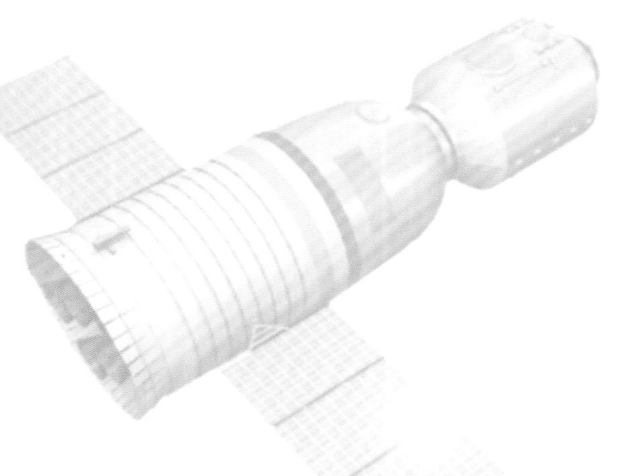

北京航天飞行控制中心

感谢函

"天宫一号/神舟八号交会对接任务实时三维可视化测控平台"研发团队:

值此神舟八号顺利返回、我国首次空间交会对接任务圆满成功之际，特向你们表示热烈的祝贺和诚挚的感谢!

这是我国今年最具影响力、最具代表性的高科技实践活动，也是继突破载人飞船天地往返和航天员空间出舱活动技术后，我国航天领域的又一伟大壮举。任务的圆满成功，极大提升了我国的综合国力、国际地位和民族凝聚力。

任务准备和执行过程中，你们与中心协作研发的"天宫一号/神舟八号交会对接任务实时三维可视化测控平台"功能全面、性能稳定，为天宫一号、神舟八号空间飞行过程提供了准确实时的三维视景仿真，特别是两目标轨道/姿态控制、交会对接等关键过程展现精彩、完美、逼真。你们科学统筹、精心组织、精心测试、精心实施，与飞控中心团结协作、密切配合，确保了任务的顺利实施，为任务的圆满完成奠定了坚实基础。你们开拓创新、勇于攻关、团结协作的优良作风为我们树立了榜样，你们的大力支持和无私帮助使我们倍受鼓舞。

在此，谨向你们致以崇高的敬意，对你们所给予的大力支持表示衷心的感谢!

神圣的使命和共同的理想将我们紧密地联系在一起。让我们在科学发展观的指引下，团结协作，开拓创新，勇于拼搏，敢于超越，努力夺取我国航天事业更大的胜利，续写中华民族更加壮丽的篇章!

北京航天飞行控制中心

二〇一一年十一月十七日

天宫一号与神舟八号交会对接任务圆满完成，神舟八号顺利返回，北京航天飞行控制中心为航天可视化研发团队发来感谢函。

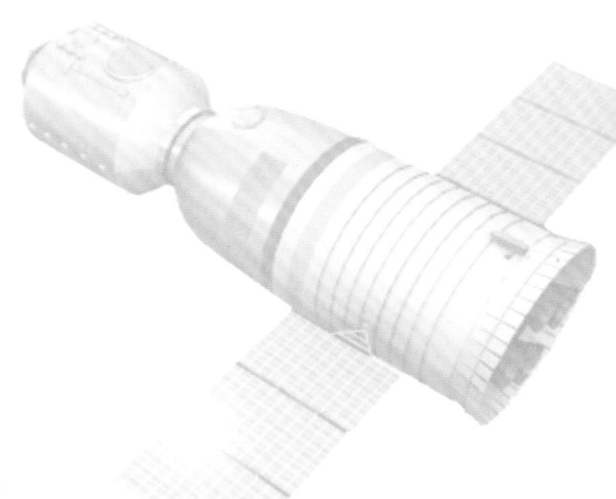

航天可视化团队获得河北省年度“感动省城”十大人物称号，团队部分成员接受著名主持人张泉灵现场采访。

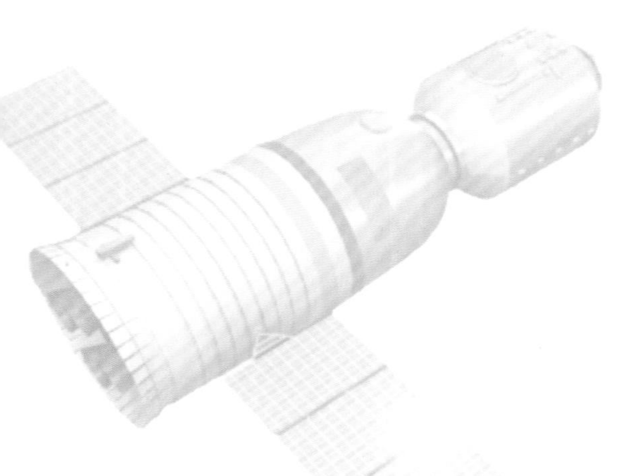

神舟九号、神舟十号与天宫一号交会对接可视化任务

2012 年 6 月 16 日 18 时 37 分 21 秒，神舟九号飞船搭载三名宇航员在酒泉卫星发射中心发射升空，于当月 18 日与天宫一号目标飞行器交会对接。

2013 年 6 月 11 日 17 时 38 分 02 秒，神舟十号飞船搭载三名宇航员在酒泉卫星发射中心发射升空，于当月 13 日与天宫一号目标飞行器交会对接。

深空探测三维可视化系统承担了这两次任务全程的实时三维可视化飞行控制与指挥。

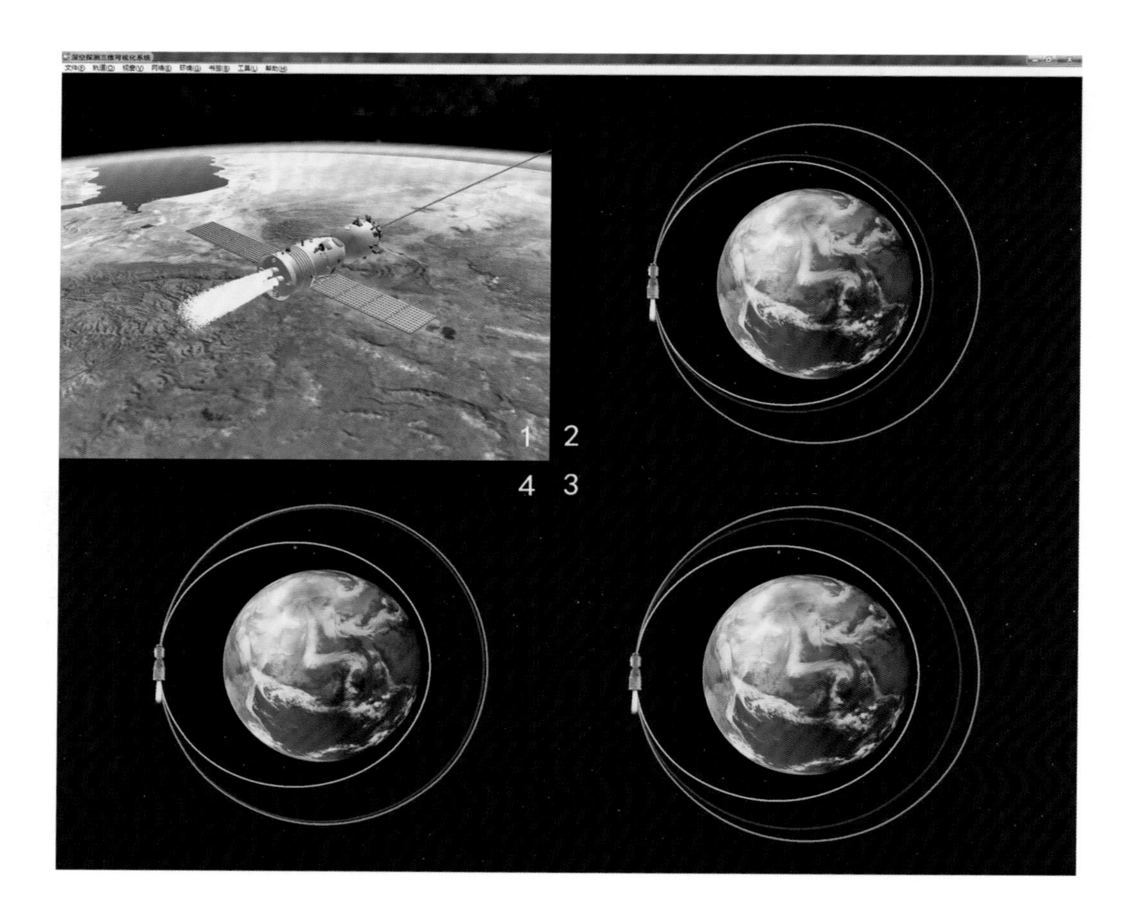

深空探测三维可视化系统对神舟九号、神舟十号飞船运行轨道近地点抬高过程的实时可视化。

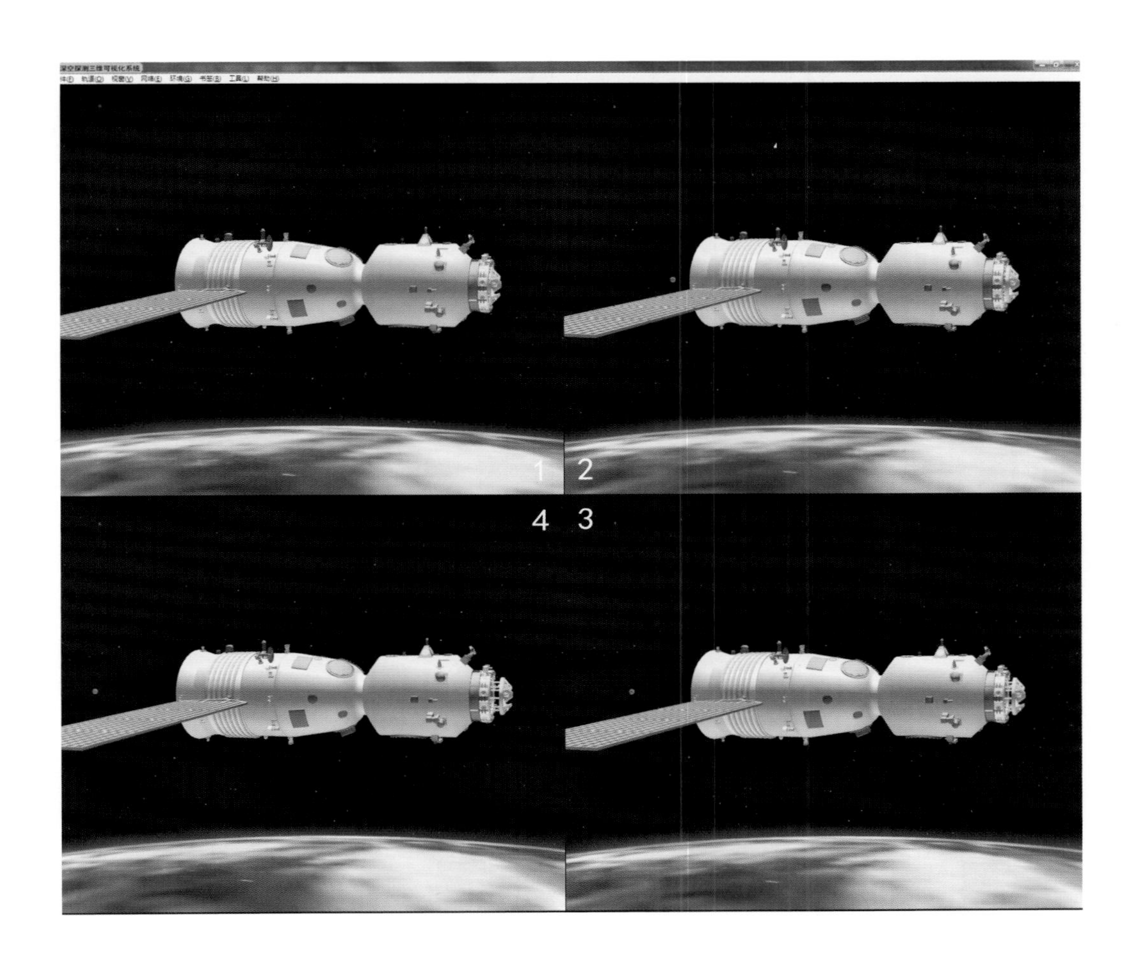

深空探测三维可视化系统对神舟九号、神舟十号轨道舱前段对接环推出过程的实时可视化。

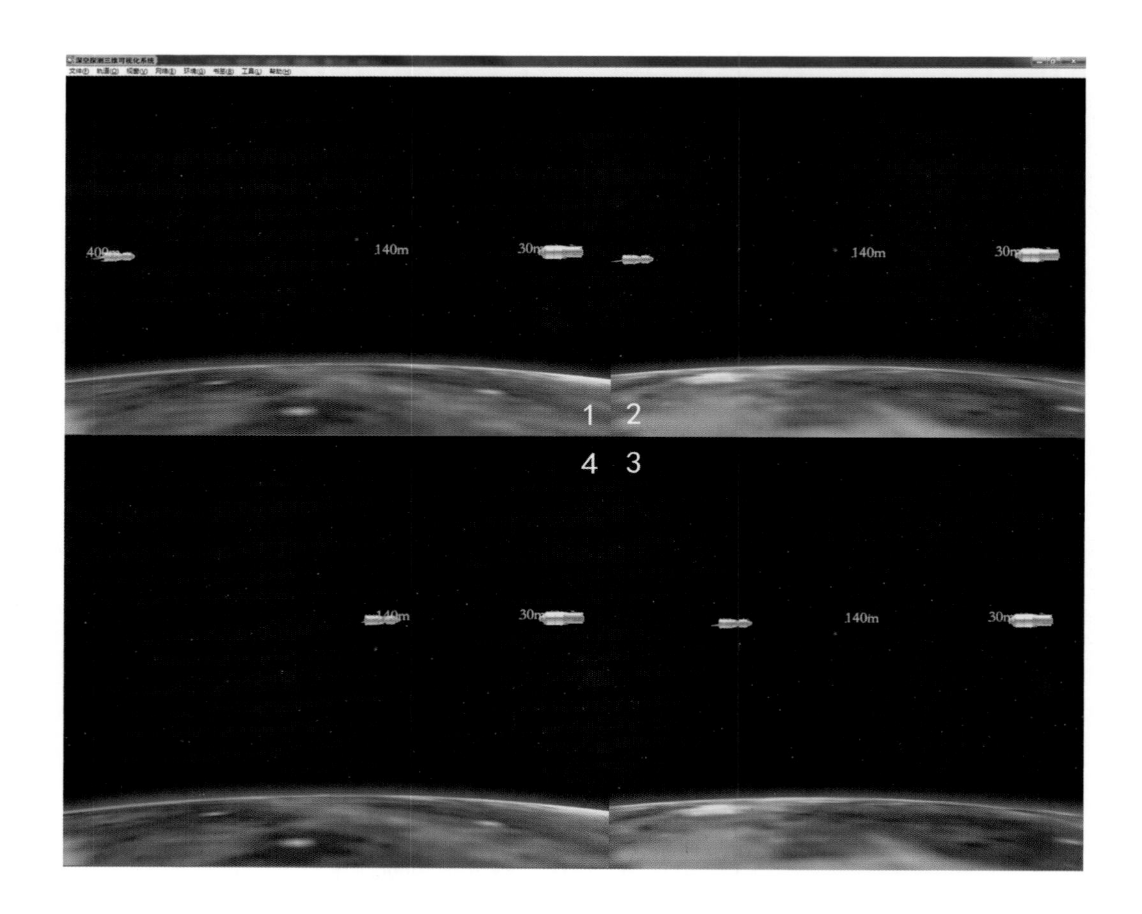

深空探测三维可视化系统对神舟九号、神舟十号飞船飞向 140 m 停泊点过程的实时可视化。

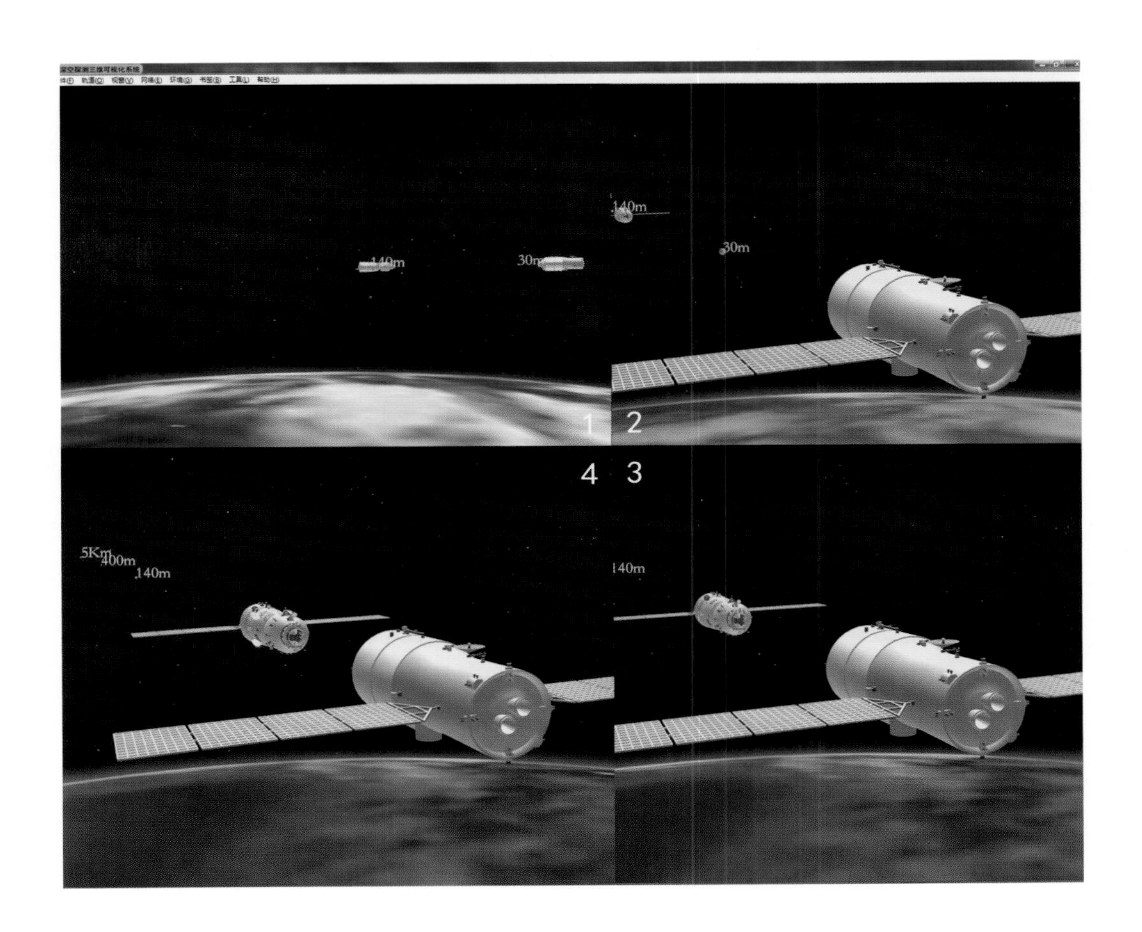

深空探测三维可视化系统对神舟九号、神舟十号飞船飞向 30 m 停泊点过程的实时可视化。

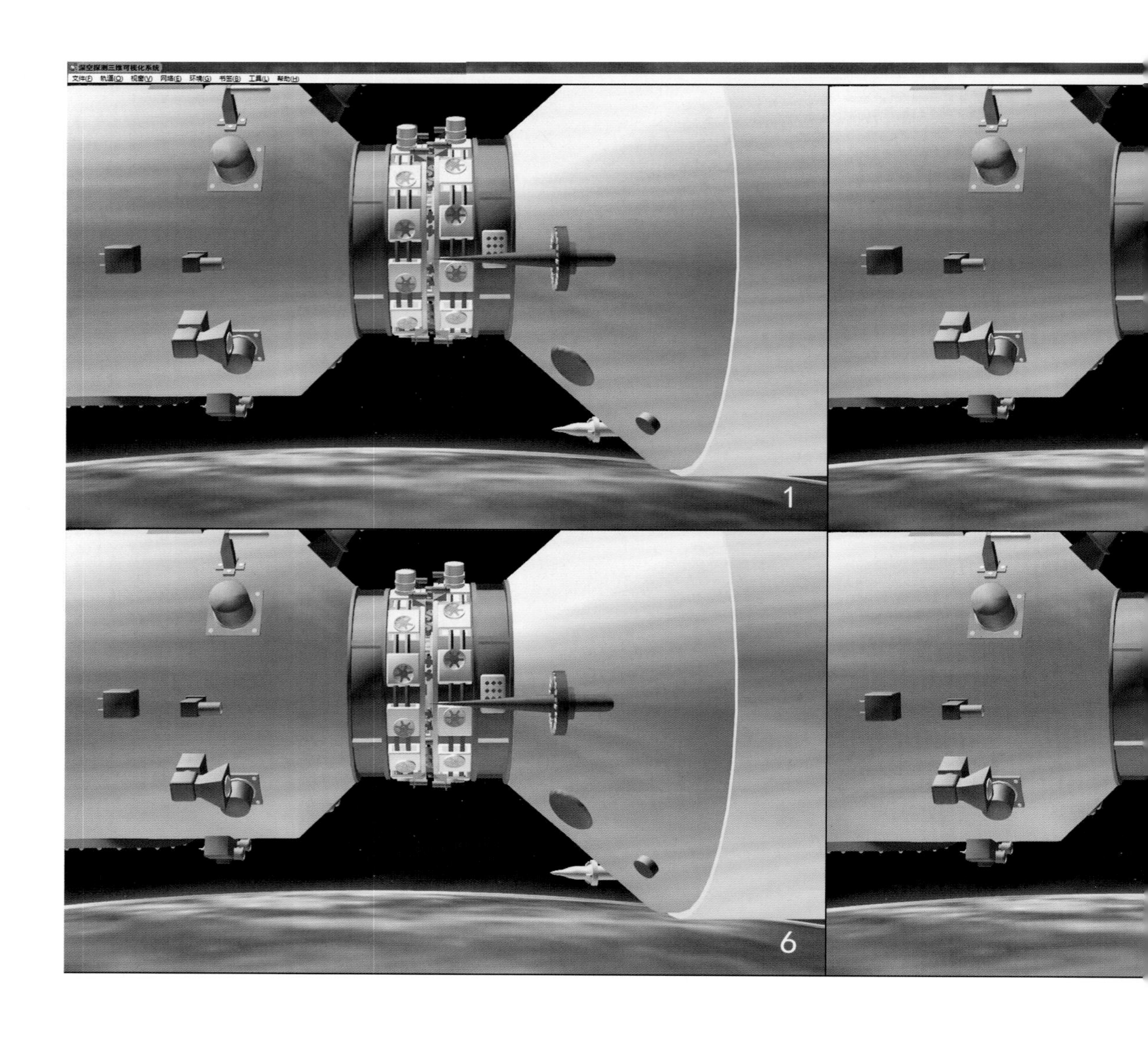

深空探测三维可视化系统对神舟九号、神舟十号与天宫一号对接机构锁紧过程的实时可视化。

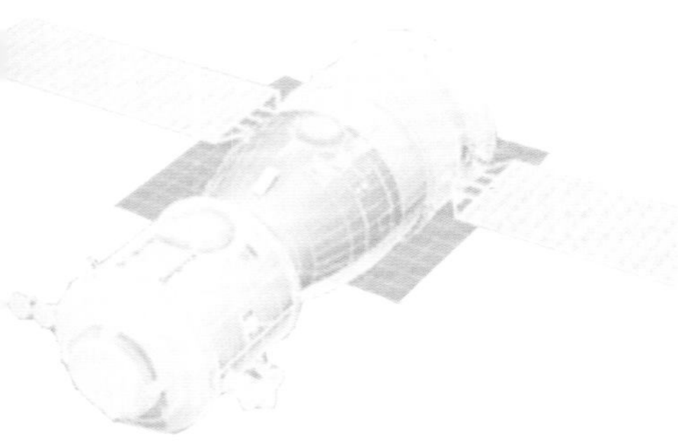

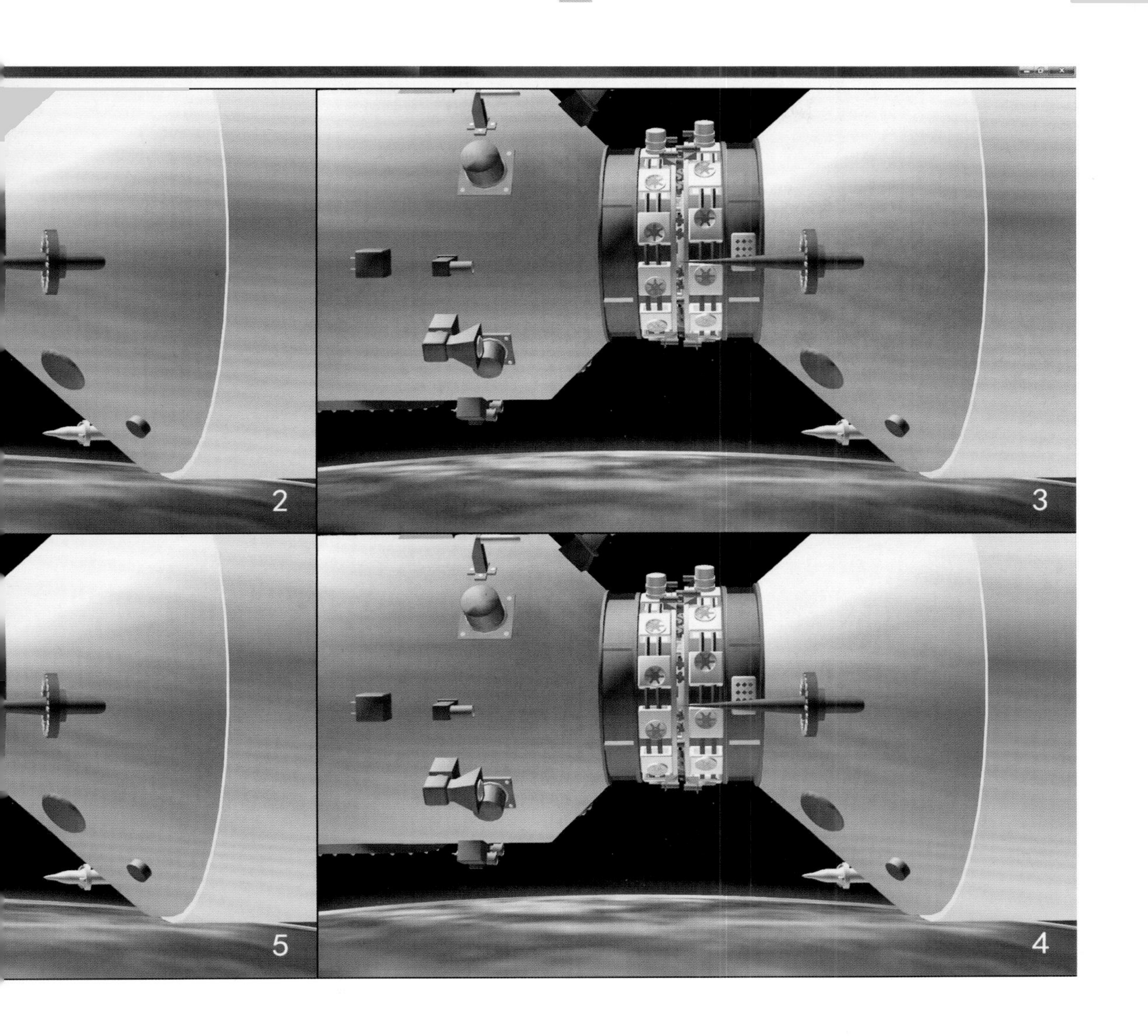
2
3
5
4

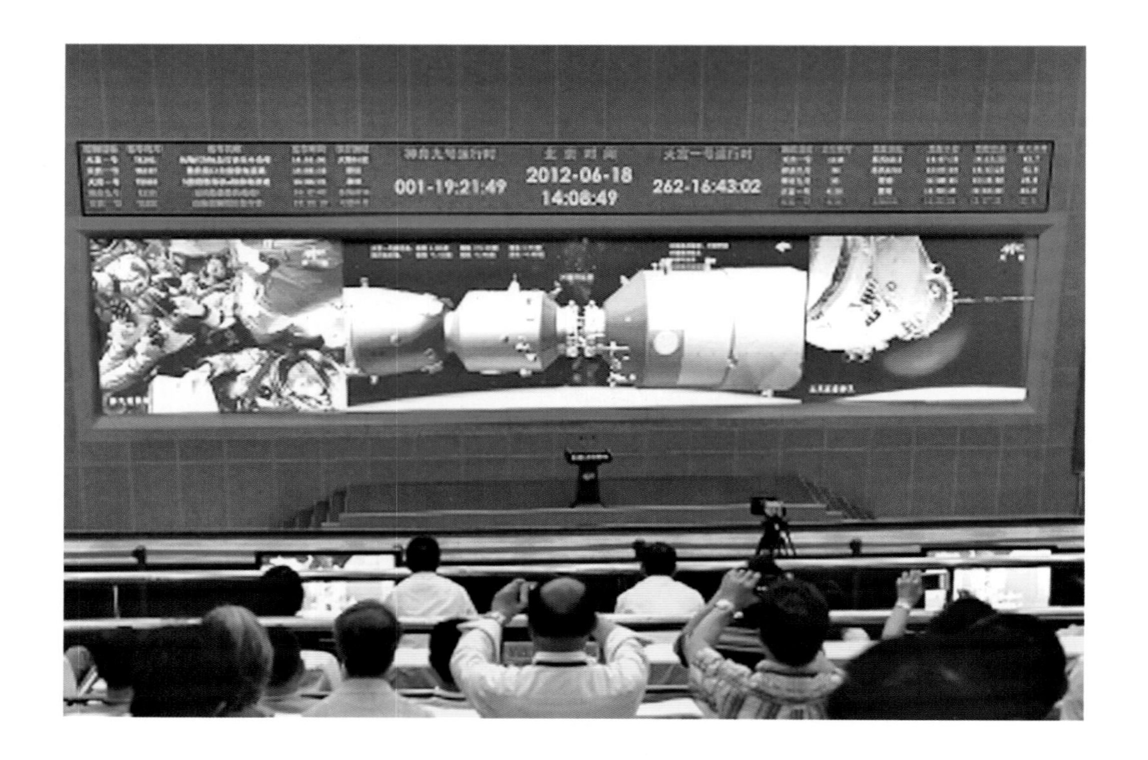

2012年6月18日，北京航天飞行控制中心，神舟九号与天宫一号交会对接三维可视化现场实况。

深空探测三维可视化系统在北京航天飞行控制中心呈现神舟十号与天宫一号载人交会对接实况。

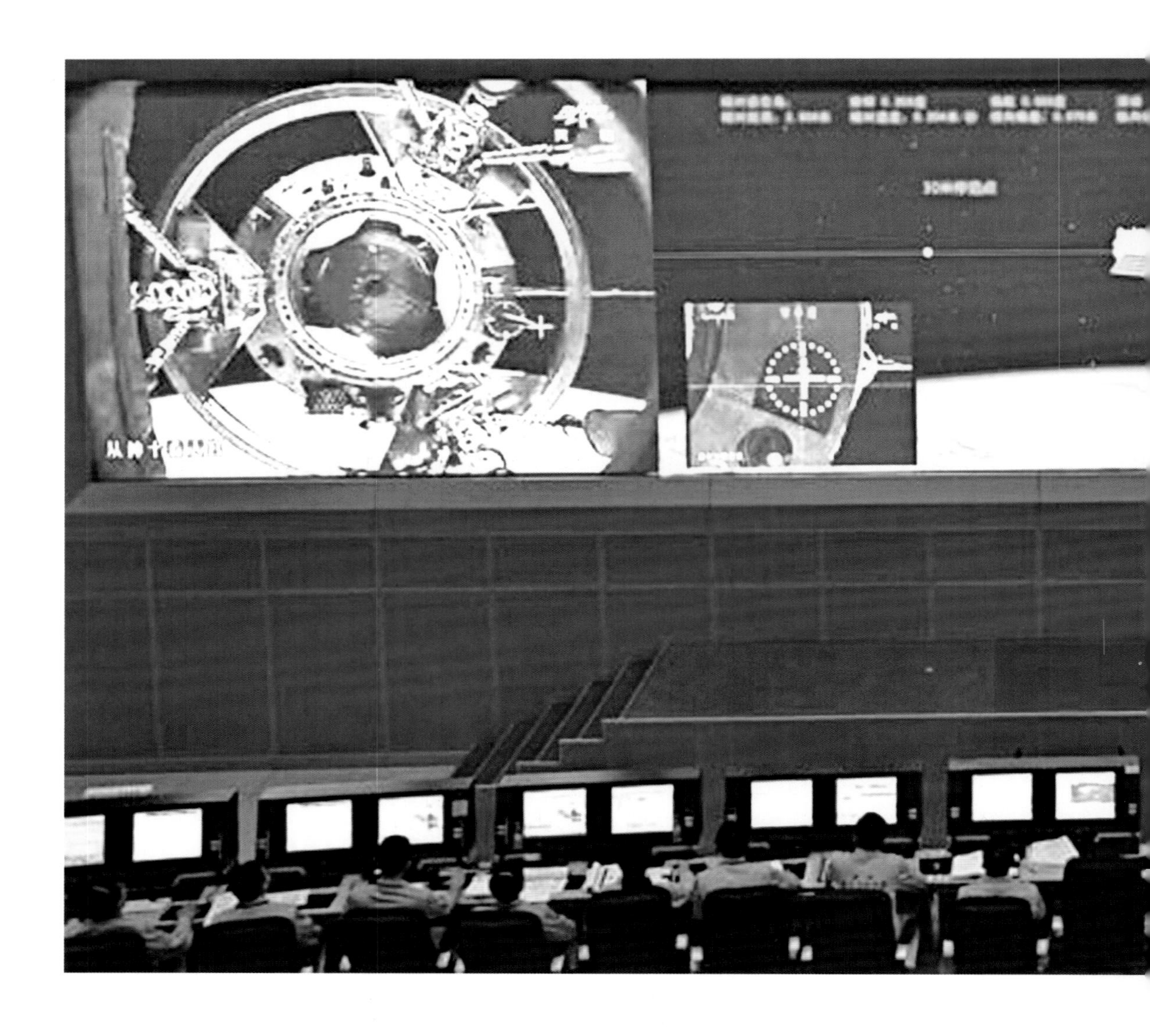

深空探测三维可视化系统在北京航天飞行控制中心呈现神舟十号与天宫一号载人交会对接实况。

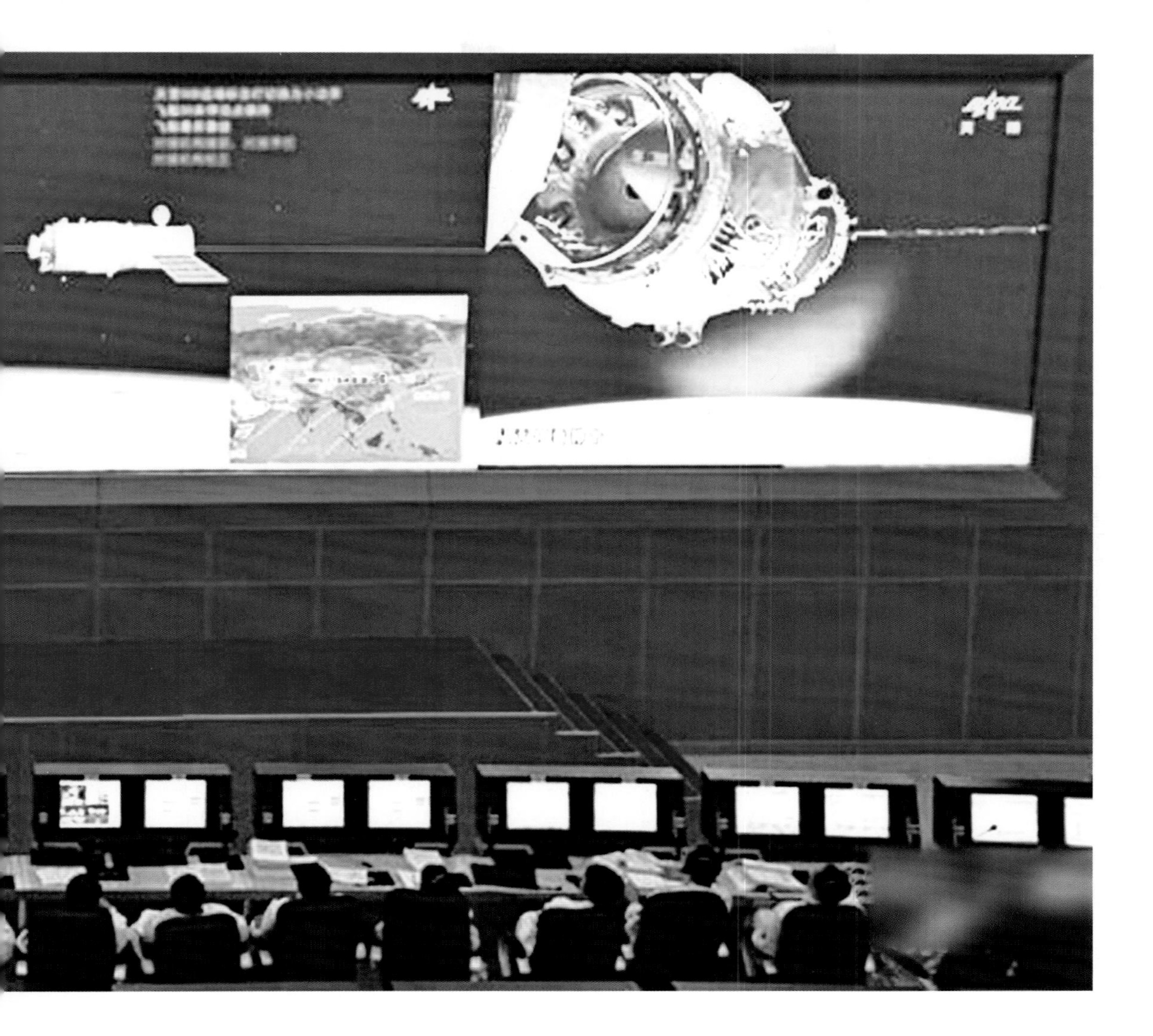

2013年6月13日13时18分，神舟十号与天宫一号成功实现载人交会对接。深空探测三维可视化系统承担任务全过程的实时显示和操控显示。

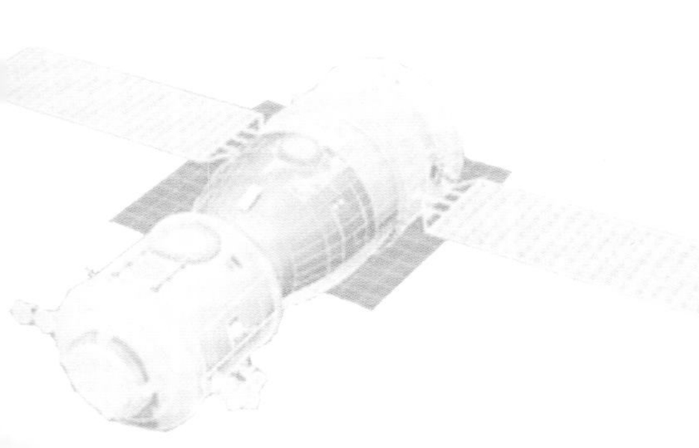

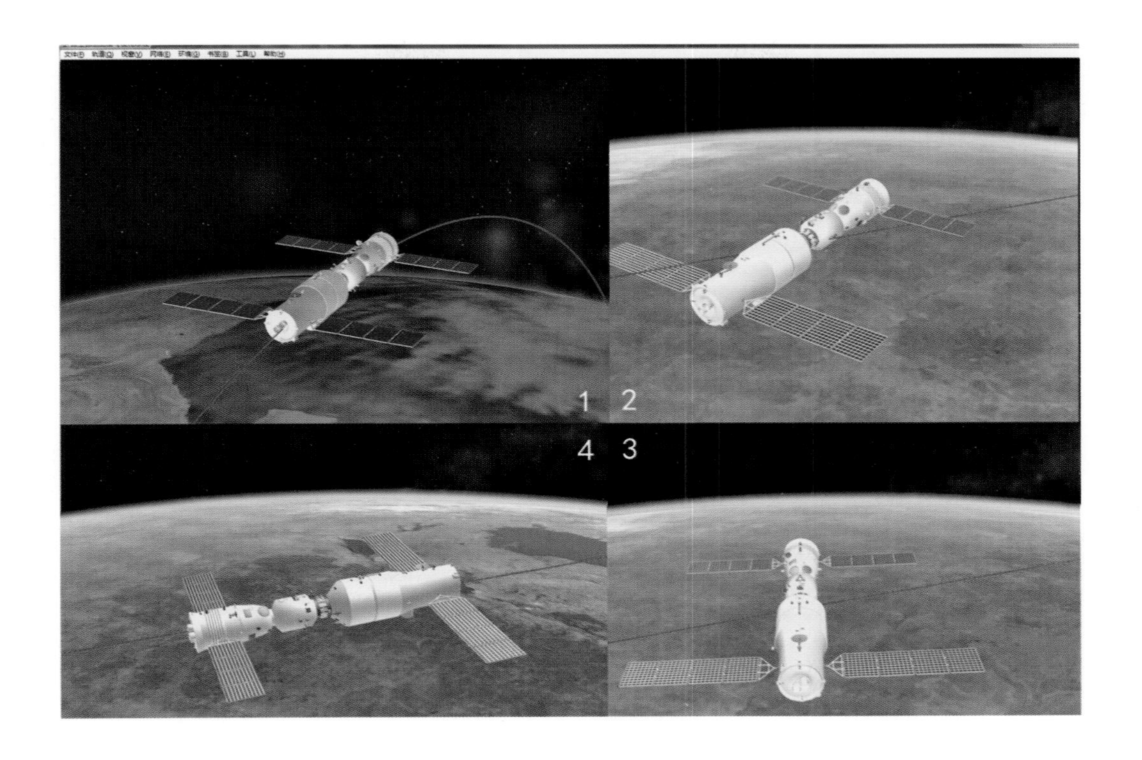

深空探测三维可视化系统对组合体姿态调整过程进行实时可视化。

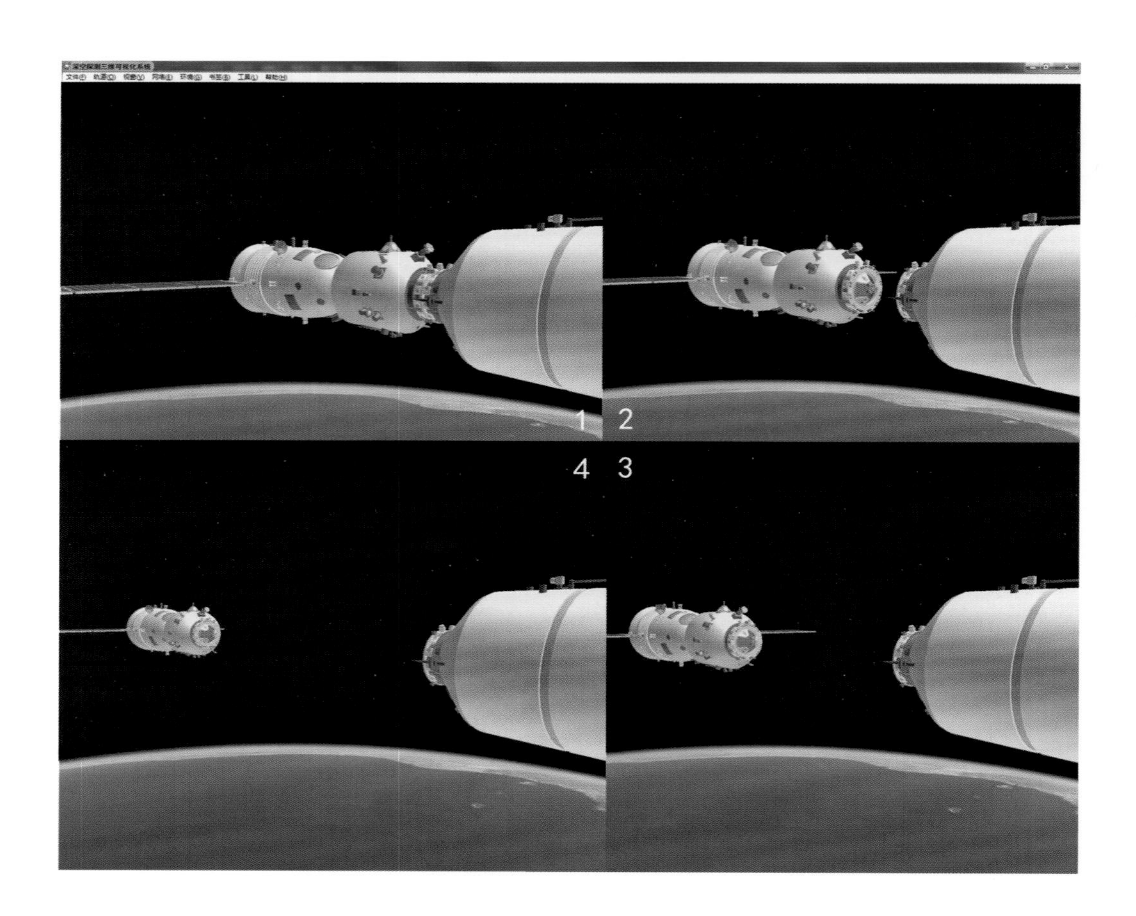

深空探测三维可视化系统对神舟九号与神舟十号飞船撤离天宫一号过程进行实时可视化。

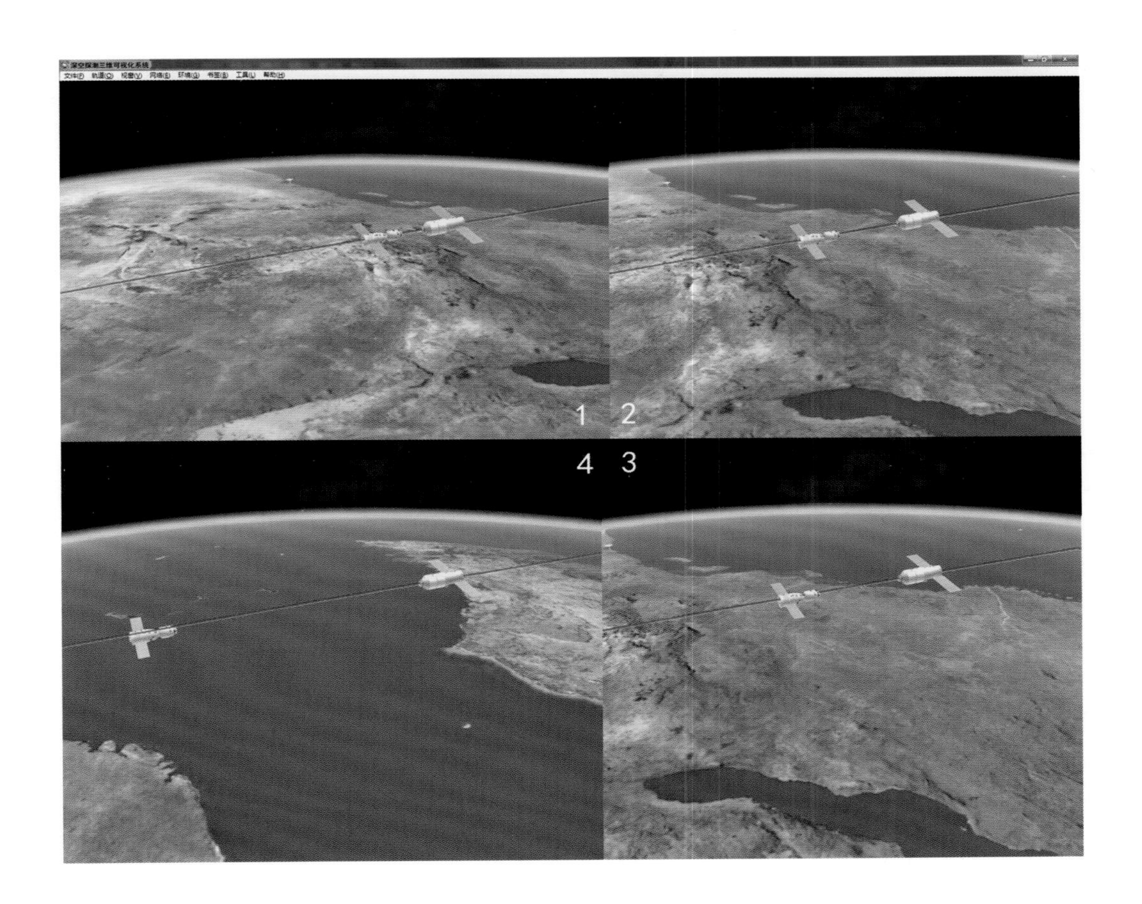

深空探测三维可视化系统对神舟九号与神舟十号飞船撤离至140m处停泊点过程的实时可视化。

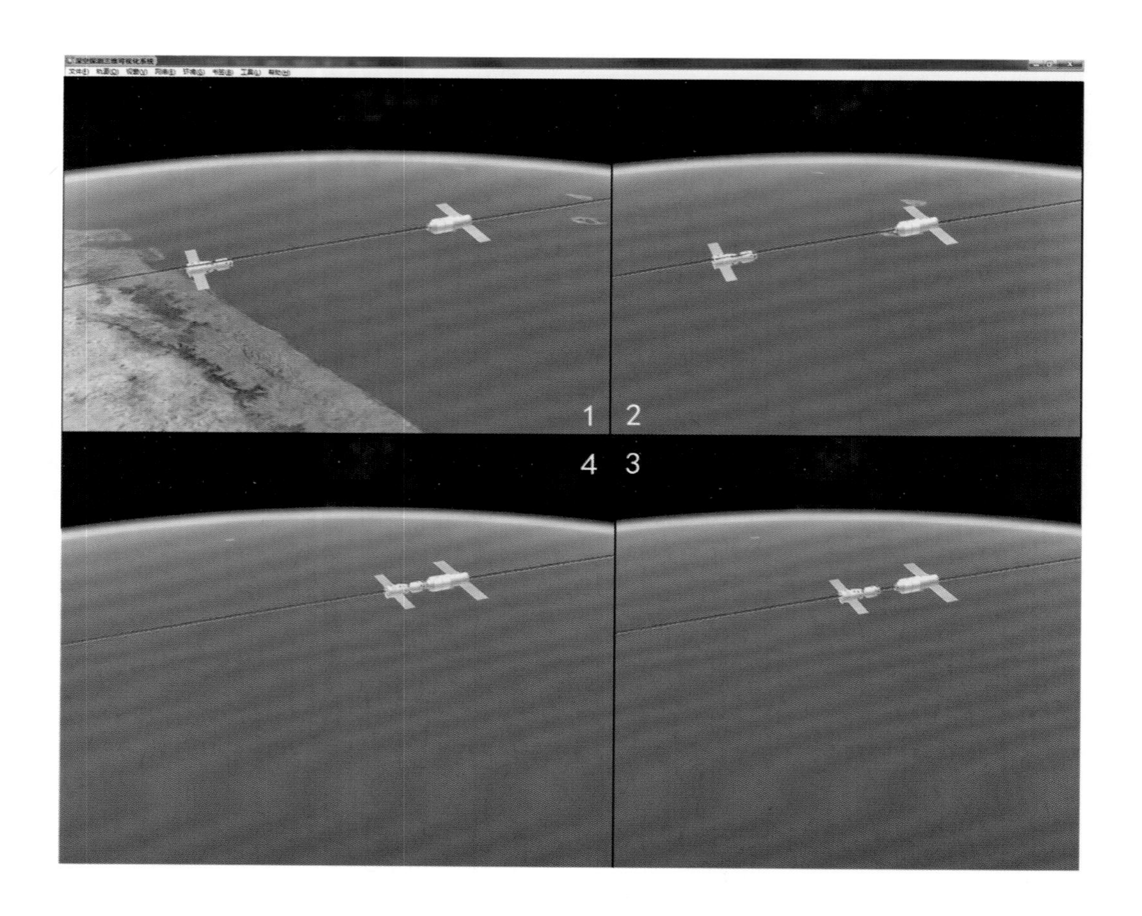

深空探测三维可视化系统对神舟九号、神舟十号飞与天宫一号进行第二次交会对接过程的实时可视化。

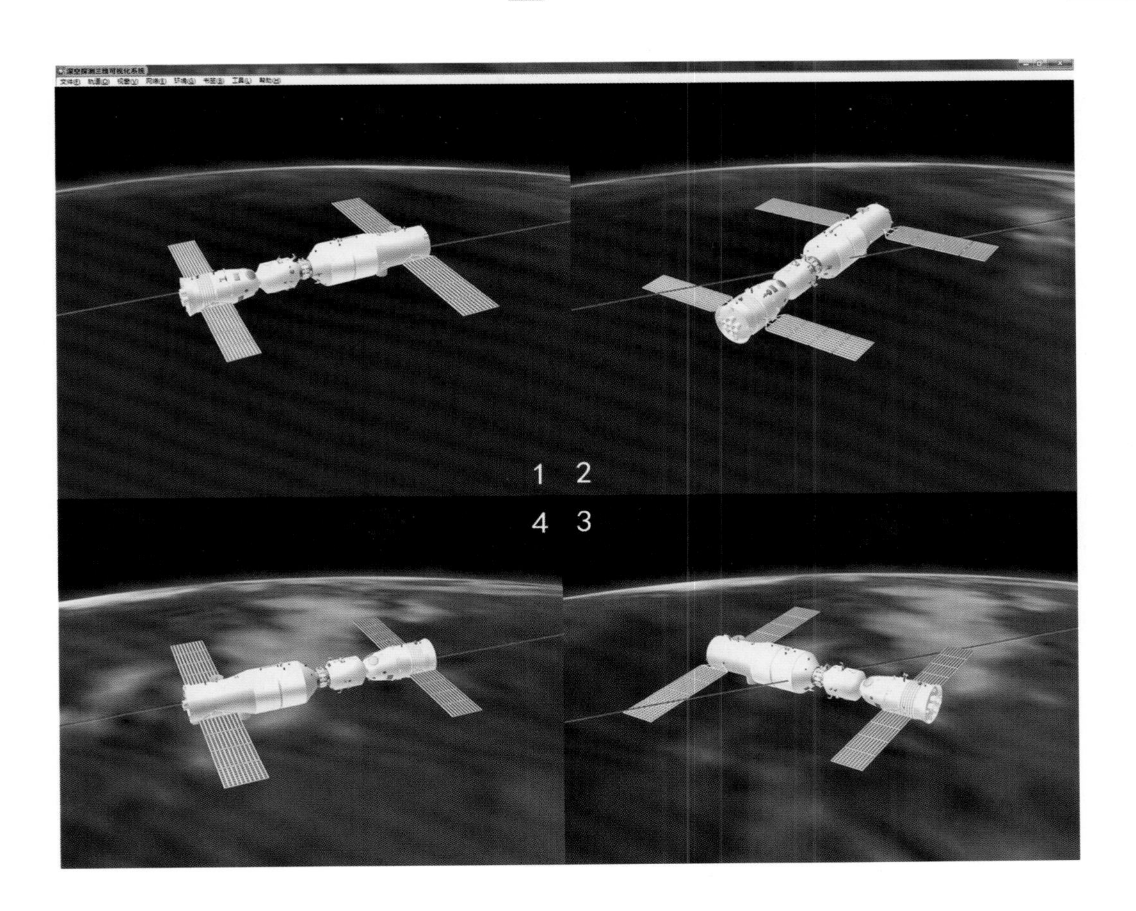

深空探测三维可视化系统对神舟九号、神舟十号飞与天宫一号组合体偏航过程的实时可视化。

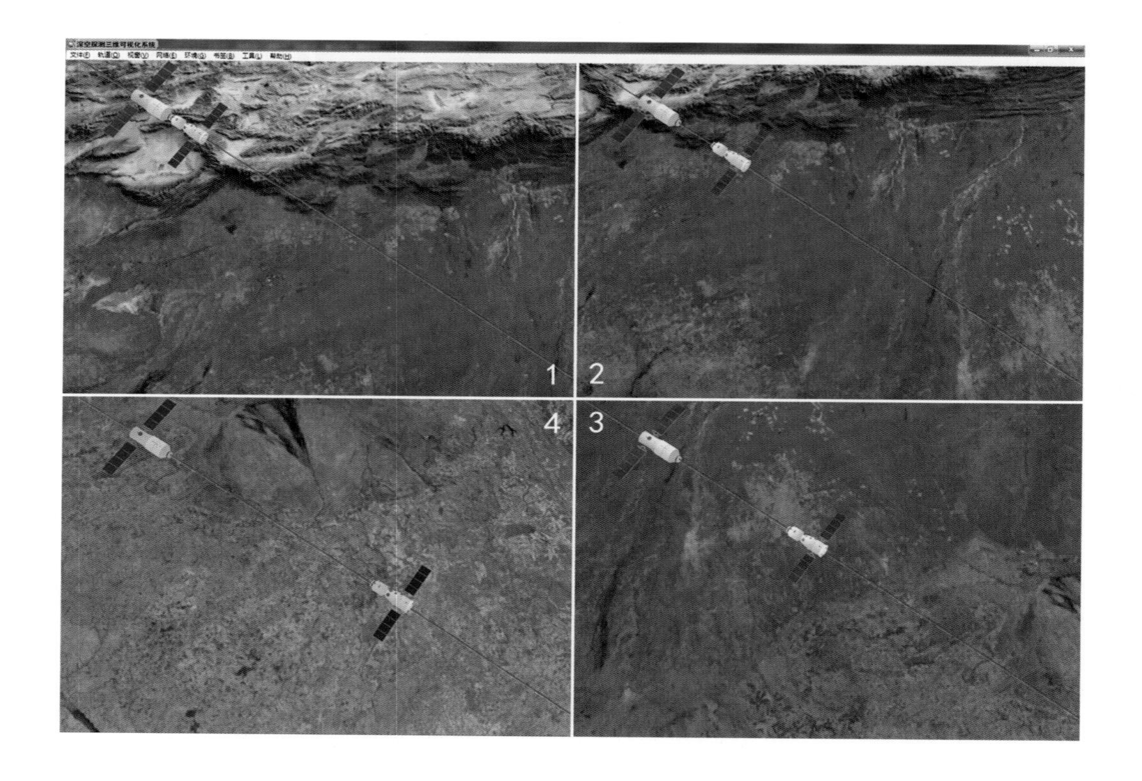

深空探测三维可视化系统对神舟九号、神舟十号飞船撤离天宫一号过程进行实时可视化。

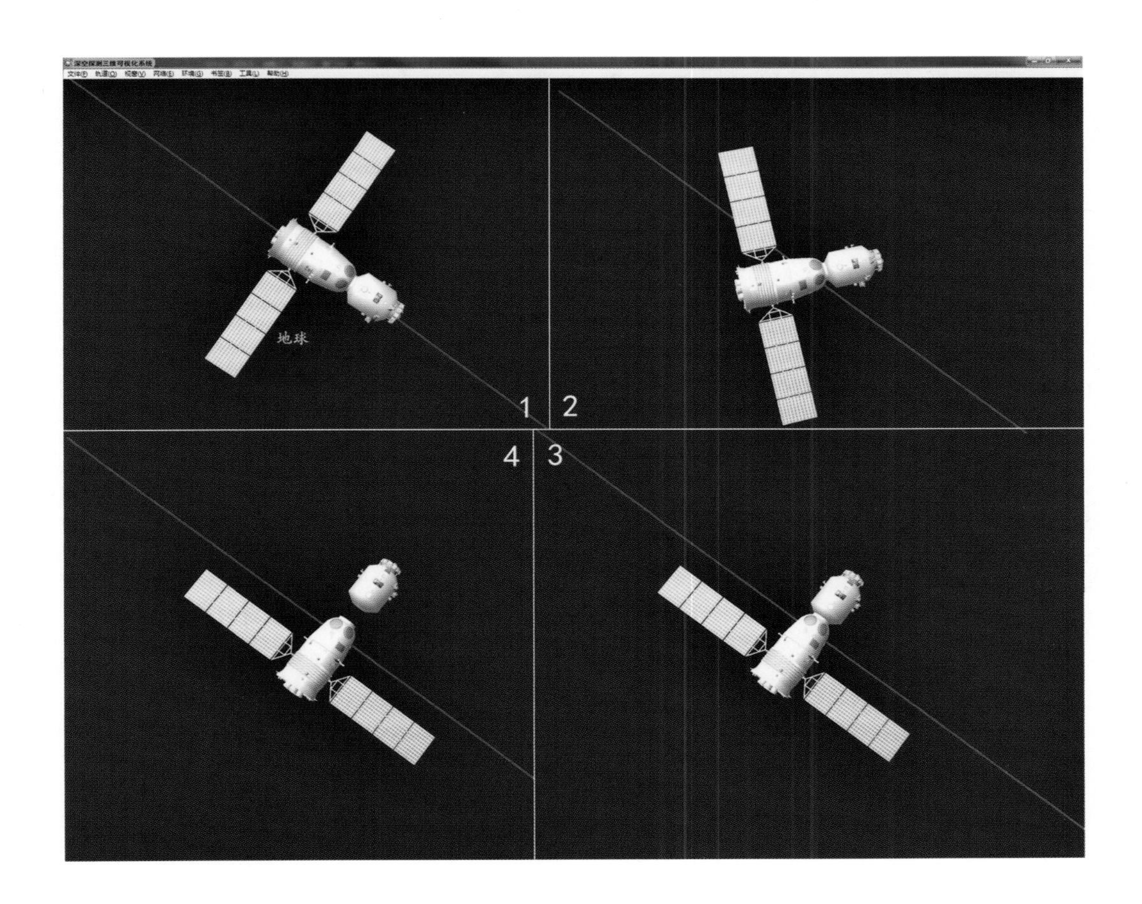

深空探测三维可视化系统对神舟九号、神舟十号组合体进行姿态调整以及返回舱与轨道舱分离过程的实时可视化。

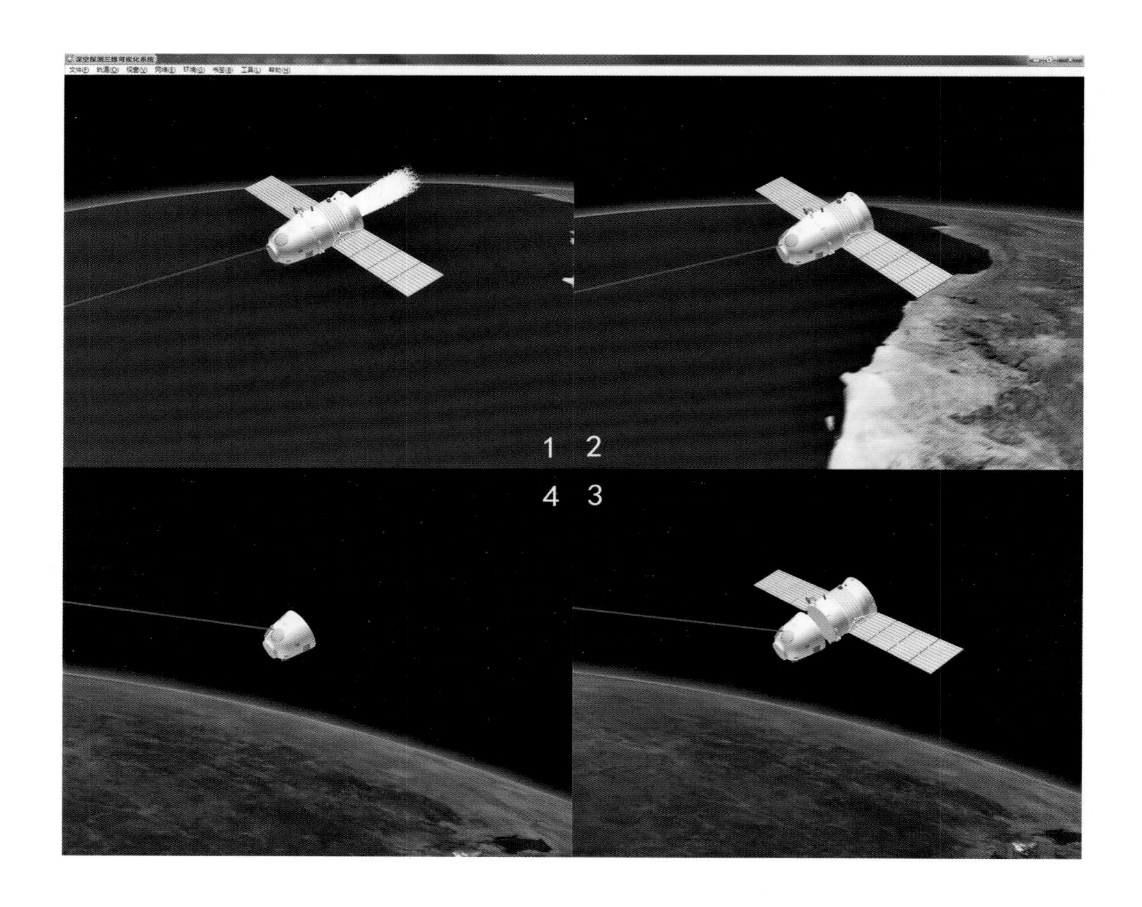

深空探测三维可视化系统对返回舱与推进舱分离过程的实时可视化。

神舟九号与天宫一号三维可视化任务准备阶段，航天可视化团队部分成员进行系统测试。

神舟十号与天宫一号载人交会对接任务工作现场。

BACC

天宫一号与神舟十号载人飞行任务成功纪念

天宫一号与神舟十号载人飞行任务取得圆满成功，标志着我国载人航天工程第二步第一阶段战略目标实现完美收官。

贵单位参加研制的三维可视化平台在任务中运行稳定可靠，展示完美逼真，为任务的圆满成功做出了突出贡献。衷心感谢贵单位对北京航天飞控中心的大力支持与密切配合，特发此证，以资纪念！

北京航天飞行控制中心

二〇一三年六月

神舟十号与天宫一号载人交会对接任务期间，北京航天飞行控制中心致航天可视化团队天宫一号与神舟十号载人飞行任务成功纪念。

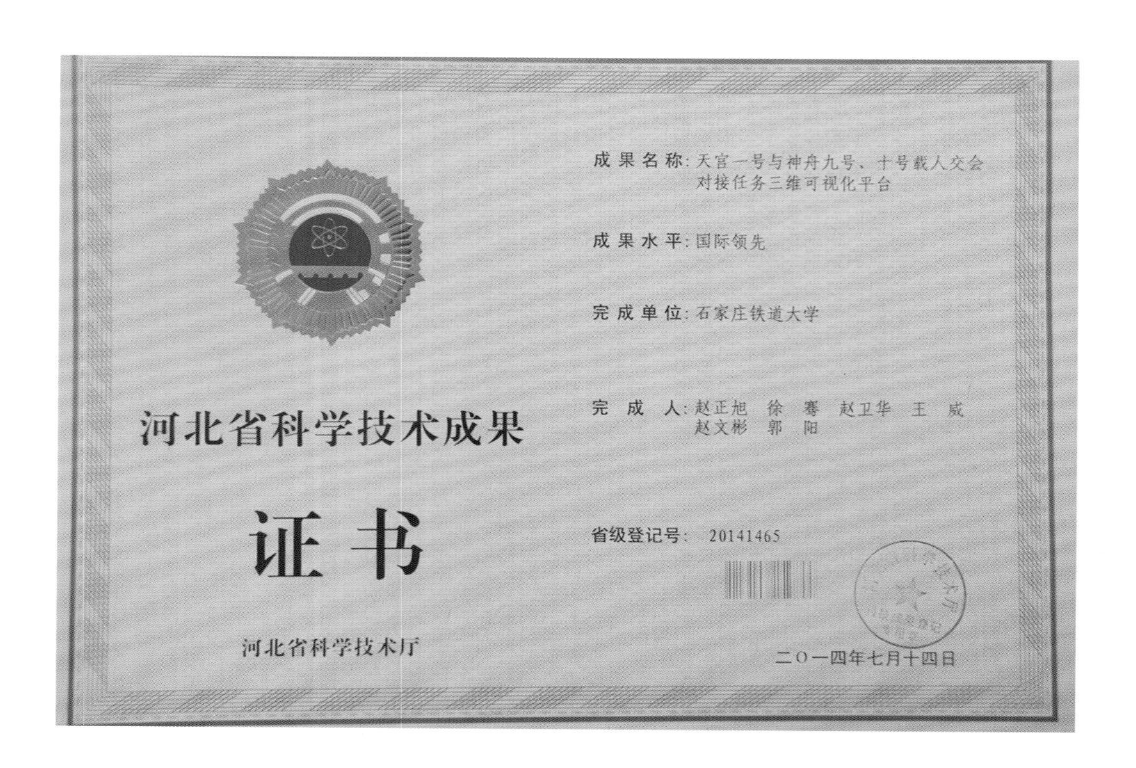
成果名称：天宫一号与神舟九号、十号载人交会对接任务三维可视化平台

成果水平：国际领先

完成单位：石家庄铁道大学

完成人：赵正旭　徐　骞　赵卫华　王　威　赵文彬　郭　阳

河北省科学技术成果

证书

省级登记号：20141465

河北省科学技术厅

二〇一四年七月十四日

天宫一号与神舟九号、神舟十号载人交会对接任务三维可视化平台成果被认定为国际领先。

天宫一号与神舟九号载人交会对接任务成功纪念册。

天宫一号与神舟十号载人飞行任务成功纪念册。

嫦娥三号探月可视化任务

2013 年 12 月 2 日 1 时 30 分，长征三号乙运载火箭搭载嫦娥三号探测器从西昌卫星发射中心发射飞向月球，分别在 12 月 6 日、10 日，实现进入月球轨道和降轨任务；14 日、15 日，完成月面软着陆、释放玉兔号月球车，完成着陆器与巡视器互拍任务。深空探测三维可视化系统承担任务全过程的实时三维可视化飞行控制与指挥。航天可视化团队开发的嫦娥工程二期可视化遥操作系统负责玉兔号在月球表面工作的信息可视化管理与操作。

长征三号乙加强型运载火箭发射升空，将嫦娥三号送入预定轨道。深空探测三维可视化系统承担该任务全程的实时可视化。

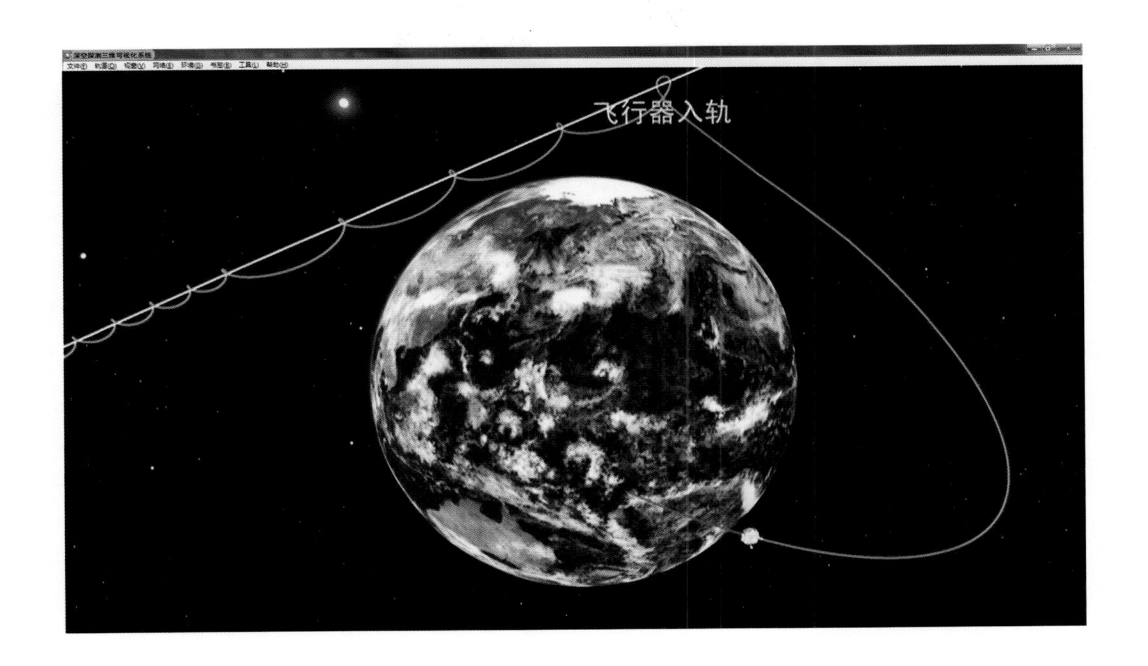

深空探测三维可视化系统将嫦娥三号飞向月球的过程进行三维实时可视化展示,为地面控制人员提供可视化技术支持。

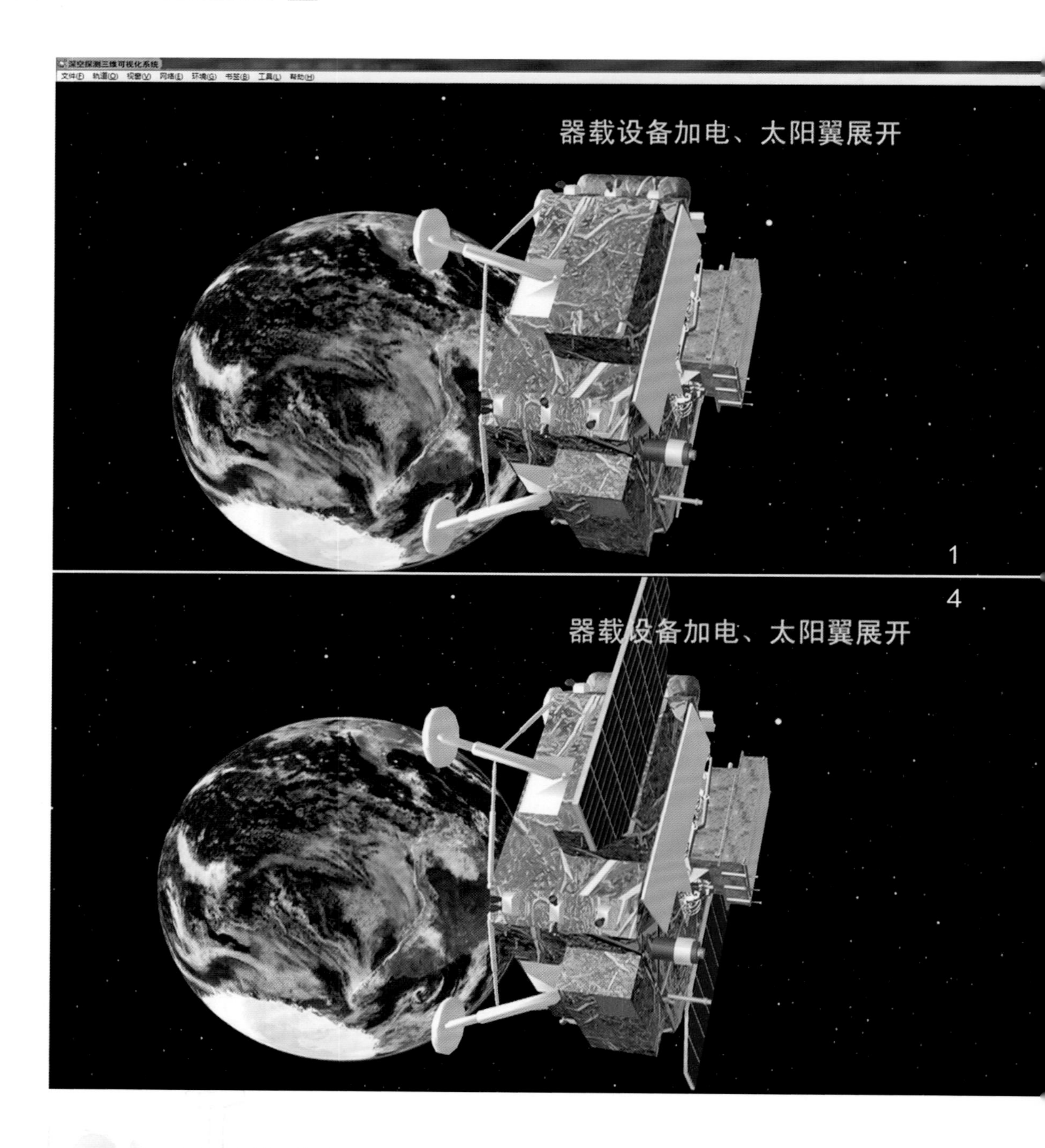

嫦娥三号探测器升空约 47 分钟后，太阳翼展开。深空探测三维可视化系统对太阳翼展开过程进行三维实时可视化展示。

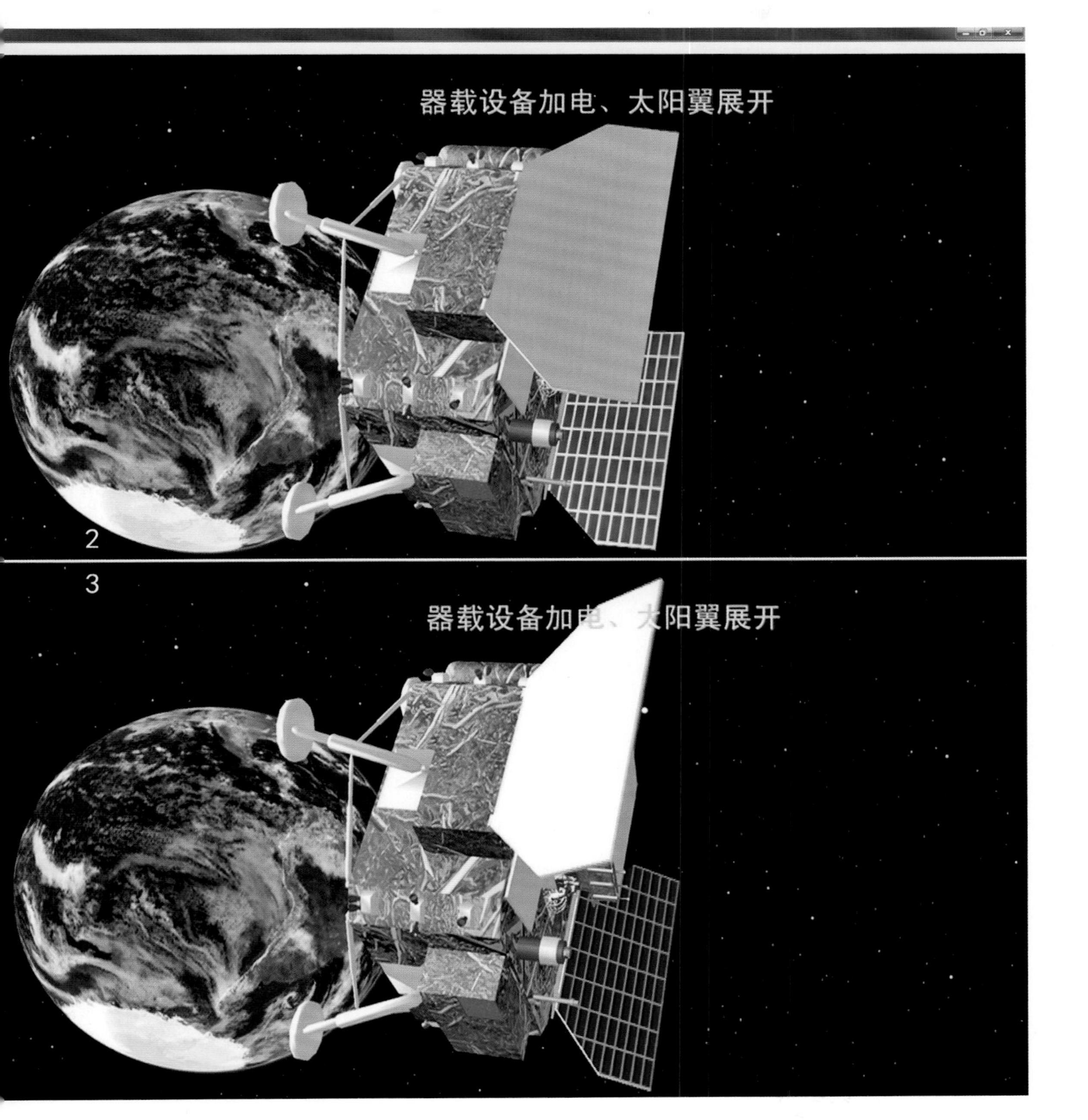
器载设备加电、太阳翼展开
2
3
器载设备加电、太阳翼展开

嫦娥三号地月转移段全程在深空探测三维可视化系统上的显示。

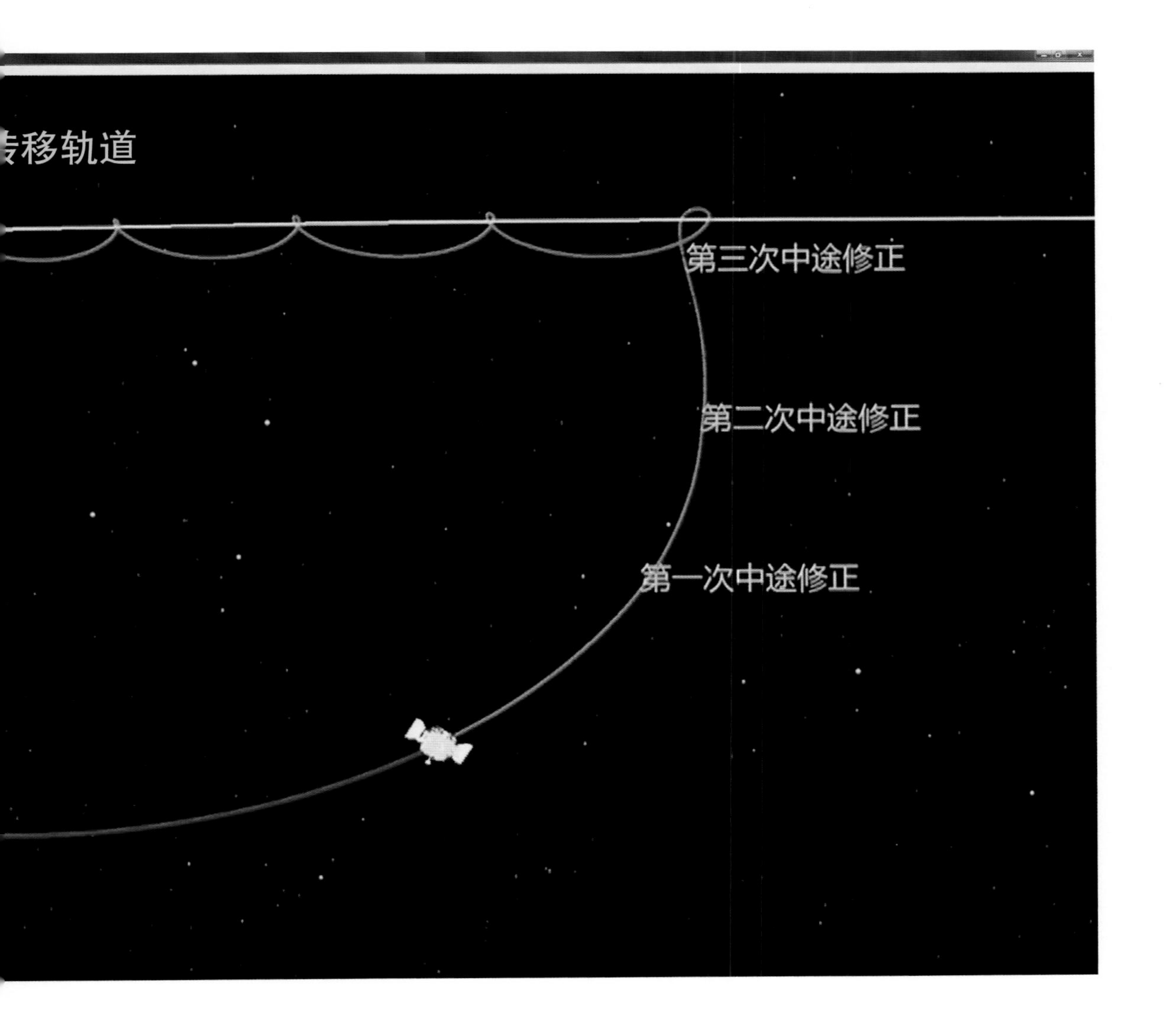
移轨道
第三次中途修正
第二次中途修正
第一次中途修正

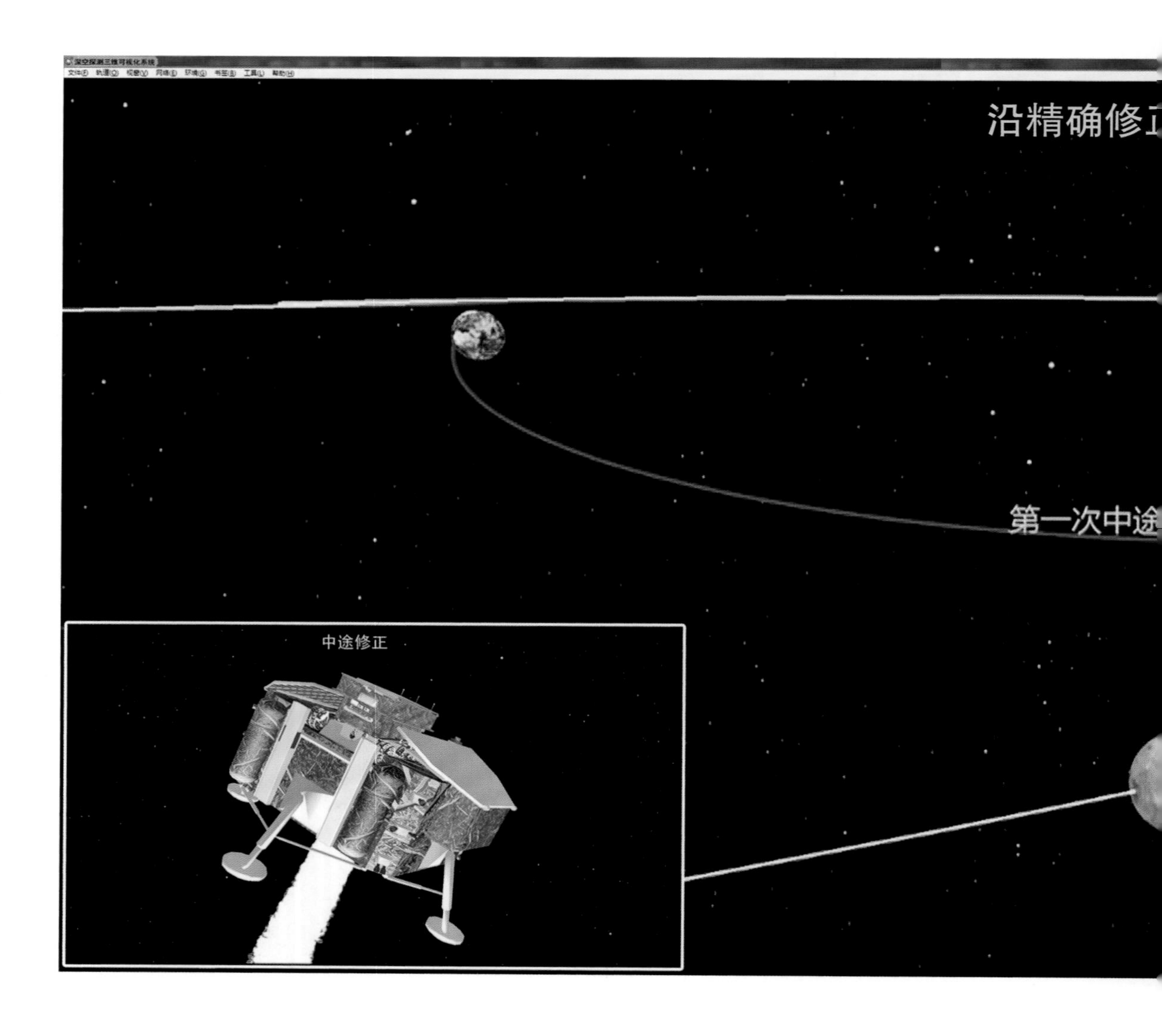

深空探测三维可视化系统对嫦娥三号三次中途修正过程的实时可视化。

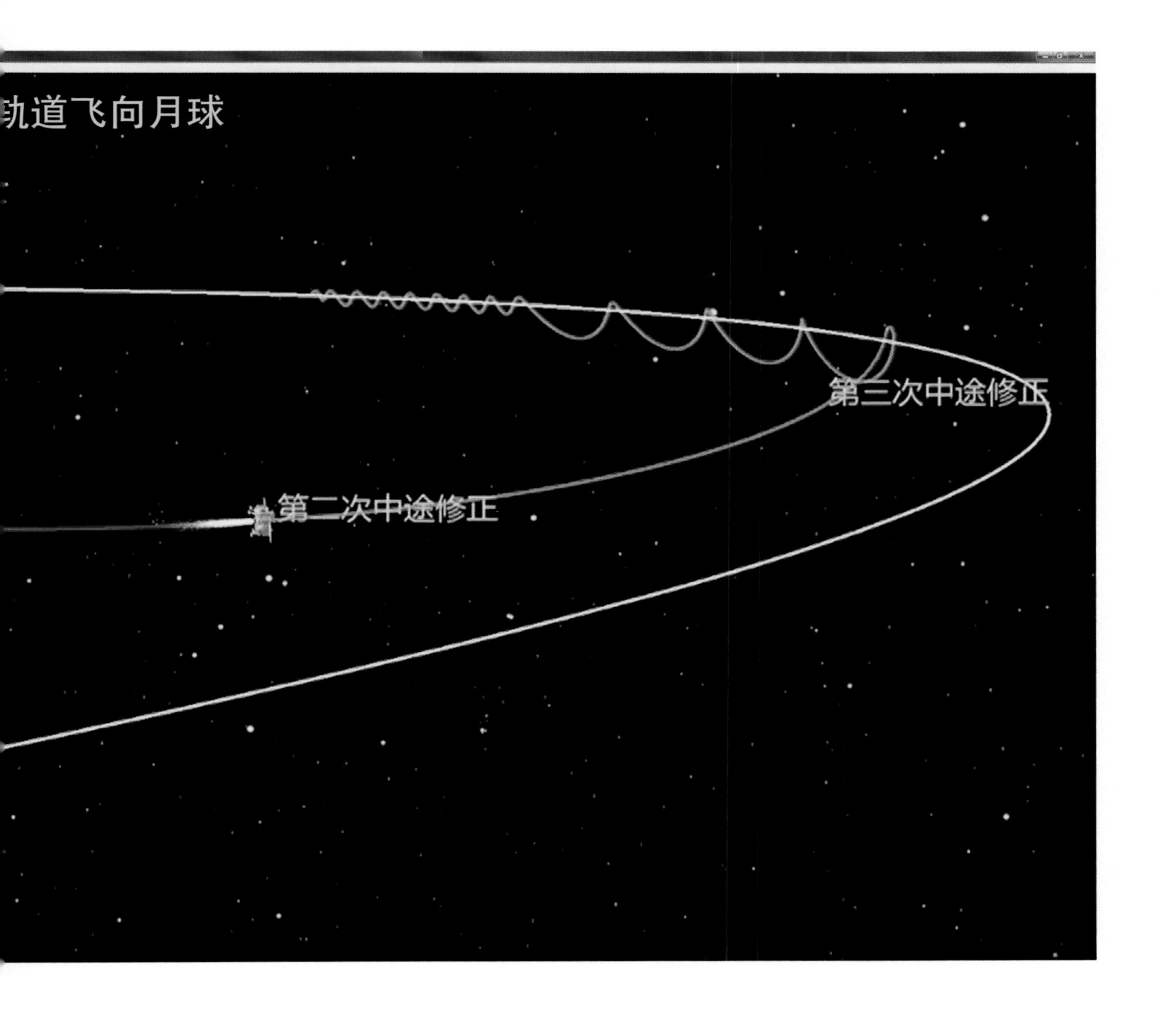
轨道飞向月球
第三次中途修正
第二次中途修正

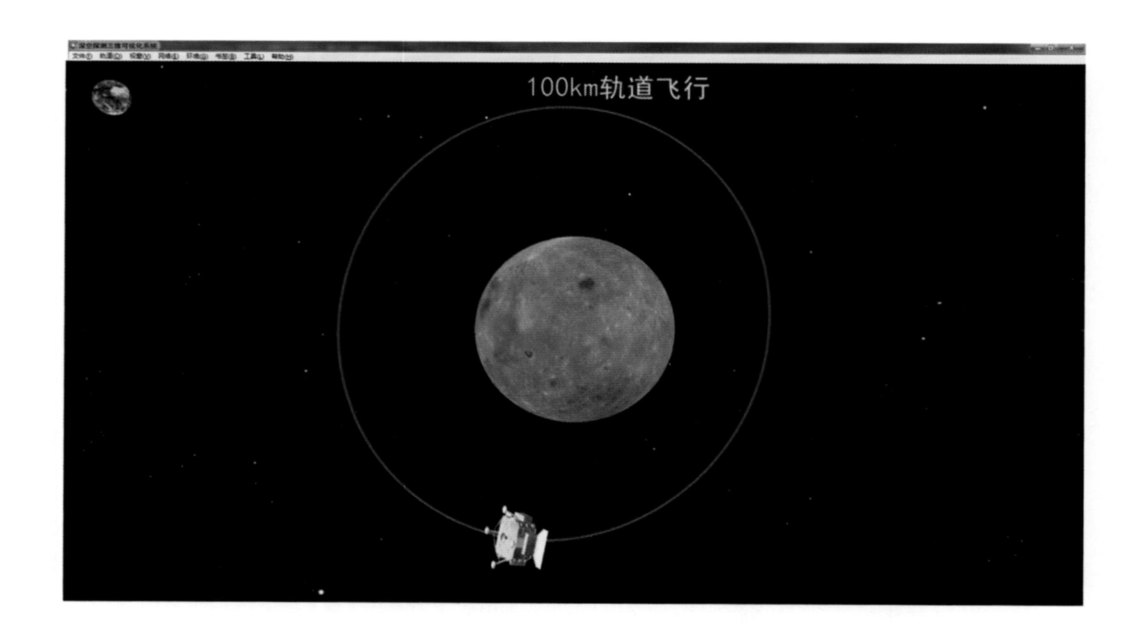

2013年12月6日17时53分，嫦娥三号发动机关机，顺利进入100 km环月轨道。

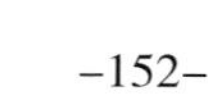

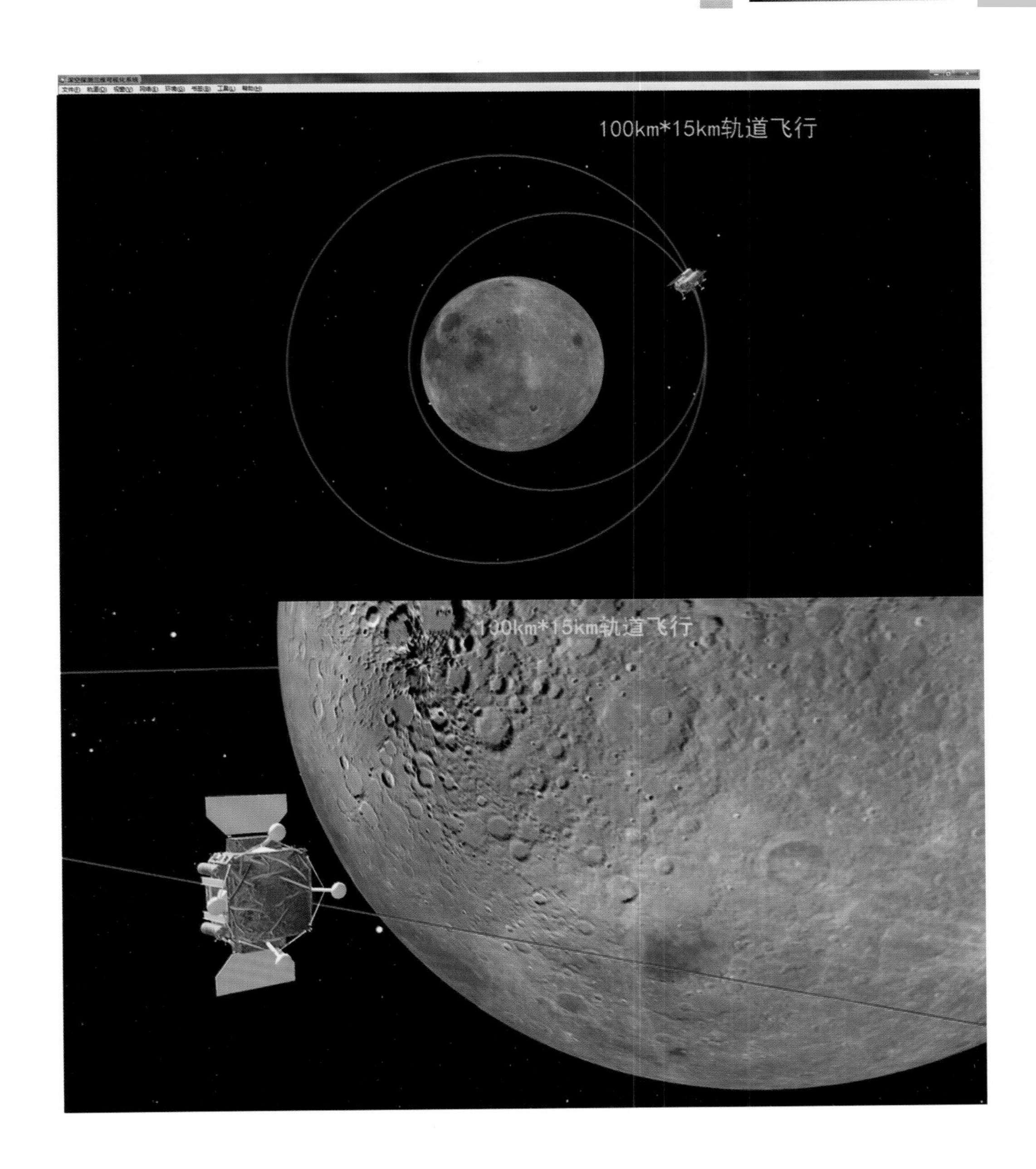

2013 年 12 月 10 日 21 时 24 分，嫦娥三号重新回到月球正面，由距月面平均高度约 100 km 的环月轨道，成功进入近月点高度约 15 km、远月点高度约 100 km 的椭圆轨道。

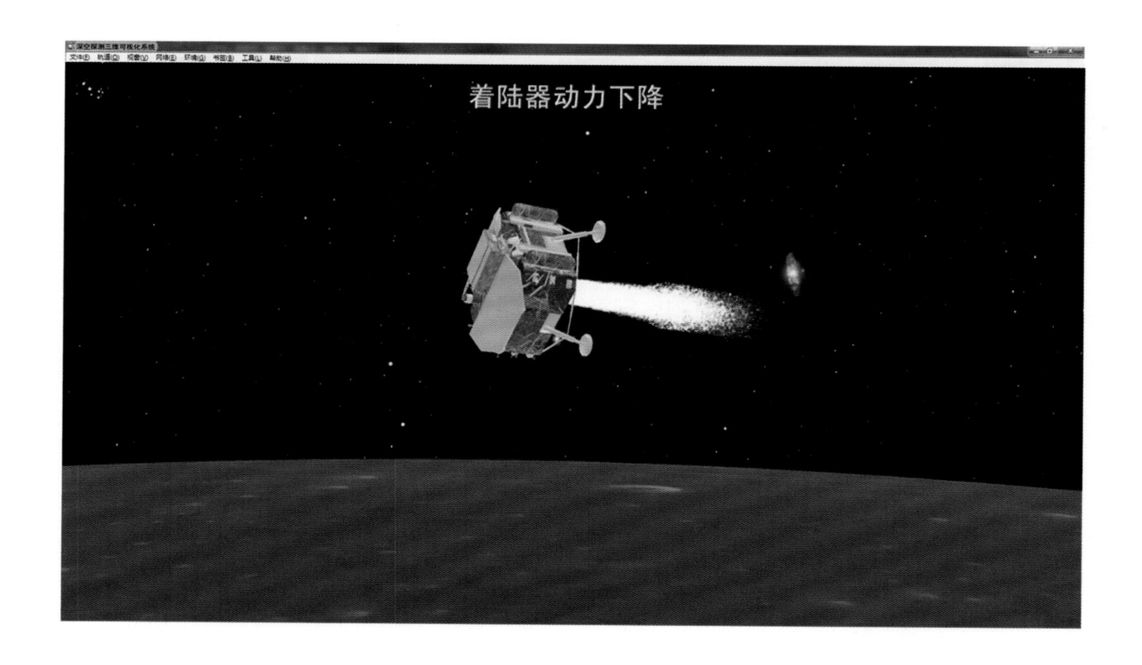

嫦娥三号变推力发动机开机，开始动力下降，经过主减速段、快速调整段以及接近段等阶段调整，逐步接近月球表面。

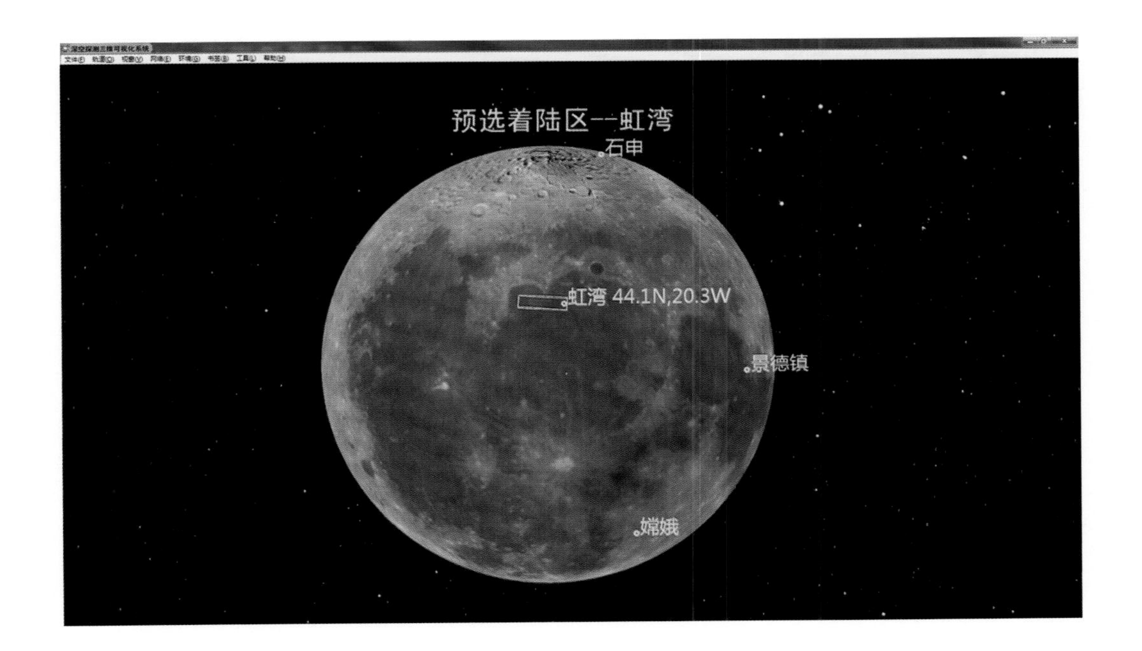

嫦娥三号的预选着陆区为虹湾地区，地势相对平缓最适合飞行器着陆。

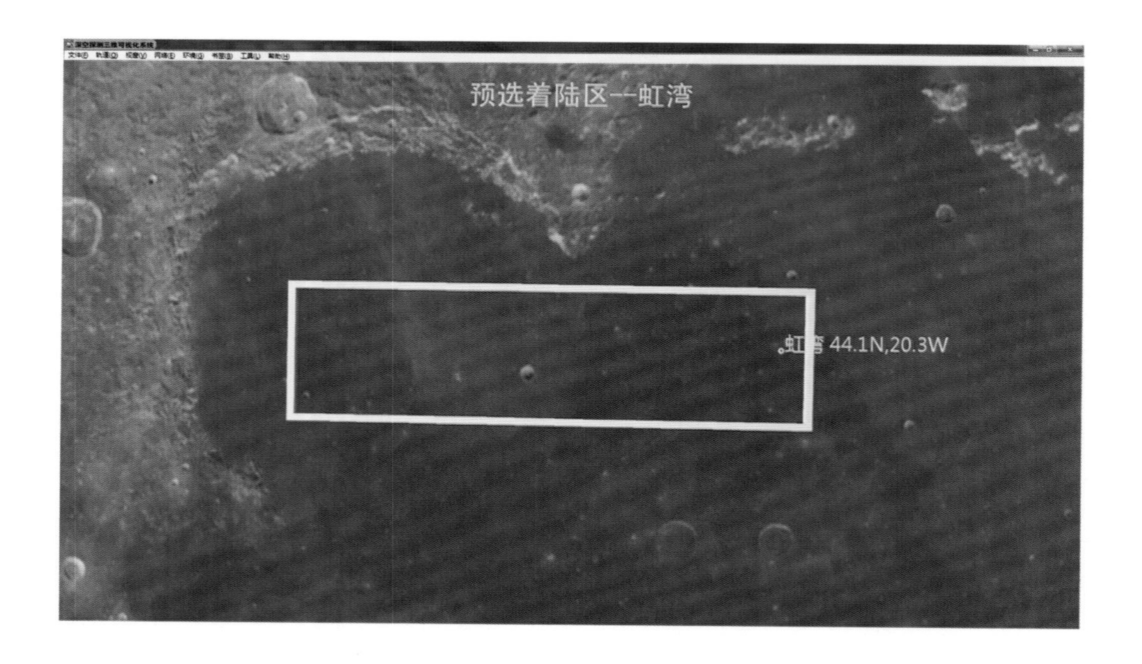

深空探测三维可视化系统呈现月球表面虹湾拍照区，可以看到地面的坑洼以及零散的石块。

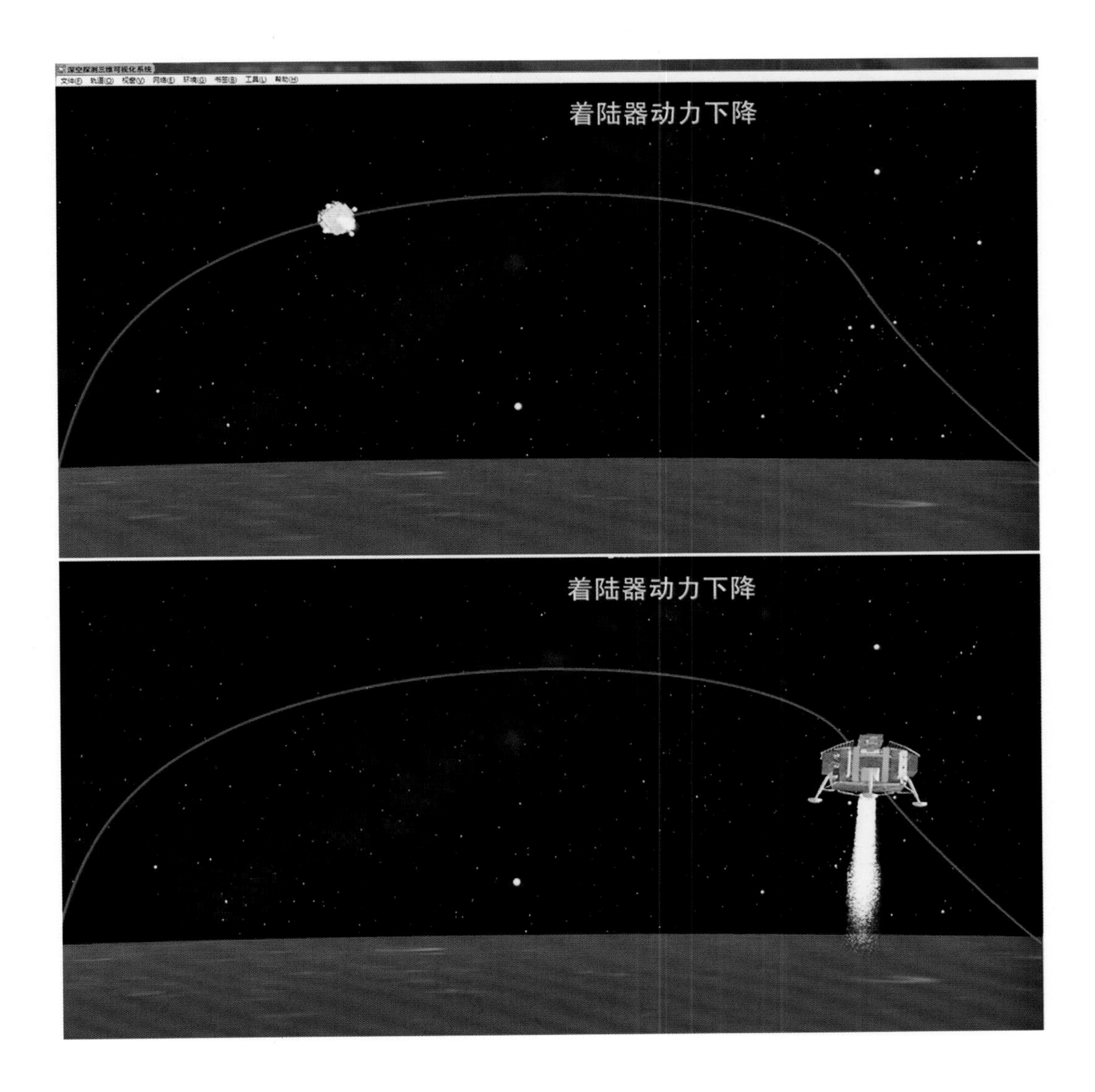

深空探测三维可视化系统展示嫦娥三号动力下降、姿态调整的实时可视化过程。

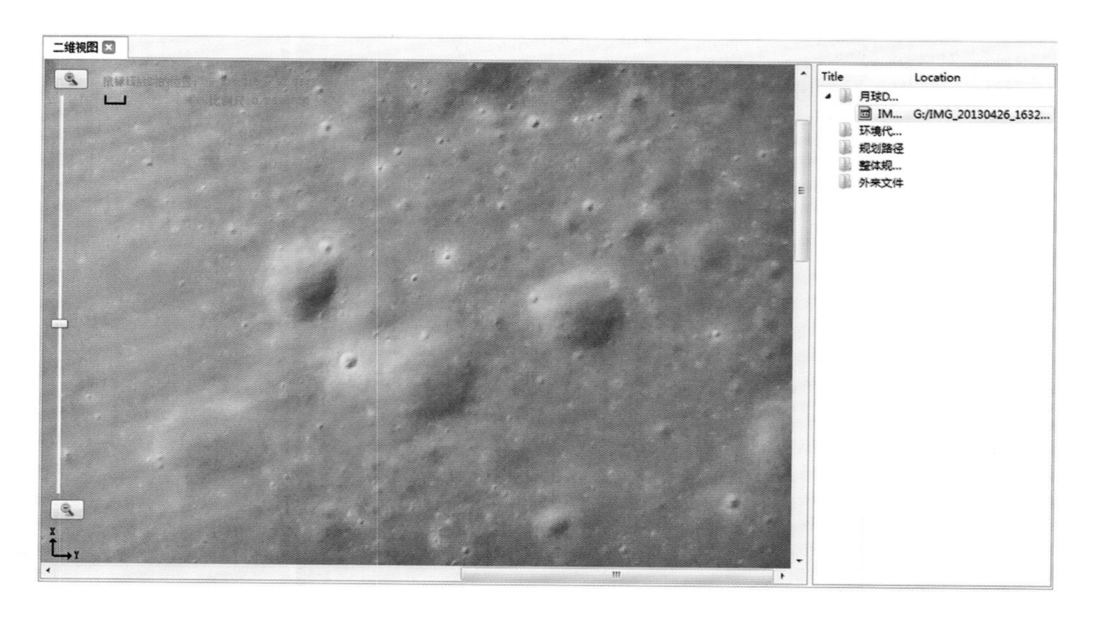

探月工程二期可视化遥操作系统中月球表面二维视图和月球远景三维视图界面。

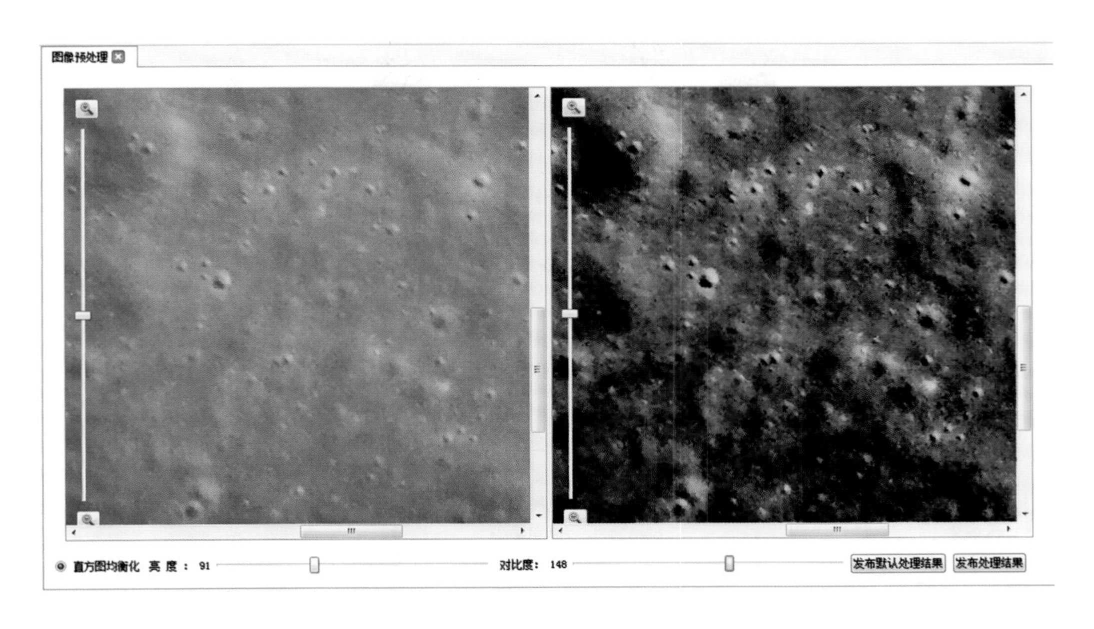

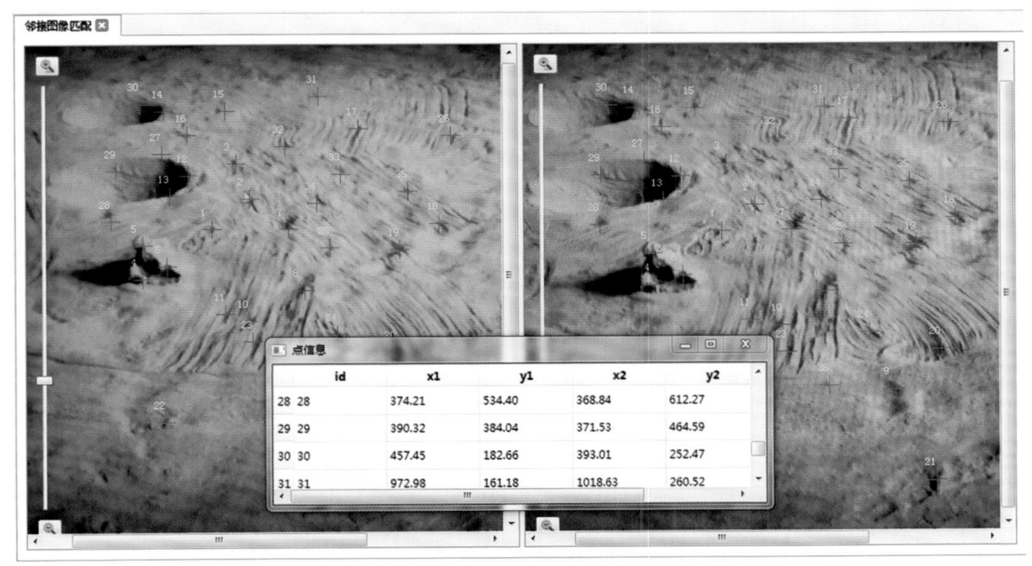

探月工程二期可视化遥操作系统图像预处理和邻接图像匹配界面。

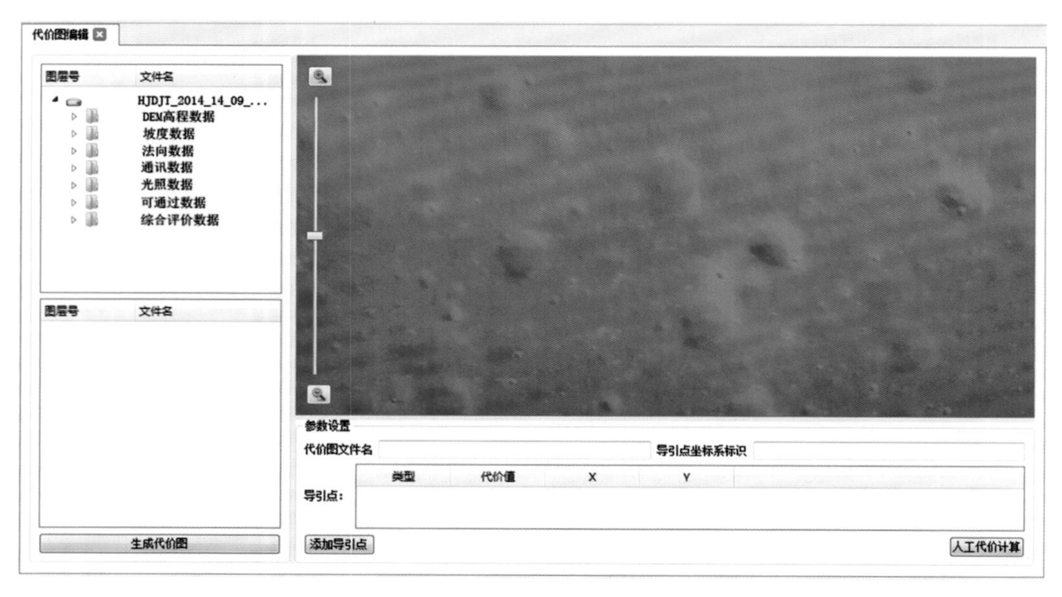

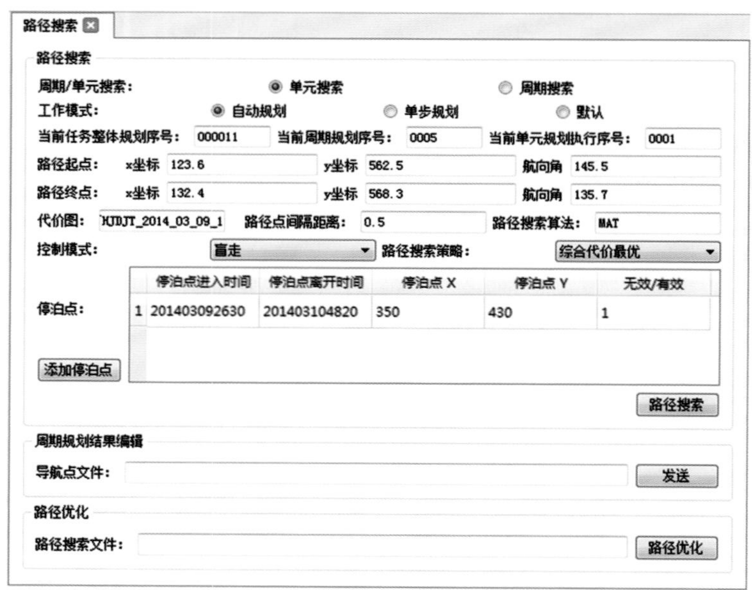

探月工程二期可视化遥操作系统月面环境图分析界面以及着陆器路径搜索界面。

北京航天飞行控制中心，嫦娥三号指挥任务现场。

2013年12月14日21时11分，嫦娥三号探测器成功着陆于月球表面预定区域，北京航天飞行控制中心任务现场显示着陆过程。

探月工程二期可视化遥操作系统中巡视器规划验证界面。

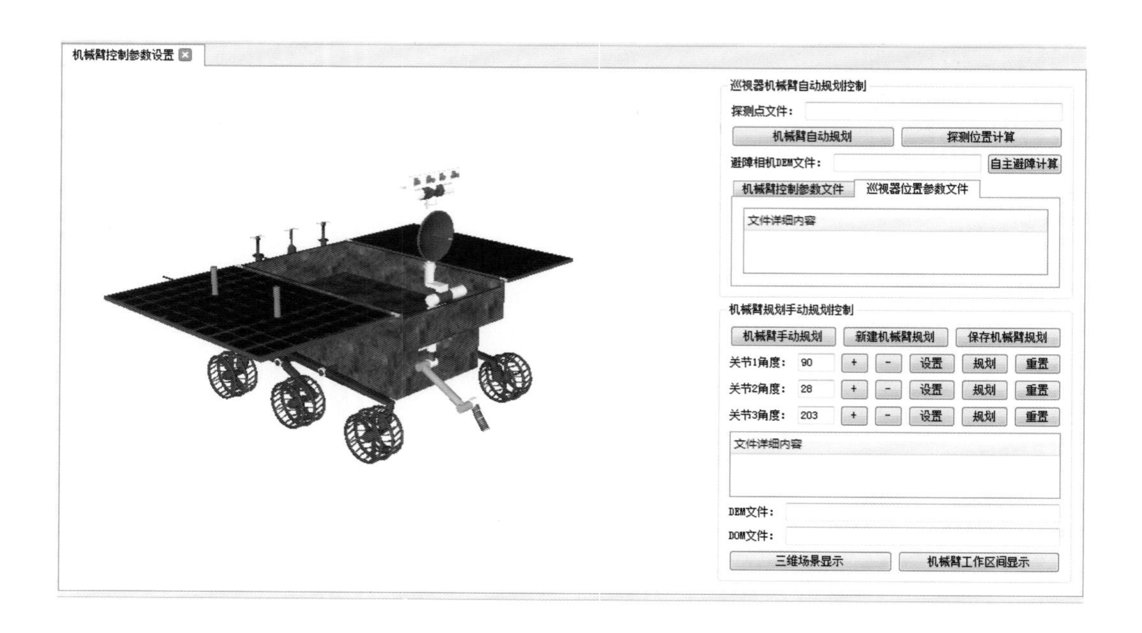

探月工程二期可视化遥操作系统中巡视器机械臂参数设置界面。

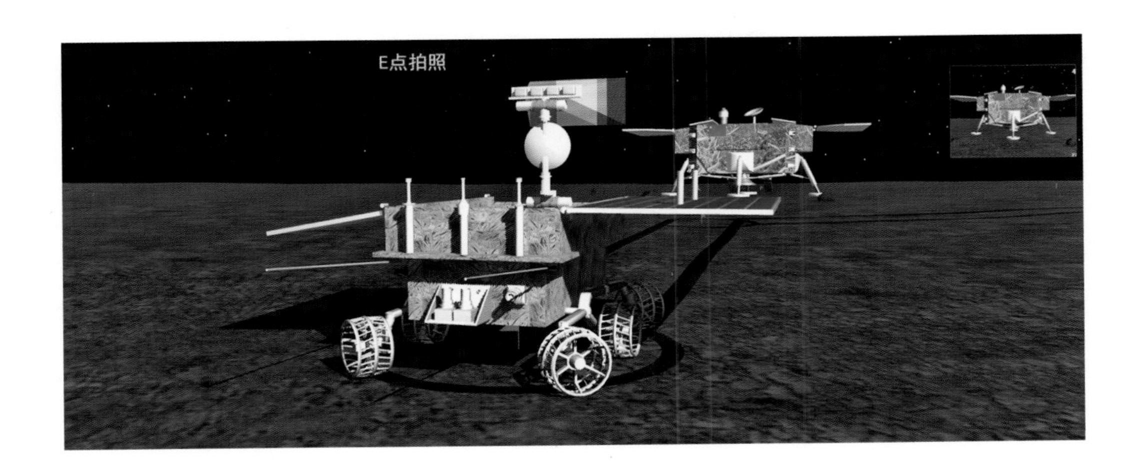

嫦娥三号着陆器和巡视器进行两器互拍。

嫦娥三号任务期间，航天可视化团队部分成员在北京航天飞行控制中心合影。

嫦娥三号任务期间，河北省教育厅领导进行现场观摩后与航天可视化团队成员合影。

感谢信

航天可视化研发团队：

值此嫦娥三号任务圆满成功之际，特向航天可视化研发团队的领导、专家和广大参试师生表示热烈祝贺并致以崇高敬意！

嫦娥三号任务作为我国探月工程承前启后的关键一仗，首次实现在地外天体实施软着陆探测，是中华民族征服太空、实现强国梦的又一辉煌壮举。嫦娥三号任务的圆满成功，为后续任务奠定了坚实基础。在任务准备和执行过程中，团队发扬科学求实精神，严慎细实，攻坚克难，为任务的圆满成功作出了卓越贡献。

对于团队在任务中给予中心的指导帮助和鼎力支持，在此深表感谢！

携手铸辉煌，共圆中国梦。让我们紧密团结在党中央周围，在十八大精神的指引下，乘胜前进、顽强拼搏，为我国航天事业不懈奋斗，继续谱写中华民族伟大复兴的盛世华章！

北京航天飞行控制中心

二〇一三年十二月十五日

嫦娥三号任务期间，航天可视化团队发扬科学求实精神，严慎细实，攻坚克难，为任务的圆满成功做出了卓越贡献。北京航天飞行控制中心致感谢信。

长征七号可视化任务

2016年6月25日20时00分00秒，新一代长征七号运载火箭从海南文昌航天发射场点火并首次成功发射，这也是文昌航天发射场的首次发射任务。

6月26日15点41分，返回舱成功着陆在内蒙古巴丹吉林沙漠腹地的东风着陆场西南戈壁区，外观良好，状态正常。当长征七号各项技术指标成熟稳定时，将承担中国80%左右的发射任务。

深空探测三维可视化系统承担了对任务全程的实时三维可视化控制与指挥。

长征七号是中国载人航天工程为发射货运飞船而全新研制的新一代中型运载火箭，采用“两级半”构型，箭体总长 53 .1 m，芯级直径 3.35 m，捆绑 4 个直径 2.25 m 的助推器。近地轨道运载能力不低于 14 t，700 km 太阳同步轨道运载能力达 5.5 t。

火箭升空约 603 s 后，载荷组合体与火箭成功分离，进入近地点 200 km、远地点 394 km 的椭圆轨道，长征七号运载火箭首次发射圆满成功。这是长征系列运载火箭的第 230 次飞行。

航天可视化团队为长征七号运载火箭任务的圆满完成提供技术支持和工程保障。任务期间,团队成员在北京航天飞行控制中心合影。

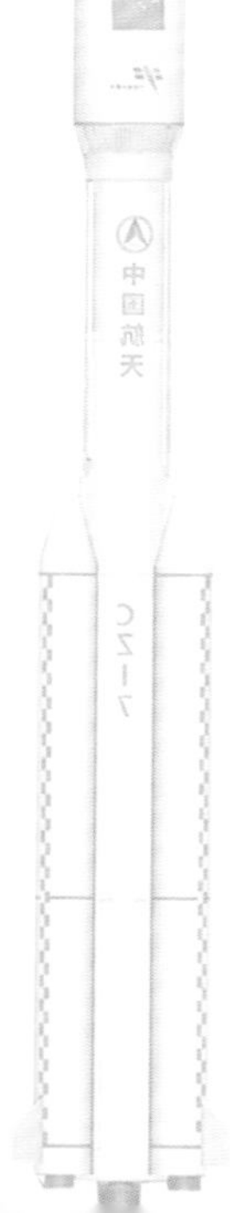

天宫二号发射可视化任务

2016 年 9 月 15 日 22 时 04 分 12 秒，长征二号 FT2 运载火箭搭载天宫二号空间实验室在酒泉卫星发射中心发射升空。

2019 年 7 月 19 日 21 时 06 分，天宫二号空间实验室受控离轨再入大气，少量残骸落入南太平洋预定安全区域，标志着中国载人航天工程空间实验室阶段全部任务圆满完成。

深空探测三维可视化系统承担了发射全过程的实时三维可视化飞行控制与指挥任务。

天宫二号空间实验室是继天宫一号后中国自主研发的第二个空间实验室，先后与神舟十一号载人飞船和天舟一号货运飞船完成4次交会对接，成功支持2名航天员在轨工作生活30天，主要开展地球观测和空间地球系统科学、空间应用新技术、空间技术和航天医学等领域的应用和试验，打造中国第一个真正意义上的空间实验室。

神舟十一号、天舟一号与天宫二号交会对接可视化任务

2016年10月17日7时30分，神舟十一号飞船在酒泉卫星发射中心由长征二号F运载火箭发射升空，并于10月19日3时31分与天宫二号实现自动交会对接。

2017年4月20日19时41分35秒，天舟一号货运飞船在海南文昌卫星发射中心由长征二号运载火箭发射升空，并于4月22日12时23分，与天宫二号完成自动交会对接。

深空探测三维可视化系统承担两次交会对接任务全程的实时三维可视化飞行控制与指挥。

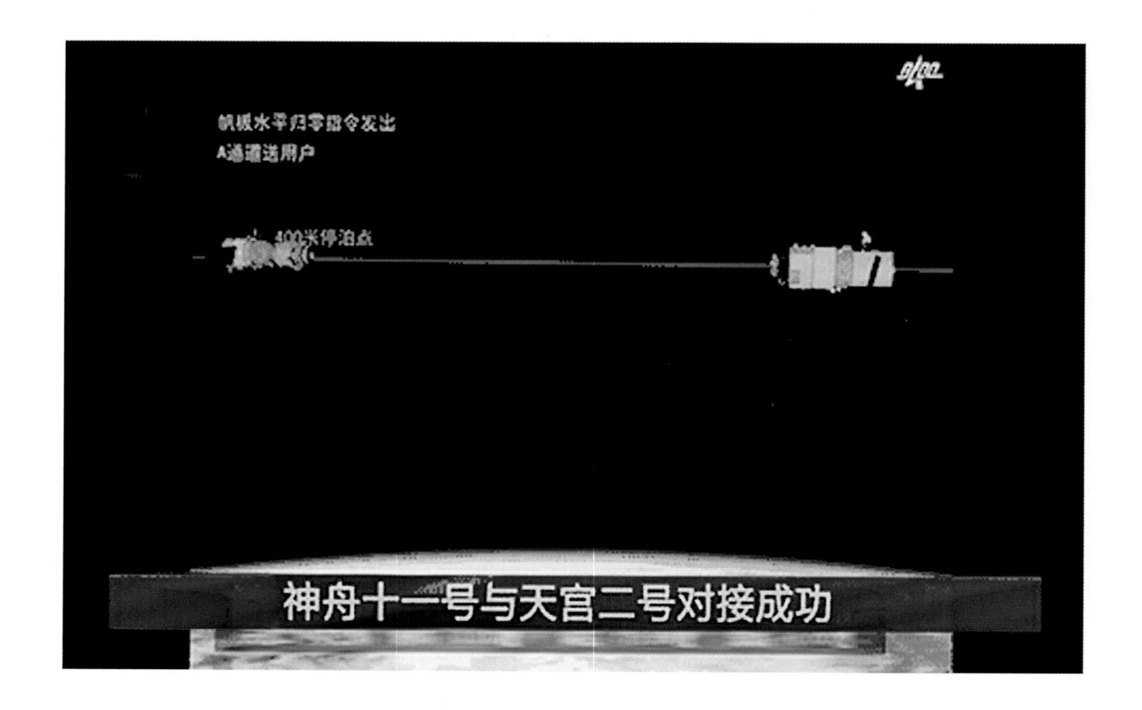

神舟十一号到达距离天宫二号 400 m 停泊点，为交会对接做准备。深空探测三维可视化系统对交会对接过程进行实时可视化。

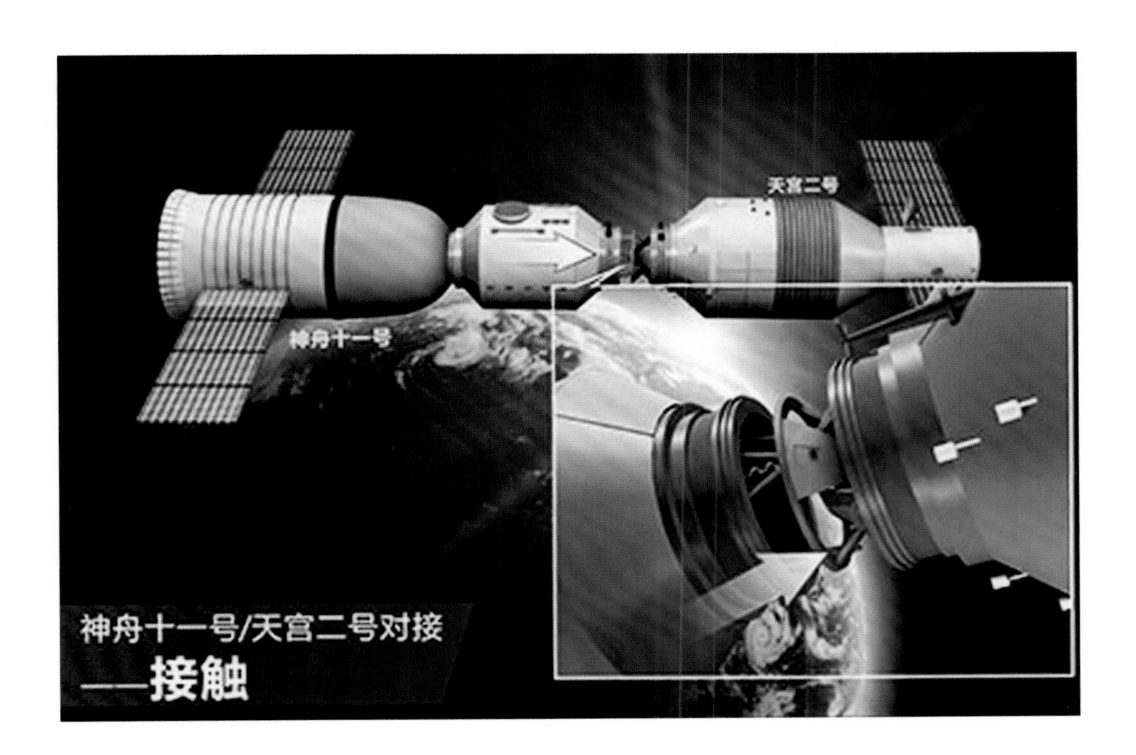

神舟十一号载人飞船经过多次变轨，于 2016 年 10 月 19 日 1 时 11 分进入自主控制状态，以自主导引控制方式向天宫二号逐步靠近。3 时 24 分，神舟十一号与天宫二号对接环接触，在按程序顺利完成一系列技术动作后，对接机构锁紧，两个飞行器建立刚性连接形成组合体。

神舟十一号轨道舱和返回舱进行第一次姿态调整，准备返回。

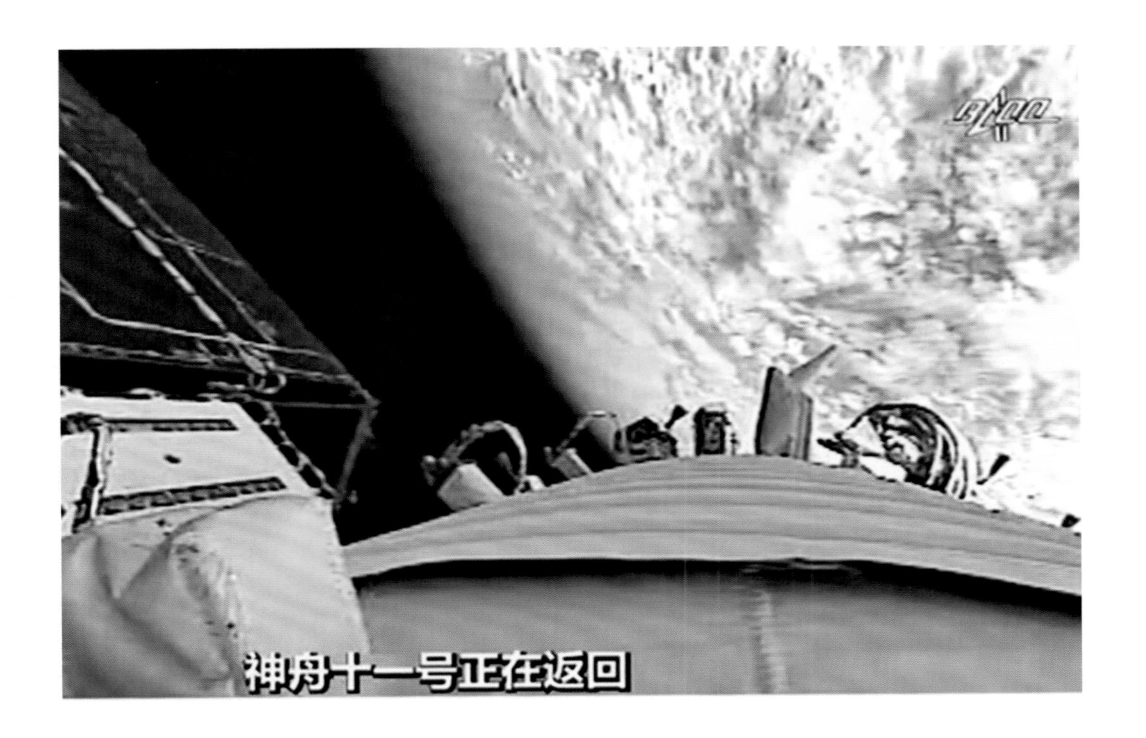

神舟十一号轨道舱和返回舱进行第二次姿态调整，准备进行制动，进入返回轨道。

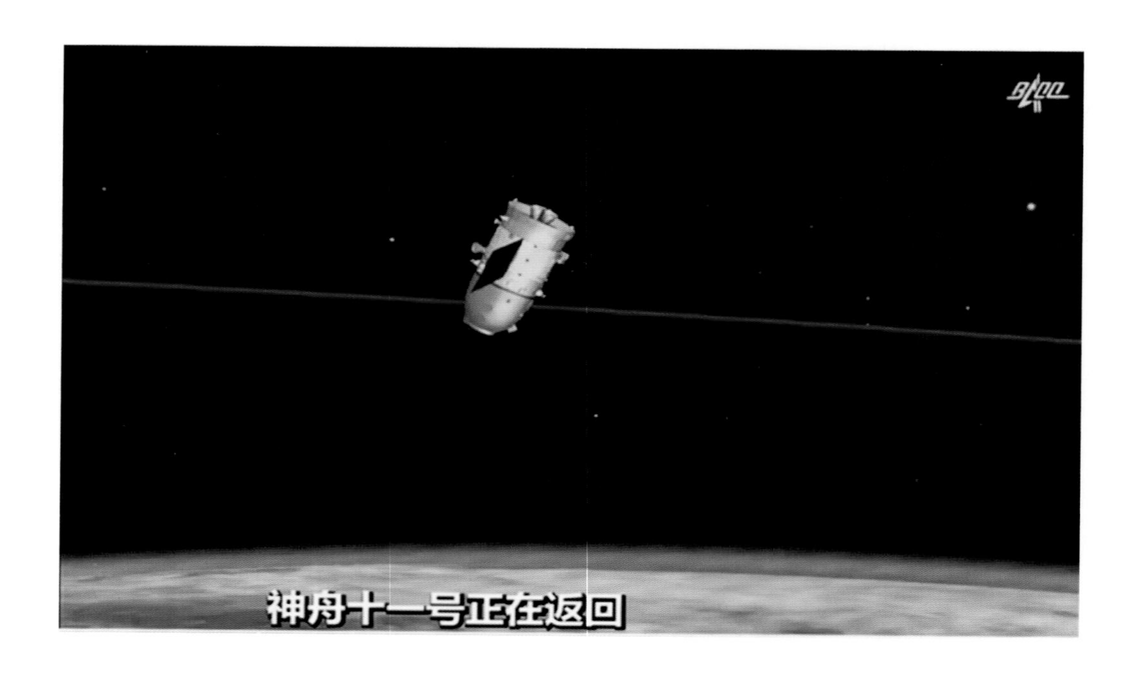

神舟十一号轨道舱和返回舱状态正常，正在返回。

神舟十一号返回舱正在返回，于11月18日13:33至14:13返回地球。

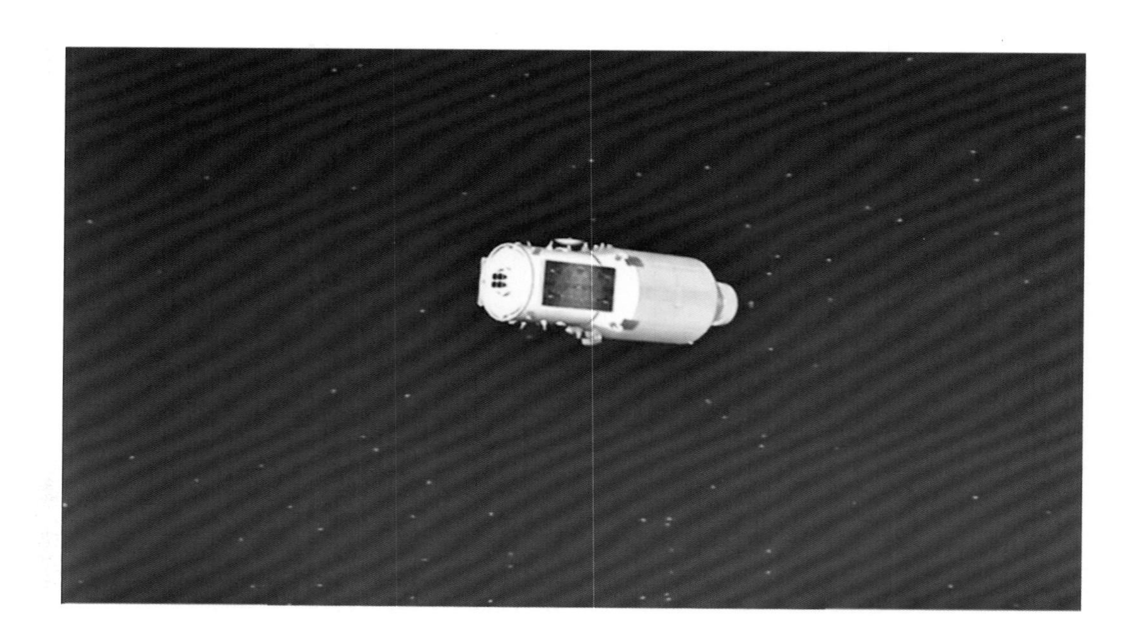

天舟一号发射约 596 s 之后，飞船与火箭成功分离，进入预定轨道。

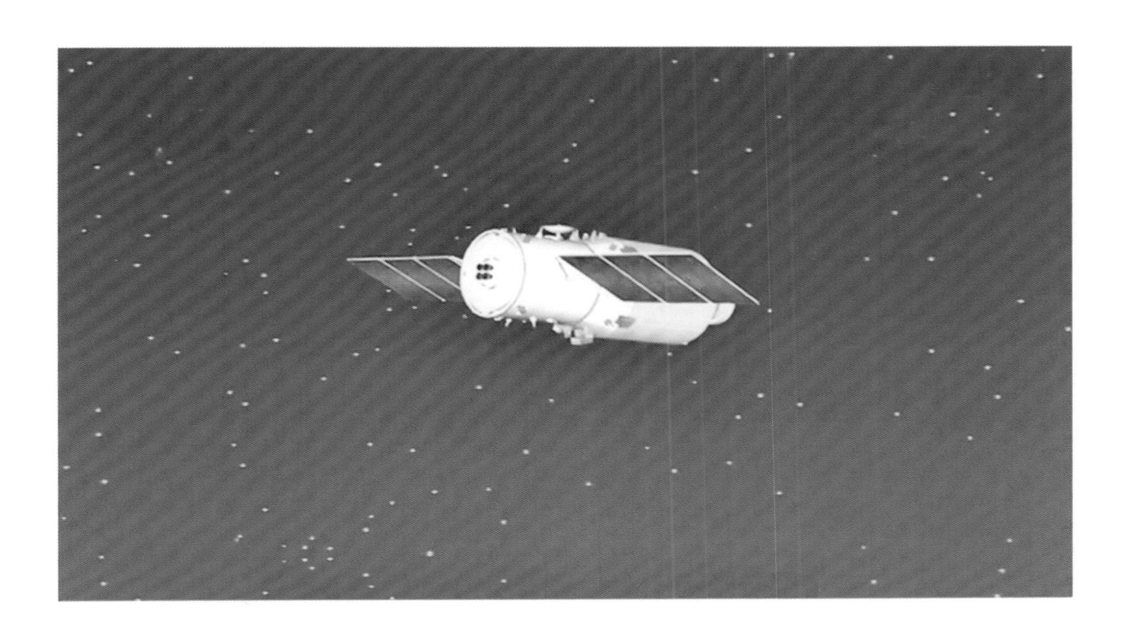

天舟一号太阳帆板打开。

天舟一号是中国首个货运飞船，采用两舱构型，由货物舱和推进舱组成，具有与天宫二号空间实验室交会对接、实施推进剂在轨补加、开展空间科学实验和技术实验等功能。

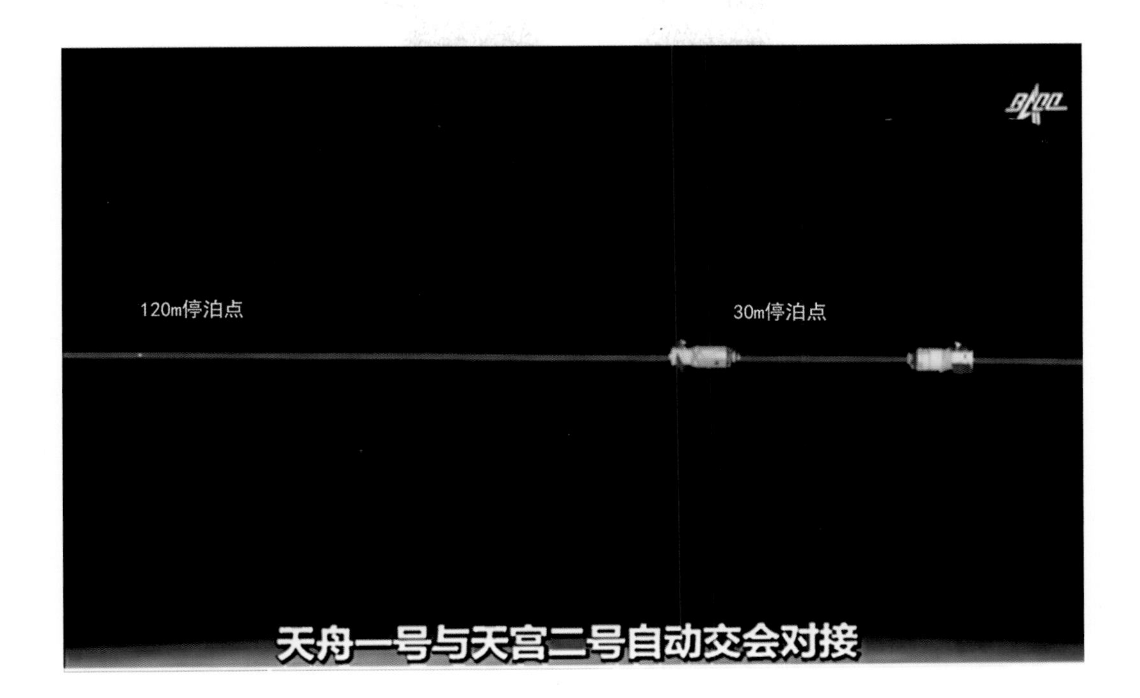

天舟一号经过 5 次轨道控制，进入 30 m 停泊点，以自主导引控制方式向天宫二号空间实验室逐步靠近。

2017 年 4 月 22 日 12 时 16 分，天舟一号与天宫二号对接环接触，在按预定程序顺利完成一系列技术动作后，对接机构锁紧。两个飞行器建立刚性连接，形成组合体。

嫦娥四号探月可视化任务

2018年12月8日2时23分，长征三号乙运载火箭搭载嫦娥四号探测器从西昌卫星发射中心发射升空，于2019年1月3日10时26分，成功着陆于月球背面南极——艾特肯盆地冯·卡门撞击坑的预选区域。人类首次实现月球背面软着陆，并通过鹊桥中继星传回世界第一张近距离拍摄的月背影像图。

深空探测三维可视化系统承担了任务全过程的实时三维可视化飞行控制与指挥。

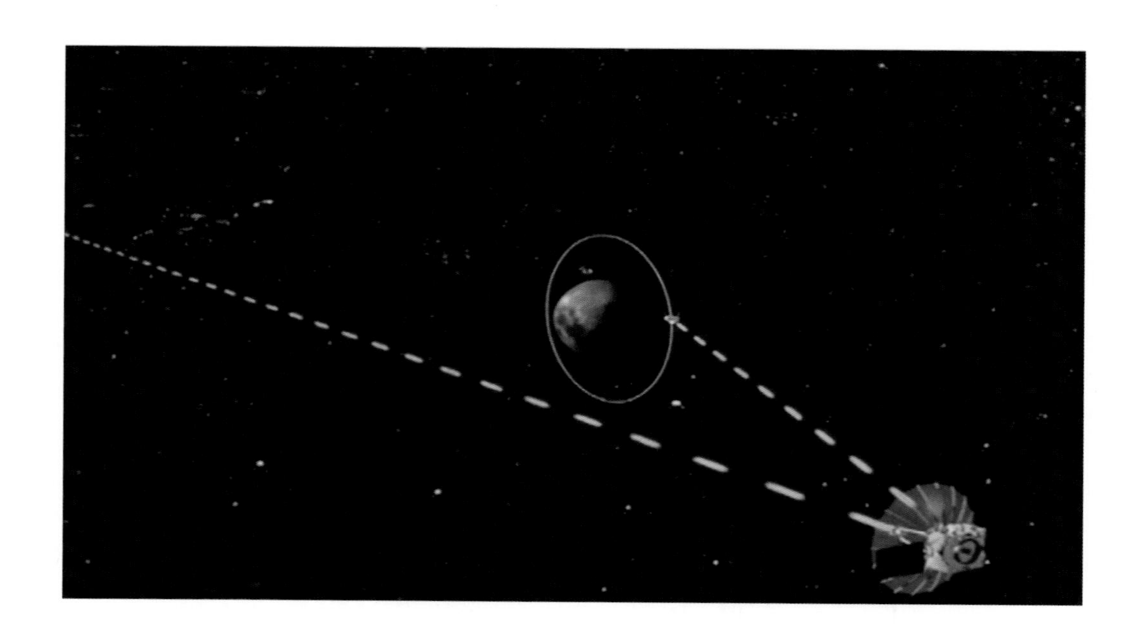

2018 年 5 月 21 日 5 时 28 分，嫦娥四号中继星鹊桥于西昌卫星发射中心由长征四号丙运载火箭发射升空。2018 年 6 月 15 日，嫦娥四号中继星鹊桥顺利进入距月球约 65 000 km 的地月拉格朗日 L2 点的 Halo 轨道，成为世界首颗运行在地月 L2 点 Halo 轨道的卫星，为嫦娥四号月球探测器提供地月中继测控通信。

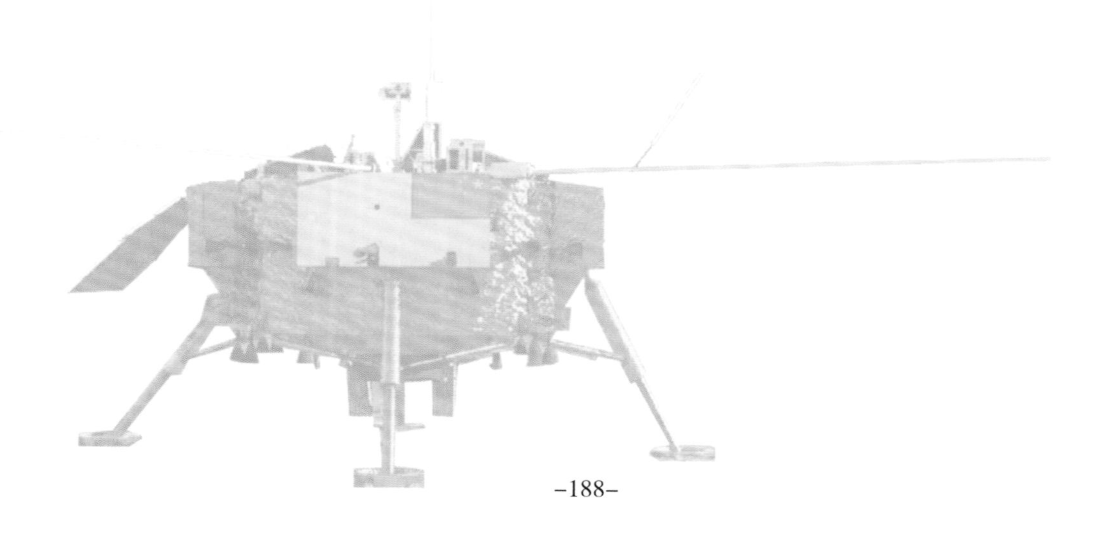

2018 年 12 月 8 日，嫦娥四号卫星由长征三号乙运载火箭在西昌卫星发射中心发射升空，将更深层次、更加全面地探测月球地质、资源等方面的信息，完善月球的档案资料。嫦娥四号卫星进入地月转移轨道。

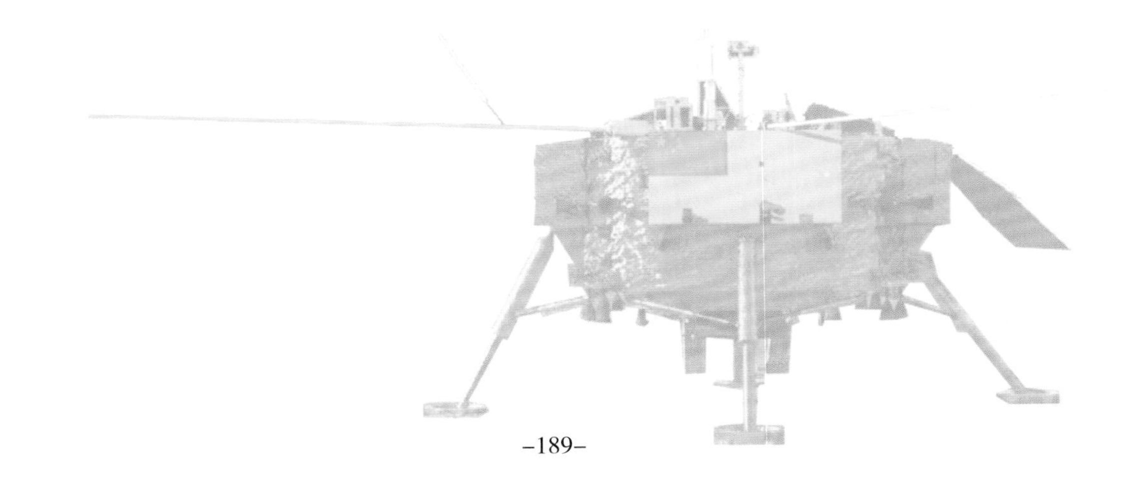

2019年1月3日10时26分，嫦娥四号在月球背面东经177.6°、南纬45.5°附近的预选着陆区成功着陆，这是人类首次实现月球背面软着陆，实现月背与地球的中继通信。深空探测三维可视化系统实时监测，进行月面规划，呈现嫦娥四号运行状态，为地面控制人员操作提供可视化技术支持和工程保障。

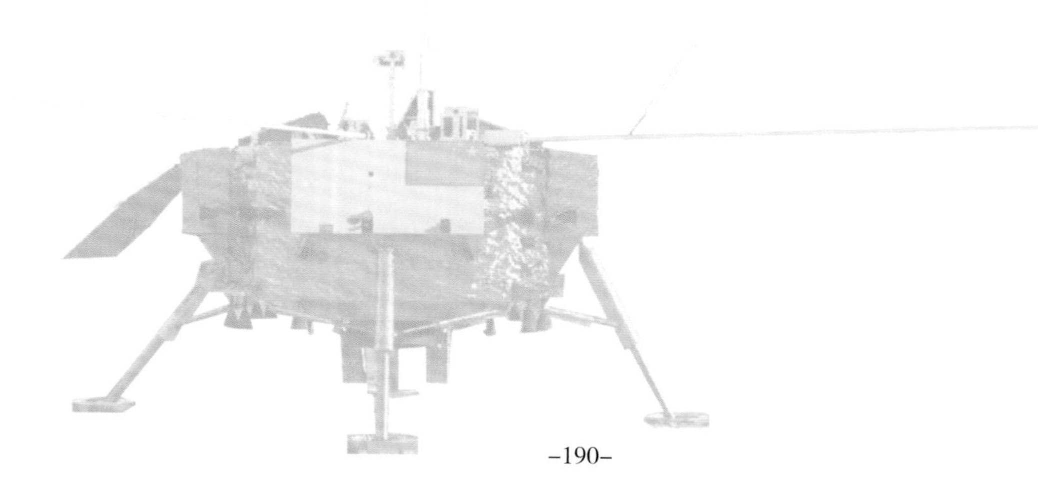

北京航天飞行控制中心，嫦娥四号月球背面软着陆任务现场，深空探测三维可视化系统为任务提供技术支持和工程保障。

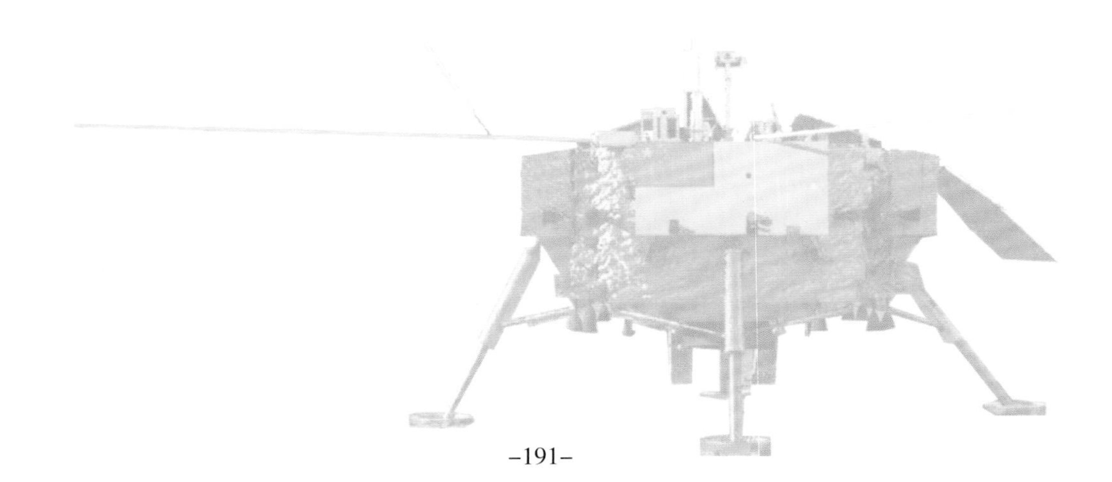

嫦娥四号探测卫星在月球背面点火制动，准备在预选着陆区域进行软着陆。

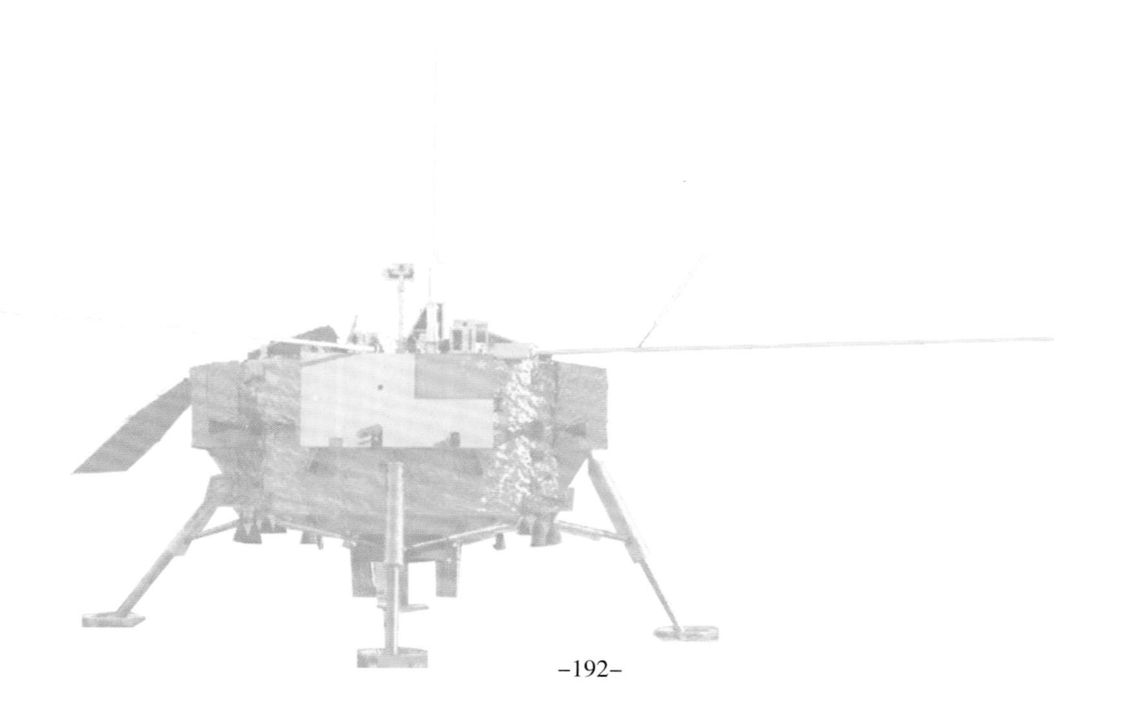

玉兔二号巡视器在月球背面行走。着陆器地形地貌相机拍摄的玉兔二号在 A 点影像图。

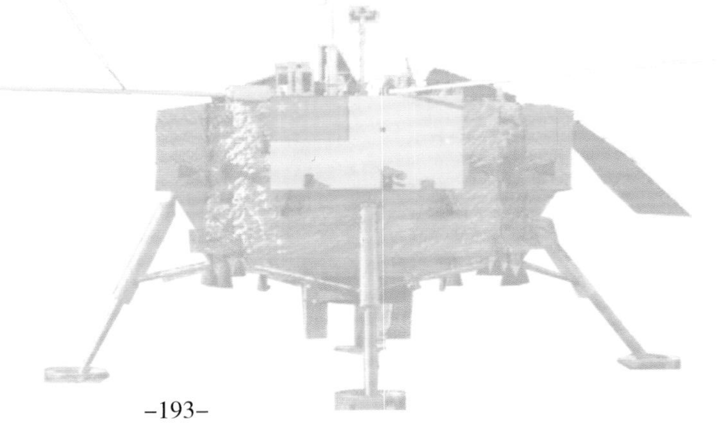

玉兔二号巡视器正面图。

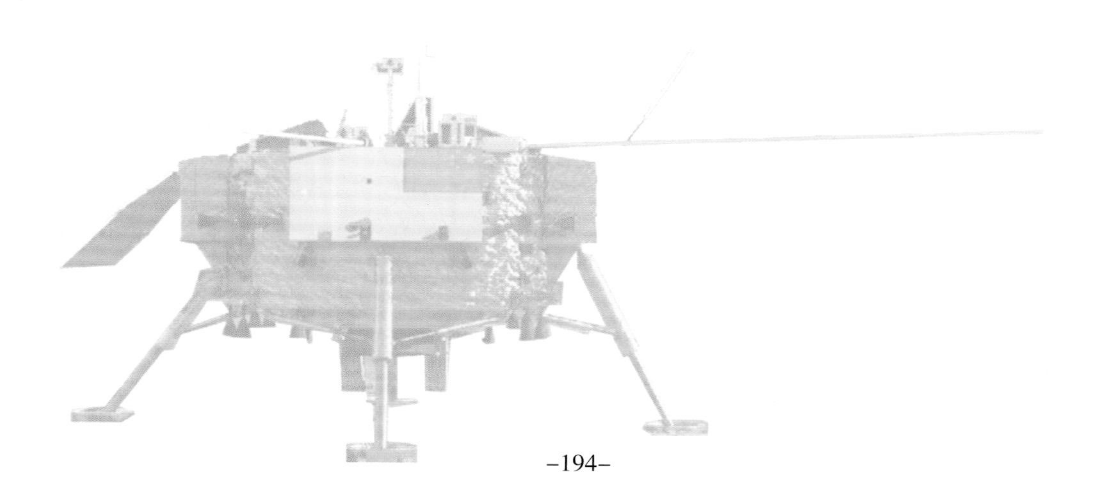

嫦娥四号任务期间，航天可视化团队部分成员在北京航天飞行控制中心合影。

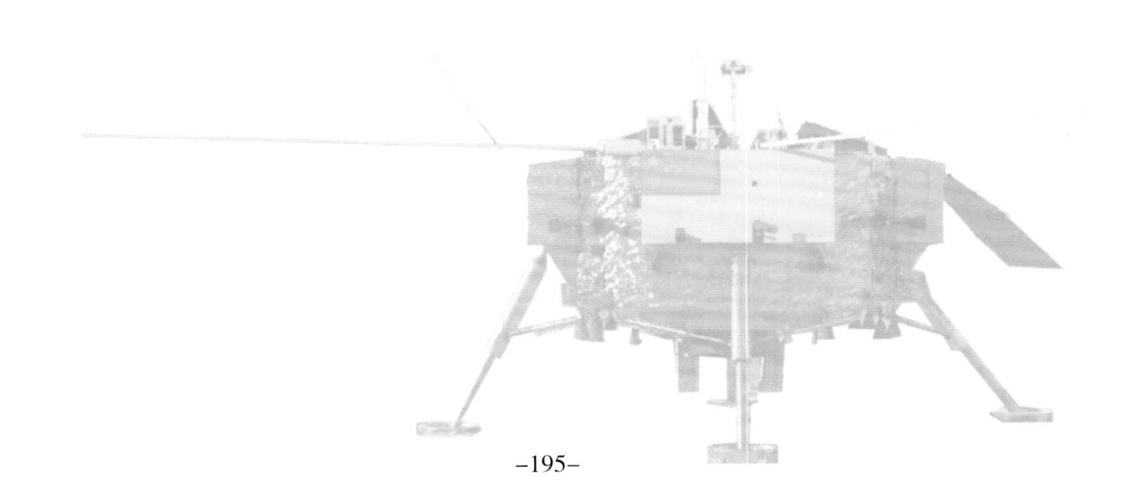

北京航天飞行控制中心

感谢信

嫦娥四号任务圆满成功之际，谨向贵校领导、专家和广大参试人员表示热烈祝贺并致以崇高敬意！

嫦娥四号任务是国家大事、标志性工程，是探月四期工程首战，是今年航天发射任务的重中之重。任务的圆满成功，实现了人类历史首次在月球背面软着陆和巡视勘察，首次利用运行在地月L2点Halo轨道的中继卫星提供对地、对月通信服务，有力推动了我国由航天大国迈进航天强国，刷新了进军太空的中国高度，具有重要的里程碑意义，举国关注，举世瞩目。任务准备和执行过程中，你们求真务实、科学探索，攻坚克难、开拓创新，为任务的圆满成功做出了重要贡献。同时，向贵方对中心在任务期间给予的指导、帮助和鼎力支持，表示深深的感谢！

航天攻关任重道远，让我们更加紧密地团结在以习近平同志为核心的党中央周围，坚定航天报国志向，坚定航天强国信念，大力弘扬“两弹一星”精神和载人航天精神，不忘初心、砥砺奋进，团结协作、攻坚克难，为推动我国航天事业新发展新跨越、实现中华民族伟大复兴的中国梦作出新的更大贡献！

北京航天飞行控制中心

2019年1月15日

嫦娥四号任务首次在月球背面软着陆和巡视勘察，首次利用运行在地月L2点Halo轨道的中继卫星提供对地、对月通信服务，有力推动了我国由航天大国迈进航天强国，刷新了进军太空的中国高度，具有重要的里程碑意义。北京航天飞行控制中心对航天可视化团队表示热烈祝贺并致以崇高敬意！

天问一号火星探测可视化任务

2020 年 7 月 23 日 12 时 41 分，天问一号探测器从海南文昌航天发射场发射升空。2021 年 5 月 15 日 7 时 18 分，天问一号探测器成功着陆于火星乌托邦平原南部预选着陆区。火星上首次留下中国印迹，实现我国首次地外行星着陆，祝融号火星车发回遥测信号。

深空探测三维可视化系统技术在任务全过程中发挥关键性作用。

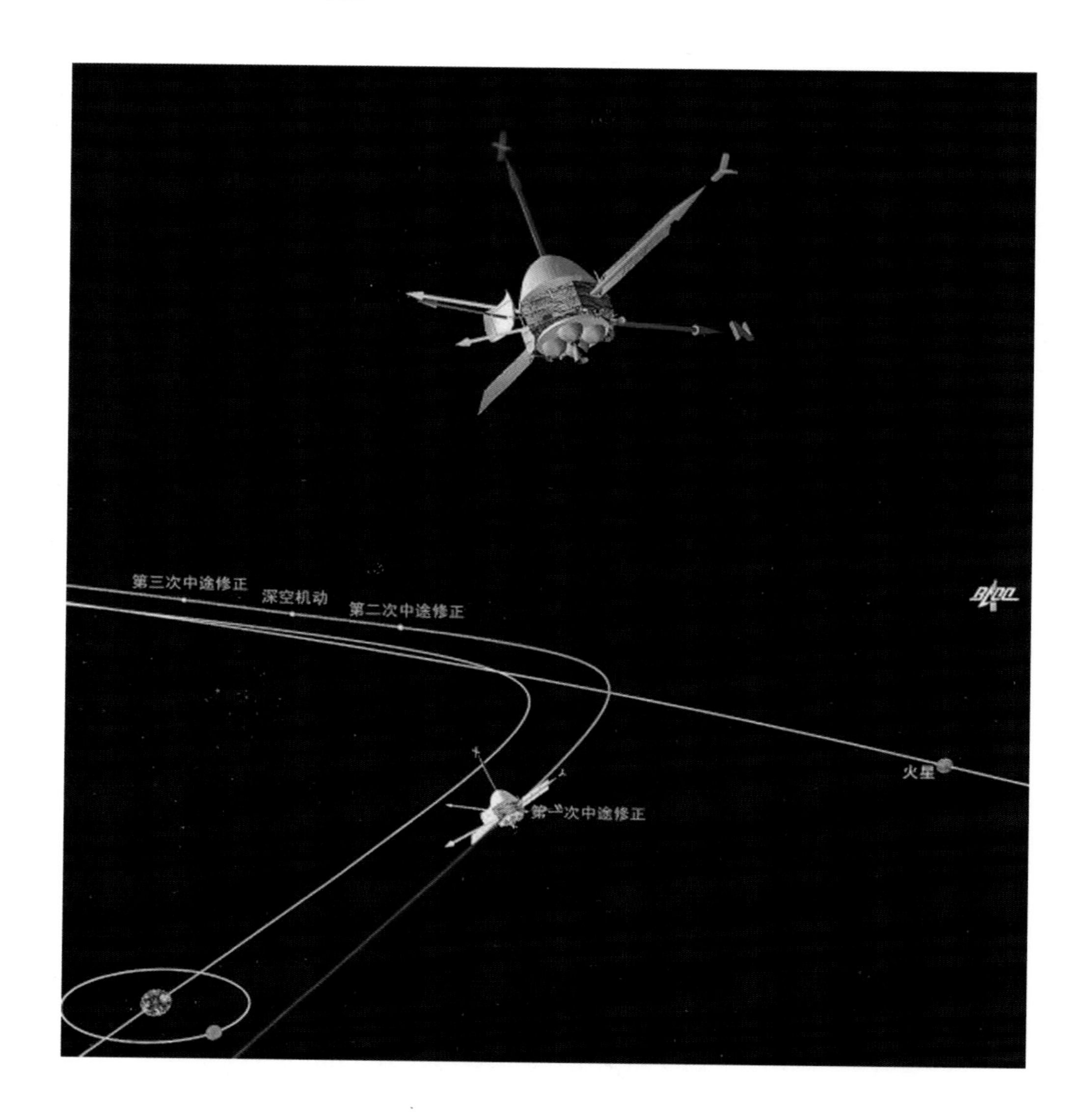

2020 年 8 月 2 日 7 时整，天问一号探测器 3 000 N 发动机开机工作 20 s，顺利完成第一次轨道中途修正，继续飞往火星。

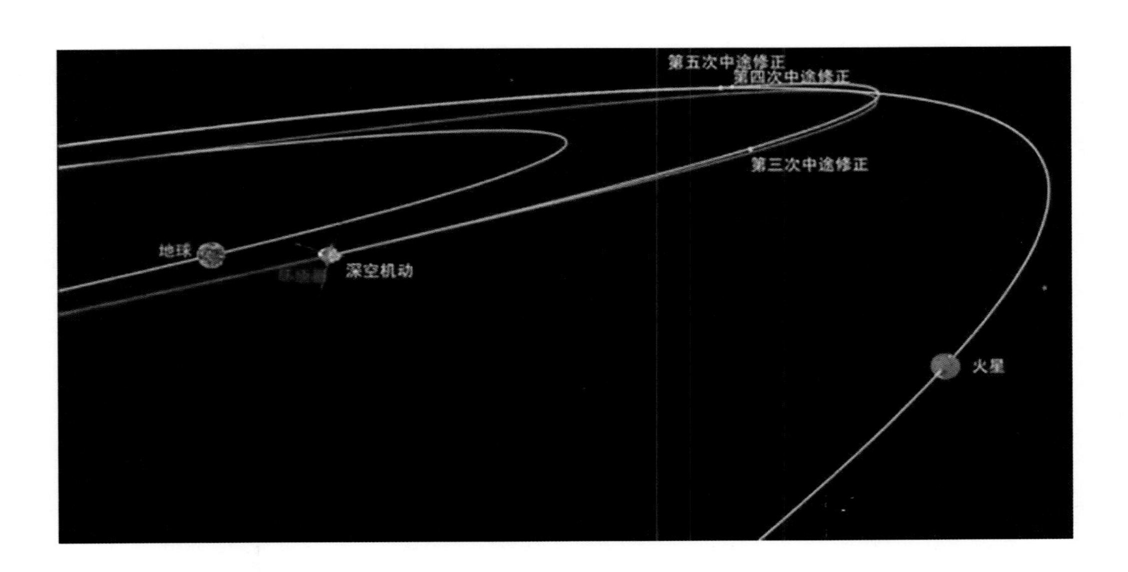

2020 年 10 月 9 日 23 时，天问一号探测器主发动机点火工作 480 余秒，顺利完成深空机动。天问一号探测器的飞行轨道变为能够准确被火星捕获的、与火星精确相交的轨道。

天问一号探测器经过几次变轨,机动至火星进入轨道。

航天可视化团队为天问一号探测器在飞向火星过程的“绕”“着”“巡”串联任务中的轨道修正、姿态调整以及飞行控制与指挥提供关键技术支持和工程保障。

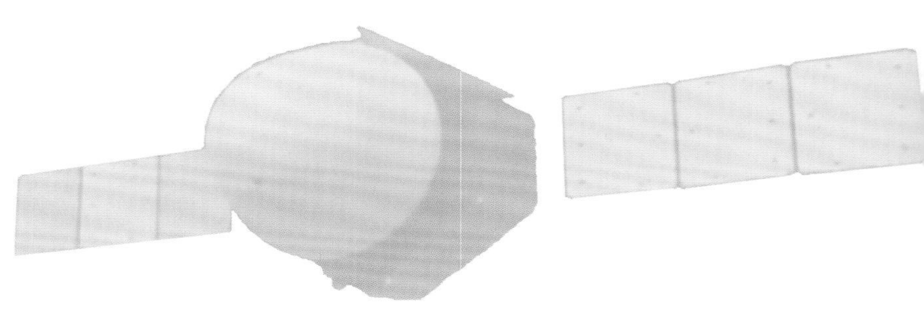

2021 年 5 月 15 日 7 时 18 分，天问一号着陆巡视器成功着陆于火星乌托邦平原南部预选着陆区域，中国首次火星探测任务着陆火星取得圆满成功。

嫦娥五号探月可视化任务

2020 年 11 月 24 日 4 时 30 分，长征五号遥五运载火箭搭载嫦娥五号探测器从海南文昌航天发射场发射升空，顺利将探测器送入预定轨道。12 月 1 日 23 时 11 分在月球正面西经 51.8°、北纬 43.1° 附近的预选着陆区域成功着陆。

12 月 17 日凌晨 1 时 59 分，嫦娥五号返回器携带 1 731 g 月球土壤样品成功着陆，标志着我国具备了地月往返能力，实现“绕、落、回”三步走规划完美收官。

深空探测三维可视化系统技术在任务全过程中发挥关键性作用。

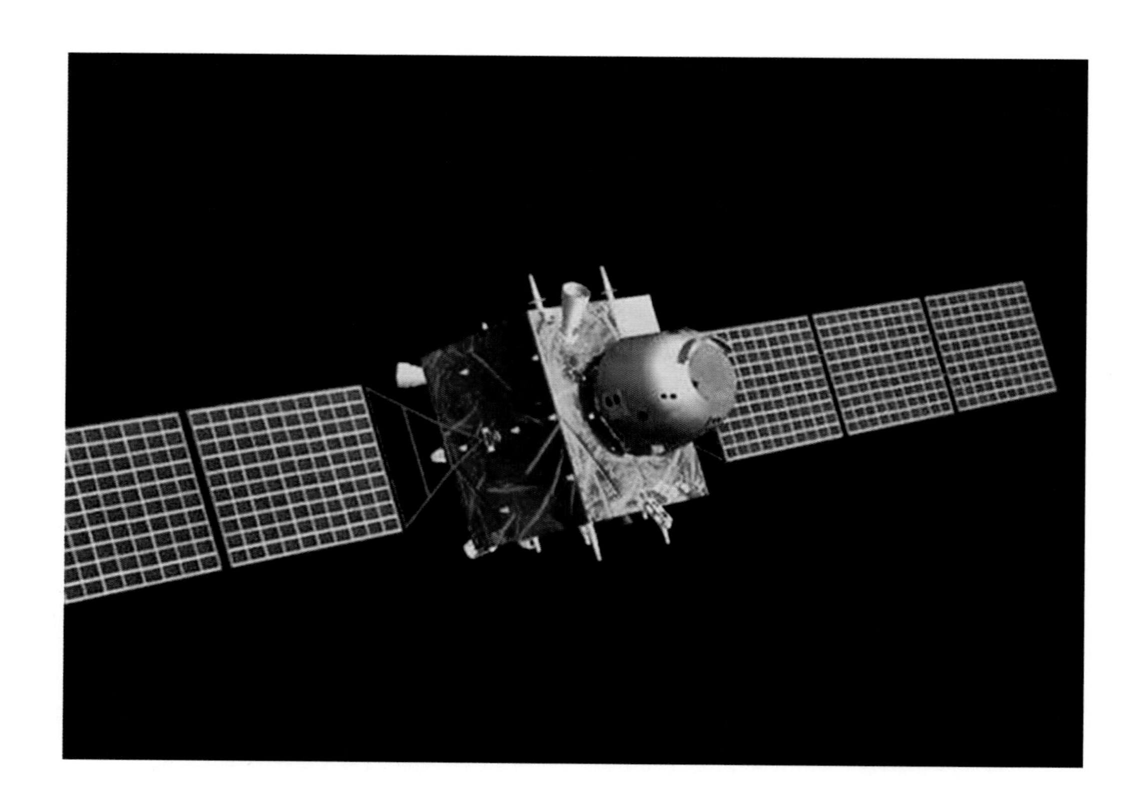

2014 年 10 月 22 日 2 时发射的嫦娥五号 T1 试验器，首次验证了“地月转移”和“地球再入”，是探月工程全面转入无人自主采样返回新阶段的关键环节，为嫦娥五号任务的成功打下坚实基础。

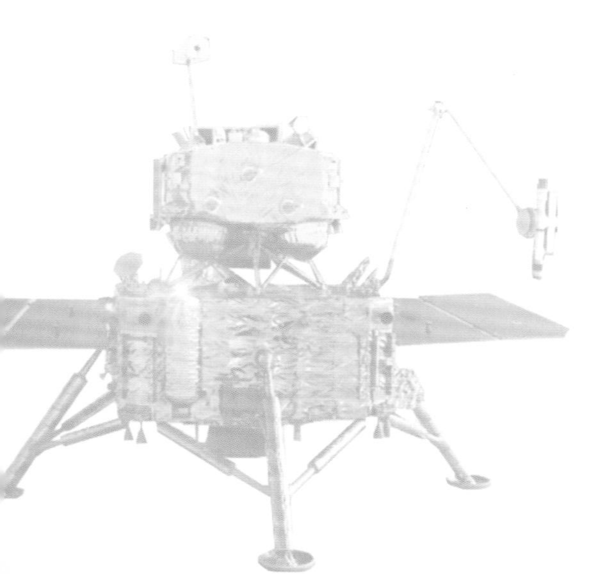

嫦娥五号探测器进行近月制动，准备变轨。

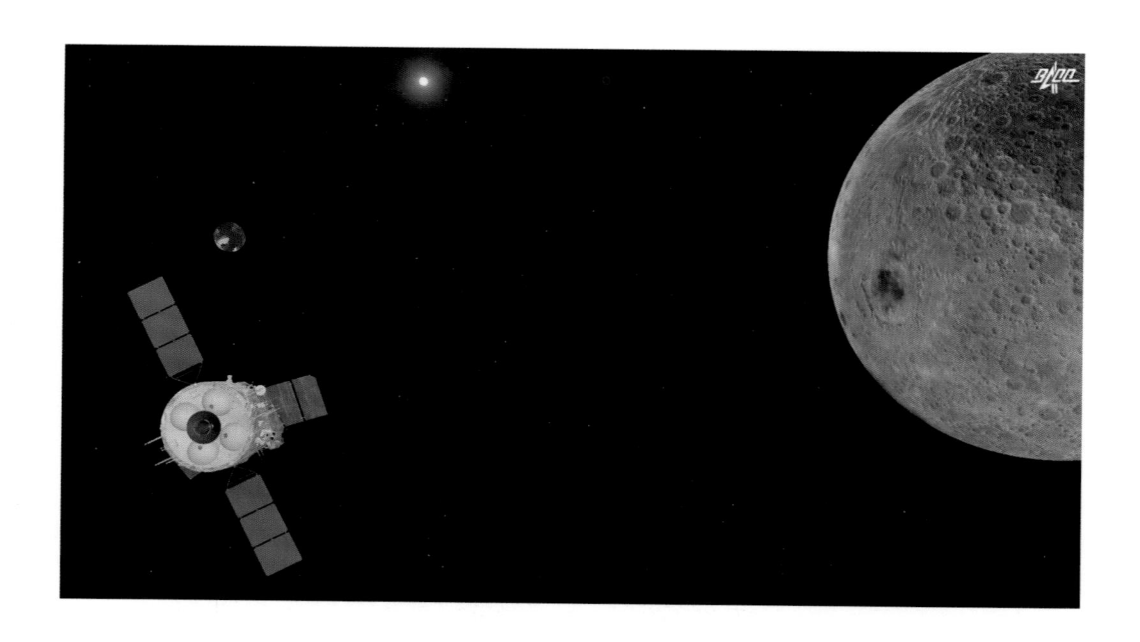

嫦娥五号探测器与地球、月球同框出现。

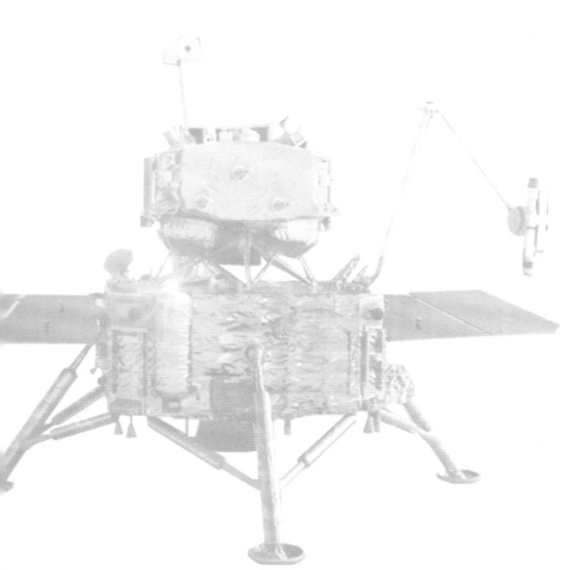

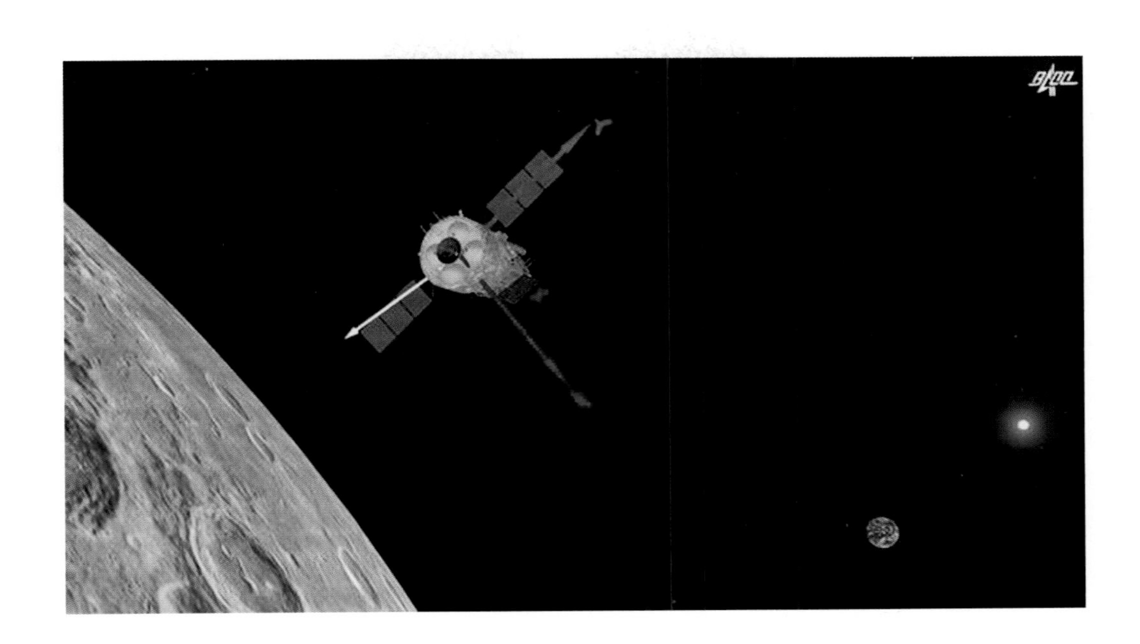

2020 年 11 月 29 日 20 时 23 分，嫦娥五号探测器在近月点再次“刹车”制动，飞行轨道从椭圆环月轨道变为近圆形环月轨道。

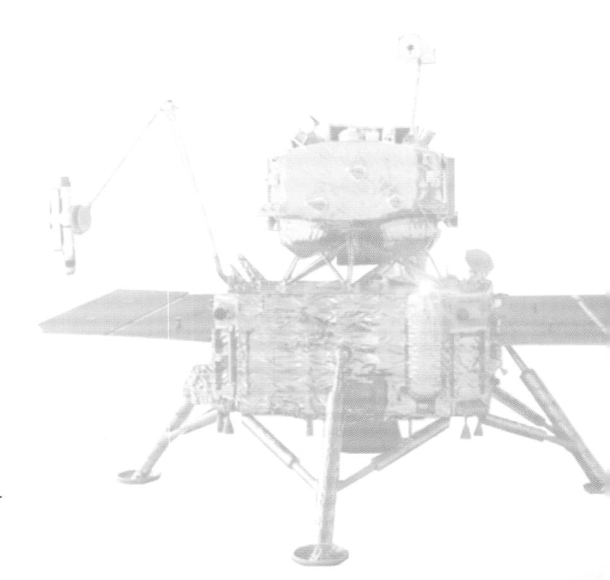

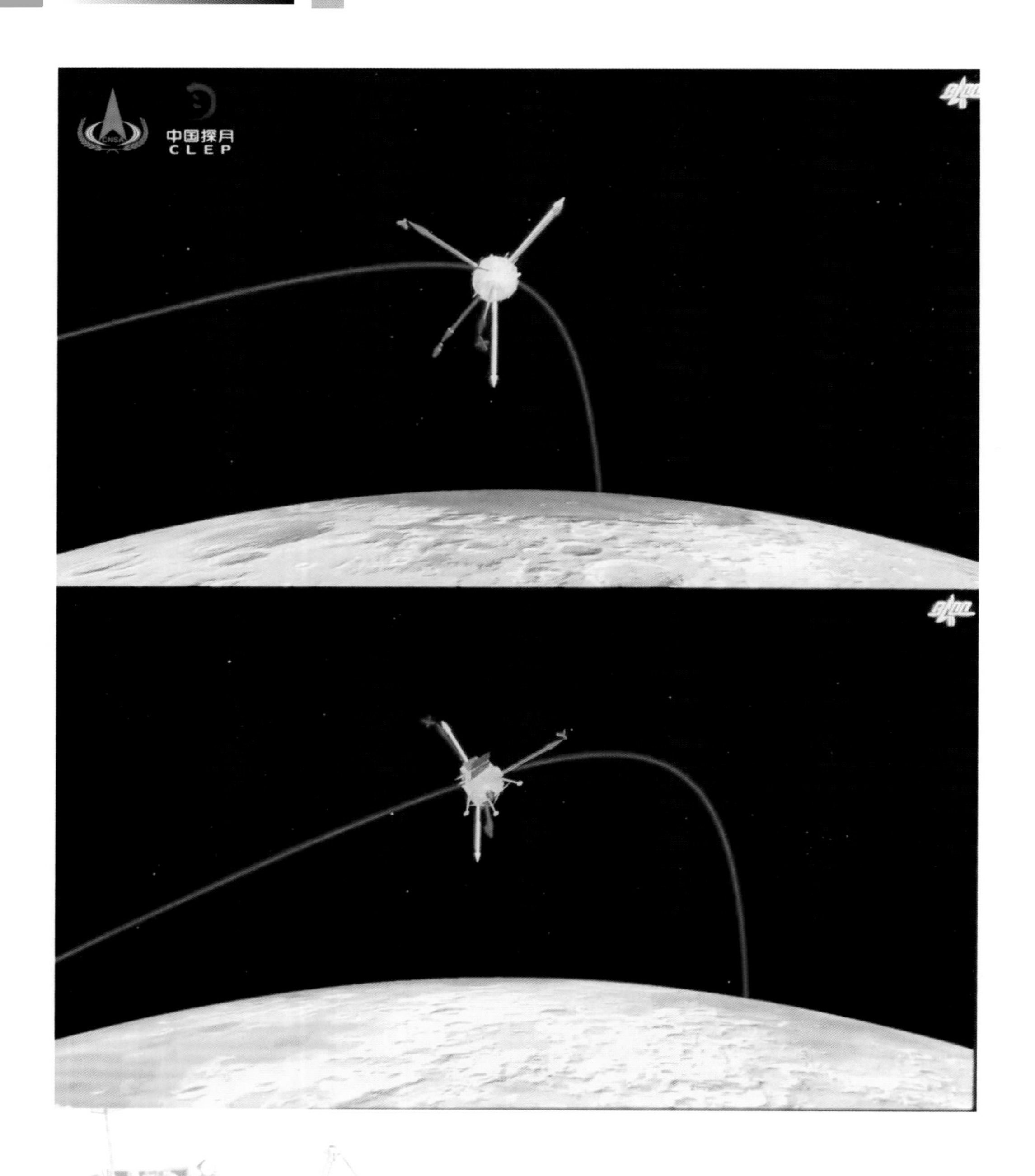

2020 年 11 月 30 日凌晨 4 时 40 分，在科技人员精确控制下，嫦娥五号探测器着陆器和上升器组合体与轨道器和返回器组合体分离。

北京航天飞行控制大厅，着陆器和上升器组合体与轨道器和返回器分离，深空探测三维可视化系统技术为现场指挥人员提供技术支持。

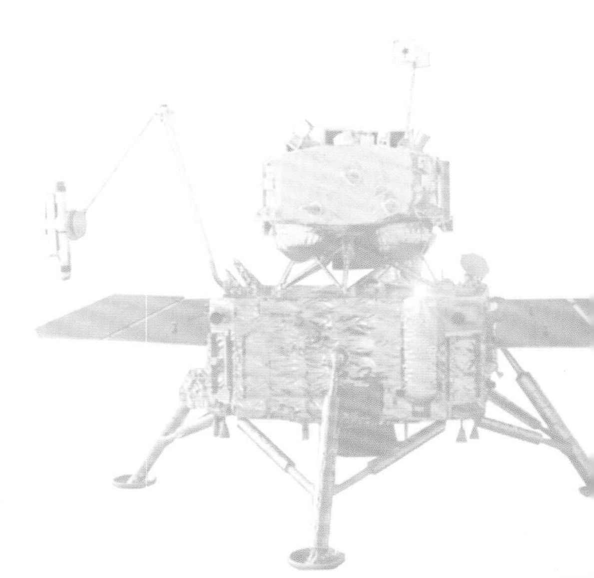

2020 年 12 月 1 日 23 时 11 分，北京航天飞行控制中心指挥大厅任务现场，嫦娥五号成功着陆于月球正面软着陆预选区域。

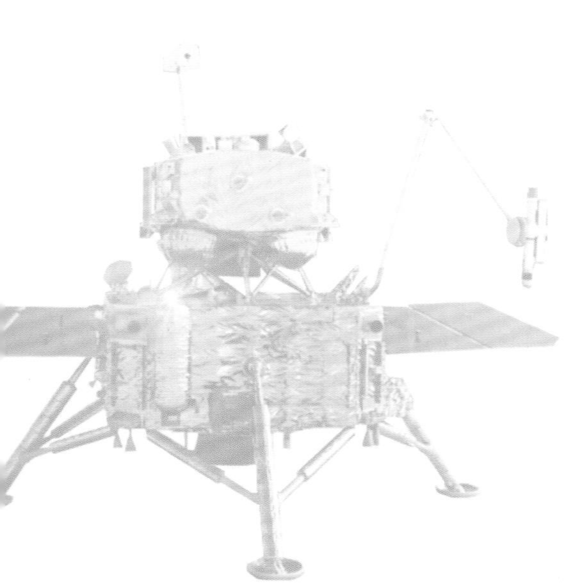

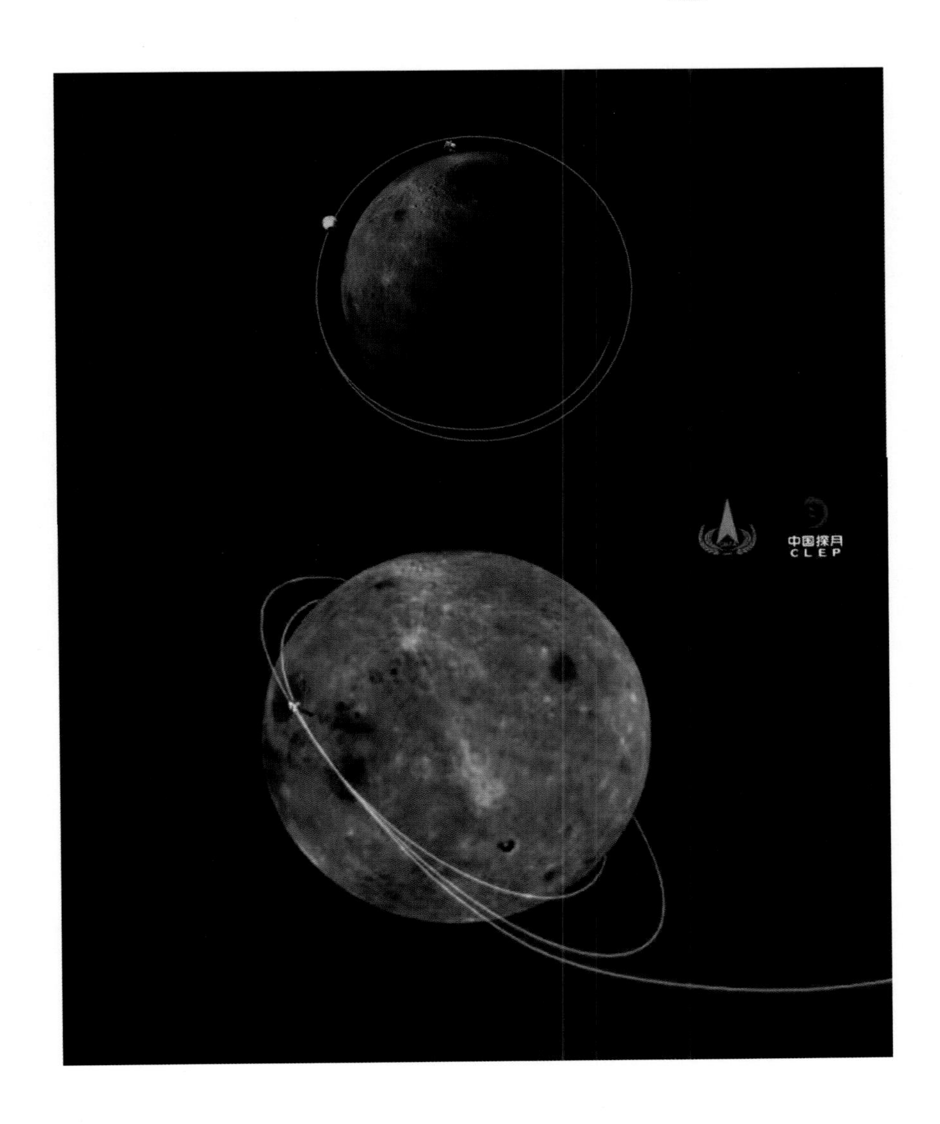

轨返组合体继续在平均高度约 200 km 的环月轨道上飞行，等待上升器交会对接。

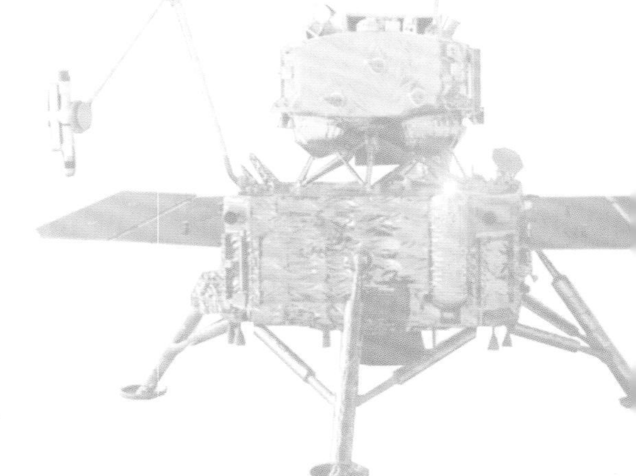

着陆器成功着陆于月球正面预选区域。探月工程三期遥操作作业平台是航天可视化团队研发的空间三维可视化及遥操作系统的子系统，是北京航天飞行控制中心的常态化测控应用系统，在月面工作段为地形建立、视觉定位、路径规划、任务规划、活动机构规划、规划验证等配置项提供信息显示和业务作业平台，已在嫦娥四号探测器月球背面软着陆及玉兔二号月面巡视遥操作操控任务中成功应用。

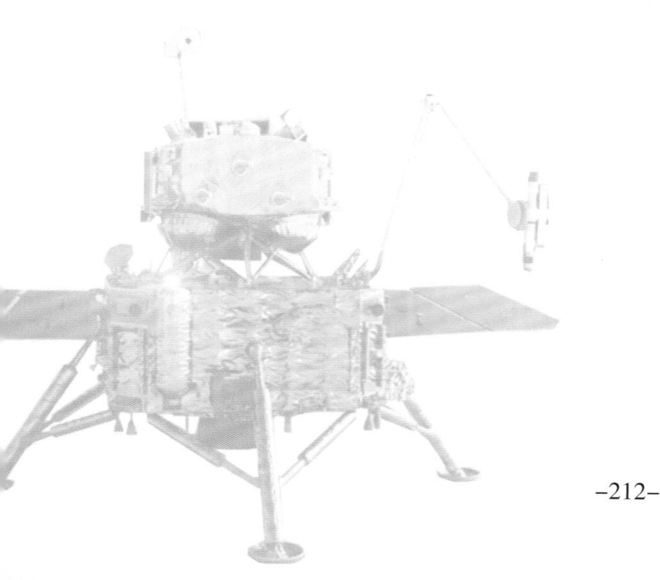

嫦娥五号着陆器和上升器组合体全景相机环拍成像，五星红旗在月面成功展开。

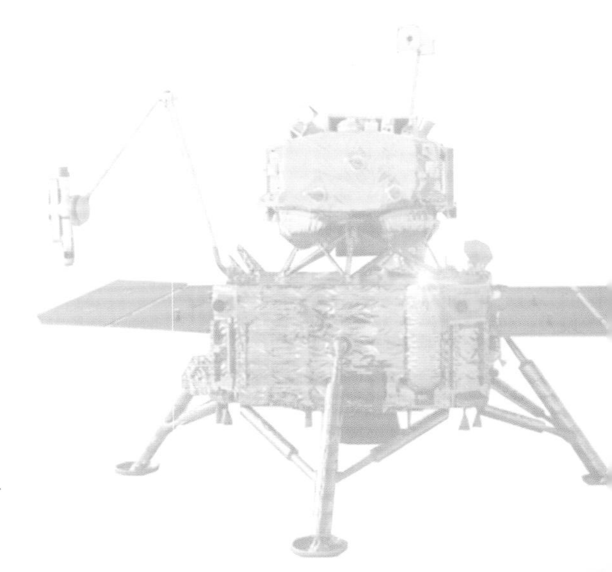

2020年12月3日23时10分，嫦娥五号完成月面自动采样，并封装了月壤样品，上升器月面点火成功，成功实现我国首次地外天体起飞。

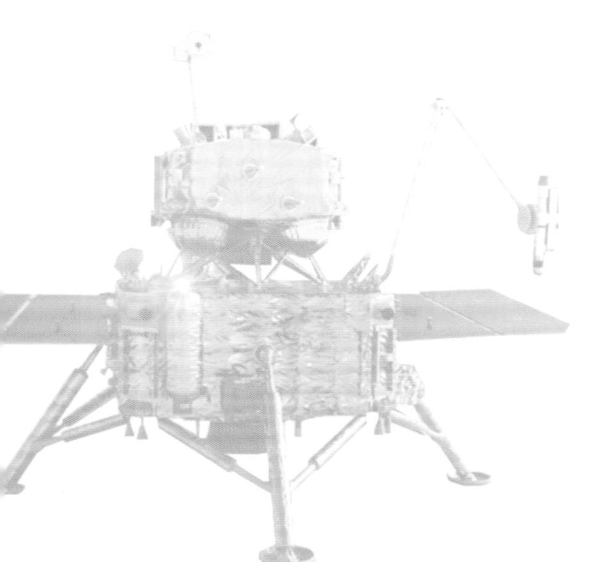

嫦娥五号上升器顺利升空，3000 N 发动机点火工作约 6 min 后，携带月球土壤的上升器顺利进入预定环月轨道。

轨道器与上升器完成交会对接，完成月球样品在轨交接工作，将月球样品转移到返回器。

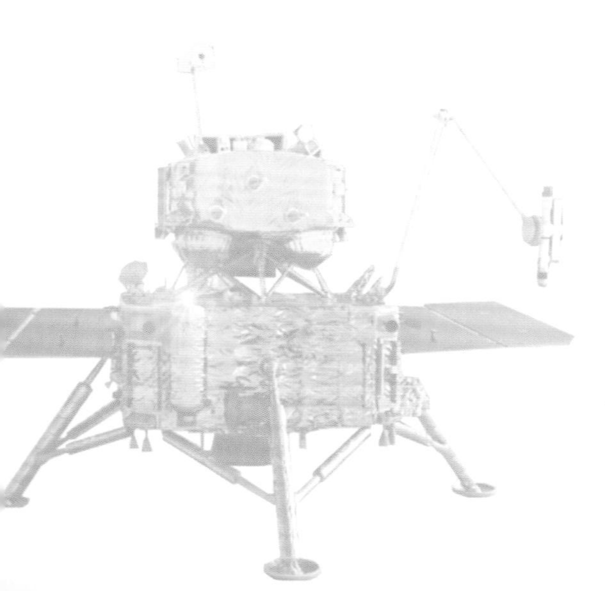

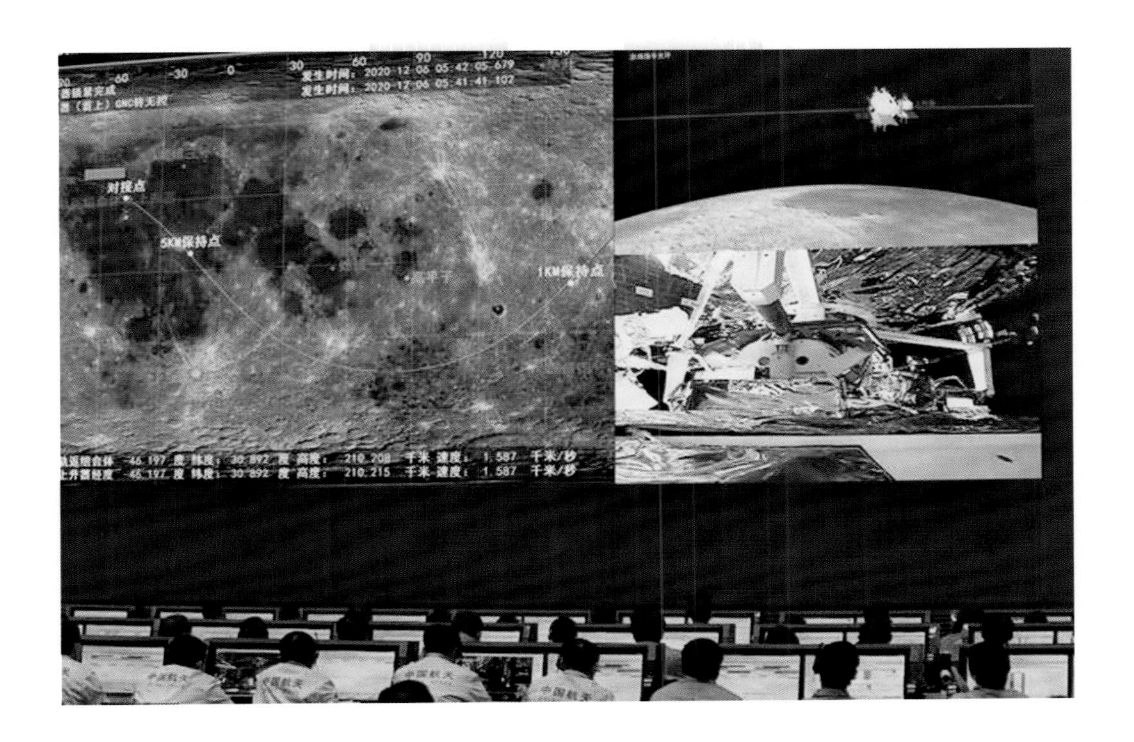

2020年12月6日5时42分，北京航天飞行控制中心指挥大厅监测嫦娥五号上升器与轨道器返回器组合体交会对接任务现场，嫦娥五号上升器成功与轨道器返回器组合体交会对接，并于6时12分将月球样品容器安全转移至返回器中。

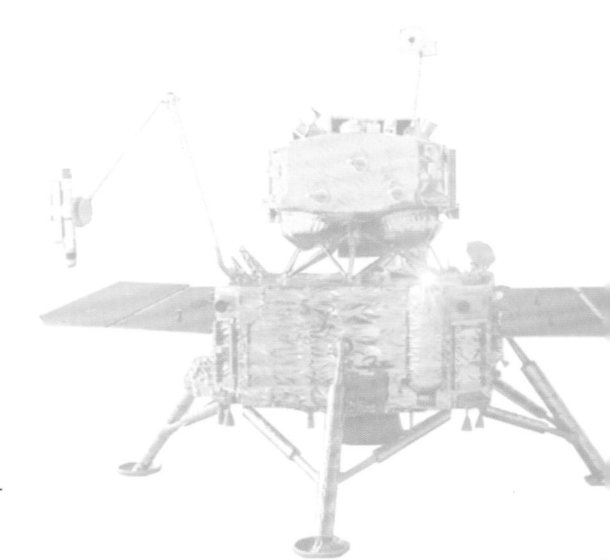

2020 年 12 月 6 日 12 时 35 分，嫦娥五号轨道器返回器组合体与上升器成功分离，进入环月等待阶段，准备择机返回地球。

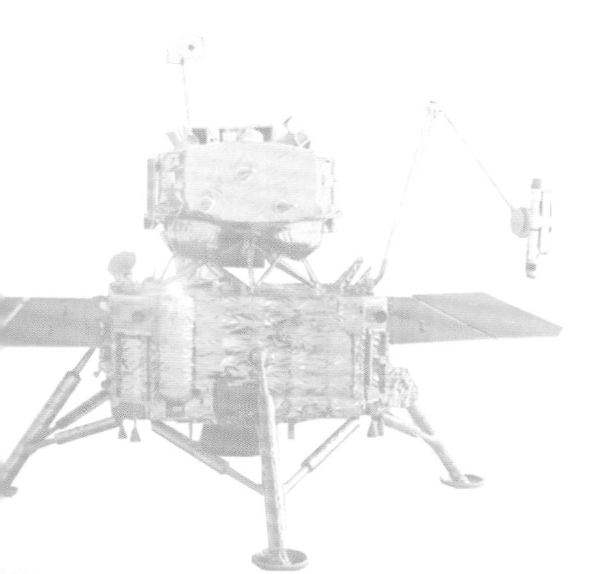

科研成果

航天可视化团队参与我国航天任务24次；主持和参与国家自然科学基金4项，省部级项目39项，科研经费逾6 000万元，获得省部级科技进步奖一等奖1项，二等奖2项；中国产学研合作创新成果二等奖1项，优秀奖1项；军队科技进步三等奖2项；省级教学成果二等奖1项；出版专著36部；发表SCI，EI，ISTP三大检索论文340篇；发明专利13项；计算机软件著作权15项。

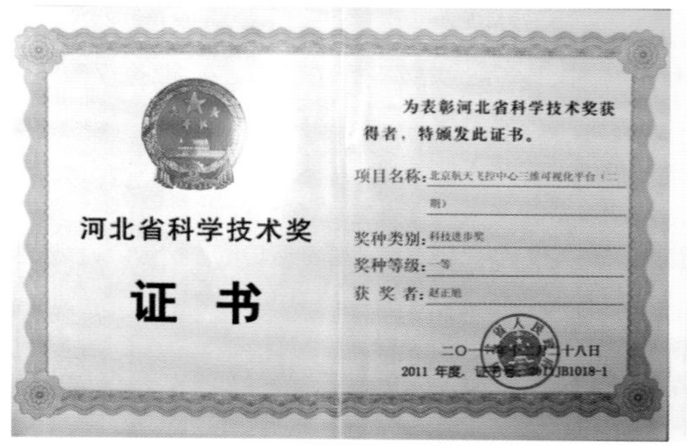

河北省科学技术奖

证 书

为表彰河北省科学技术奖获得者，特颁发此证书。

项目名称：北京航天飞控中心三维可视化平台（二期）

奖种类别：科技进步奖

奖种等级：一等

获 奖 者：赵正旭

二〇一[illegible]十八日

2011 年度，证书号：2011JB1018-1

河北省科技进步一等奖

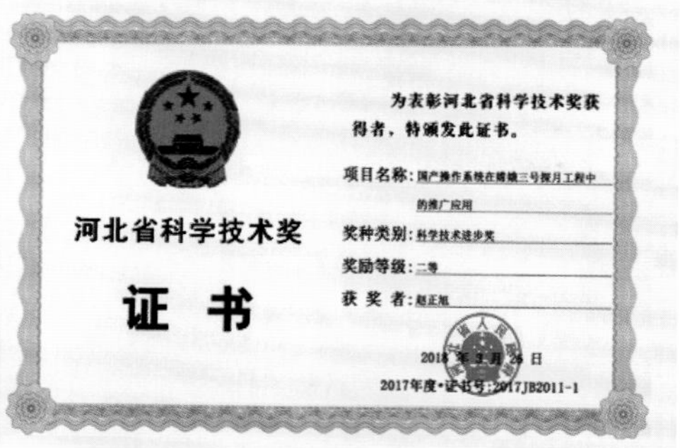

河北省科学技术奖

证 书

为表彰河北省科学技术奖获得者，特颁发此证书。

项目名称：国产操作系统在嫦娥三号探月工程中的推广应用

奖种类别：科学技术进步奖

奖励等级：二等

获 奖 者：赵正旭

2018 年 3 月 26 日

2017年度•证书号：2017JB2011-1

河北省科技进步二等奖

河北省科学技术奖

证 书

为表彰河北省科学技术奖获得者，特颁发此证书。

项目名称：天宫一号与神舟八号、九号、十号交会对接任务三维实时可视化平台

奖种类别：科学技术进步奖

奖励等级：二等

获 奖 者：赵正旭

2016年1月26日

2015 年度•证书号：2015JB2007-1

河北省科技进步二等奖

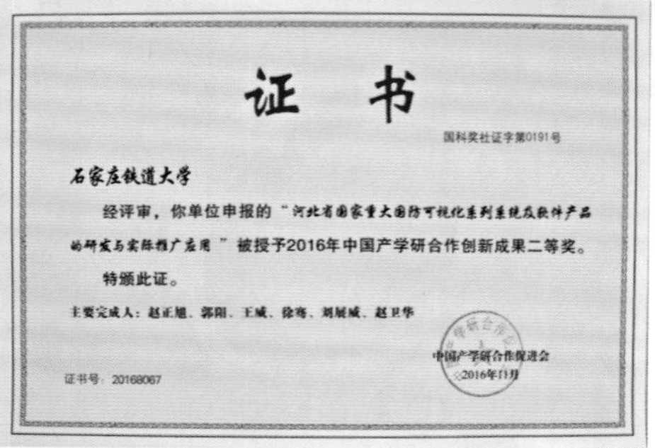

证 书

国科奖社证字第0191号

石家庄铁道大学

经评审，你单位申报的“河北省国家重大国防可视化系列系统及软件产品的研发与实际推广应用”被授予2016年中国产学研合作创新成果二等奖。

特颁此证。

主要完成人：赵正旭、郭阳、王威、徐骞、刘展威、赵卫华

证书号：20168067

中国产学研合作促进会

2016年[illegible]月

中国产学研合作创新成果二等奖

航天可视化团队依托复杂网络与可视化研究所，主持和参与国家自然科学基金项目 4 项；省部级项目 39 项，科研经费逾 6 000 万元，获得省部级科技进步一等奖 1 项、二等奖 2 项；中国产学研合作创新成果二等奖 1 项，优秀奖 1 项；军队科技进步三等奖 2 项；河北省教学成果二等奖 1 项。

国科奖社证字第0191号

2019年中国产学研合作创新成果奖

获奖证书

为表彰在产学研合作中取得的重要创新成果，特颁发此证书。

项目名称：国产操作系统在嫦娥三号探月工程中的推广应用

奖项等级：优秀奖

完成单位：石家庄铁道大学、
青岛理工大学、
中科恒运股份有限公司、
河北雄安天囊卫星导航科技有限公司

主要完成人：郭 阳、李东年、王 威、武卫侠、赵正旭、
张庆海、张海龙、温香杰、赵卫华、袁 洁

证书号：20199224

中国产学研合作促进会

2019年12月

中国产学研合作创新成果优秀奖

证 书

获奖项目：空间探测可视化平台

获奖单位：石家庄铁道大学

获奖等级：军队科技进步叁等奖

奖励日期：2011 年 10 月

证 书 号：2011SL3010

中国人民解放军总装备部

军队科技进步三等奖

河北省教学成果奖

HEBEISHENG JIAOXUE CHENGGUOJIANG

获奖证书

河北省优秀教学成果奖励委员会

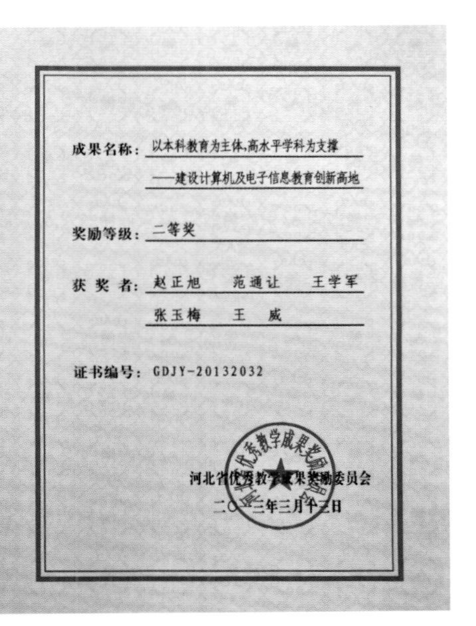

成果名称：以本科教育为主体,高水平学科为支撑
——建设计算机及电子信息教育创新高地

奖励等级：二等奖

获 奖 者：赵正旭 范通让 王学军
张玉梅 王 威

证书编号：GDJY-20132032

河北省优秀教学成果奖励委员会

二〇一三年三月十三日

河北省教学成果二等奖

证书号第1233267号

发明专利证书

发 明 名 称：基于小世界特性的工程信息组织方法

发 明 人：赵正旭；郭朝晖；封鸿；刘丽威

专 利 号：ZL 2011 1 0080080.2

专利申请日：2011年03月31日

专 利 权 人：石家庄铁道大学

授权公告日：2013年07月10日

本发明经过本局依照中华人民共和国专利法进行审查，决定授予专利权，颁发本证书并在专利登记簿上予以登记。专利权自授权公告之日起生效。

本专利的专利权期限为二十年，自申请日起算。专利权人应当依照专利法及其实施细则规定缴纳年费。本专利的年费应当在每年03月31日前缴纳。未按照规定缴纳年费的，专利权自应当缴纳年费期满之日起终止。

专利证书记载专利权登记时的法律状况。专利权的转移、质押、无效、终止、恢复和专利权人的姓名或名称、国籍、地址变更等事项记载在专利登记簿上。

局长 田力普

基于小世界特性的工程信息组织方法

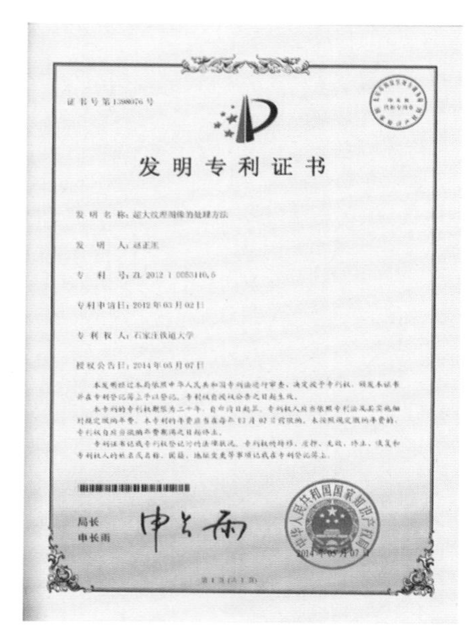

证书号第1388076号

发明专利证书

发 明 名 称：超大纹理图像的处理方法

发 明 人：赵正旭

专 利 号：ZL 2012 1 0053110.5

专利申请日：2012年03月02日

专 利 权 人：石家庄铁道大学

授权公告日：2014年05月07日

本发明经过本局依照中华人民共和国专利法进行审查，决定授予专利权，颁发本证书并在专利登记簿上予以登记。专利权自授权公告之日起生效。

本专利的专利权期限为二十年，自申请日起算。专利权人应当依照专利法及其实施细则规定缴纳年费。本专利的年费应当在每年03月02日前缴纳。未按照规定缴纳年费的，专利权自应当缴纳年费期满之日起终止。

专利证书记载专利权登记时的法律状况。专利权的转移、质押、无效、终止、恢复和专利权人的姓名或名称、国籍、地址变更等事项记载在专利登记簿上。

局长
申长雨

超大纹理图像的处理方法

证书号第2928096号

发明专利证书

发 明 名 称：一种太空观测域与实时三维可视化场景的联动方法

发 明 人：赵正旭；张登辉；王威；郭阳；徐骞

专 利 号：ZL 2016 1 0102516.6

专利申请日：2016年02月18日

专 利 权 人：石家庄铁道大学

地 址：050043 河北省石家庄市北二环东路17号

授权公告日：2018年05月18日　　授权公告号：CN 105785808 B

本发明经过本局依照中华人民共和国专利法进行审查，决定授予专利权，颁发本证书并在专利登记簿上予以登记。专利权自授权公告之日起生效。

本专利的专利权期限为二十年，自申请日起算。专利权人应当依照专利法及其实施细则规定缴纳年费。本专利的年费应当在每年02月18日前缴纳。未按照规定缴纳年费的，专利权自应当缴纳年费期满之日起终止。

专利证书记载专利权登记时的法律状况。专利权的转移、质押、无效、终止、恢复和专利权人的姓名或名称、国籍、地址变更等事项记载在专利登记簿上。

局长
申长雨

第1页（共1页）

一种太空观测域与实时三维可视化场景的联动方法

证书号第3602313号

发明专利证书

发 明 名 称：一种镂空结构的FDM打印方法

发 明 人：赵正旭；张登辉；彭育贵；钟谦

专 利 号：ZL 2018 1 0033366.7

专利申请日：2018年01月06日

专 利 权 人：石家庄铁道大学

地 址：050043 河北省石家庄市北二环东路17号

授权公告日：2019年11月19日　　授权公告号：CN 108248016 B

国家知识产权局依照中华人民共和国专利法进行审查，决定授予专利权，颁发发明专利证书并在专利登记簿上予以登记。专利权自授权公告之日起生效。专利权期限为二十年，自申请日起算。

专利证书记载专利权登记时的法律状况。专利权的转移、质押、无效、终止、恢复和专利权人的姓名或名称、国籍、地址变更等事项记载在专利登记簿上。

局长
申长雨

第1页（共2页）

其他事项参见背面

一种镂空结构的FDM打印方法

近十年来，复杂网络与可视化研究所发表 SCI，EI，ISTP 三大检索论文 340 篇，获得发明专利 13 项，计算机软件著作权 15 项。

中华人民共和国国家版权局

计算机软件著作权登记证书

证书号：软著登字第1546678号

软 件 名 称：国产化的Cartogram地理信息可视化系统
V1.0

著 作 权 人：赵正旭;任利敏

开发完成日期：2016年08月15日

首次发表日期：未发表

权利取得方式：原始取得

权 利 范 围：全部权利

登 记 号：2016SR368062

根据《计算机软件保护条例》和《计算机软件著作权登记办法》的规定，经中国版权保护中心审核，对以上事项予以登记。

中华人民共和国国家版权局
计算机软件著作权登记专用章
2016年12月12日

No. 01353602 副本

国产化的Cartogram地理信息可视化系统V1.0

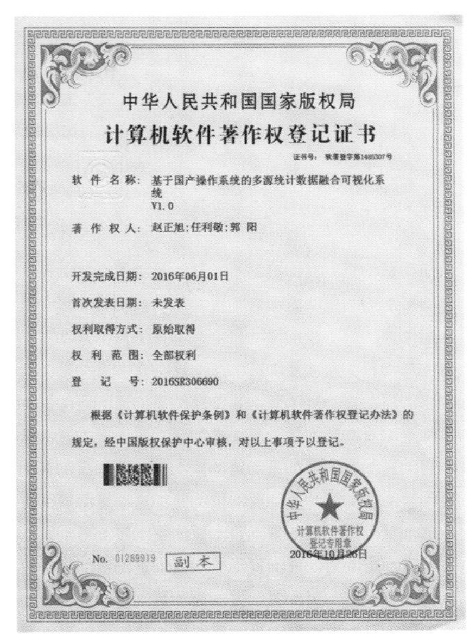

中华人民共和国国家版权局

计算机软件著作权登记证书

证书号：软著登字第1485307号

软 件 名 称：基于国产操作系统的多源统计数据融合可视化系统
V1.0

著 作 权 人：赵正旭;任利敏;郭 阳

开发完成日期：2016年06月01日

首次发表日期：未发表

权利取得方式：原始取得

权 利 范 围：全部权利

登 记 号：2016SR306690

根据《计算机软件保护条例》和《计算机软件著作权登记办法》的规定，经中国版权保护中心审核，对以上事项予以登记。

中华人民共和国国家版权局
计算机软件著作权登记专用章
2016年10月26日

No. 01289919 副本

基于国产操作系统的多源统计数据融合可视化系统V1.0

中华人民共和国国家版权局

计算机软件著作权登记证书

证书号：软著登字第1313292号

软 件 名 称：Z规格说明自动生成器软件
［简称：Z规格说明自动生成器］
V1.0

著 作 权 人：赵正旭;温晋杰;赵卫华

开发完成日期：2014年12月12日

首次发表日期：2015年06月30日

权利取得方式：原始取得

权 利 范 围：全部权利

登 记 号：2016SR134675

根据《计算机软件保护条例》和《计算机软件著作权登记办法》的规定，经中国版权保护中心审核，对以上事项予以登记。

中华人民共和国国家版权局
计算机软件著作权登记专用章
2016年06月07日

No. 01073933 副本

Z规格说明自动生成器软件V1.0

中华人民共和国国家版权局

计算机软件著作权登记证书

证书号：软著登字第1205926号

软 件 名 称：云层数据可视化系统
V1.0

著 作 权 人：赵正旭;卢石磊;徐骞;郭阳;王威

开发完成日期：2015年09月03日

首次发表日期：未发表

权利取得方式：原始取得

权 利 范 围：全部权利

登 记 号：2016SR027309

根据《计算机软件保护条例》和《计算机软件著作权登记办法》的规定，经中国版权保护中心审核，对以上事项予以登记。

中华人民共和国国家版权局
计算机软件著作权登记专用章
2016年02月04日

No. 00928804 副本

云层数据可视化系统V1.0

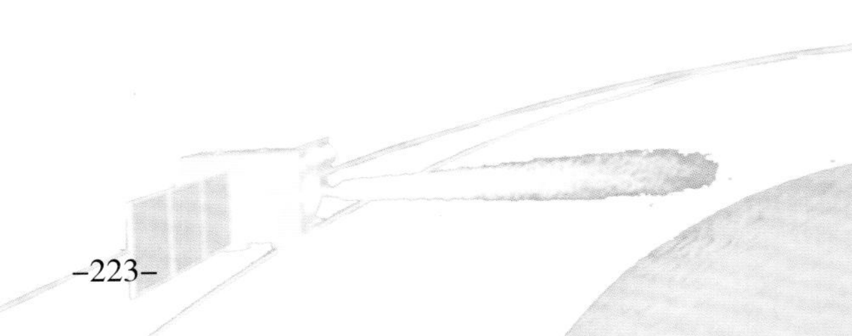

中华人民共和国国家版权局
计算机软件著作权登记证书

软件名称：河北交通综合服务系统
V1.0

著作权人：赵正旭;王威;卢石磊;张廷廷

开发完成日期：2014年04月15日

首次发表日期：2014年04月25日

权利取得方式：原始取得

权利范围：全部权利

登记号：2014SR131898

根据《计算机软件保护条例》和《计算机软件著作权登记办法》的规定，经中国版权保护中心审核，对以上事项予以登记。

No. 00570803

2014年09月02日

河北交通综合服务系统V1.0

中华人民共和国国家版权局
计算机软件著作权登记证书

软件名称：函数调用网络复杂性分析软件
[简称：Funcallnet]
V1.0

著作权人：郭阳;赵正旭;徐骞

开发完成日期：2012年03月25日

首次发表日期：未发表

权利取得方式：原始取得

权利范围：全部权利

登记号：2013SR066446

根据《计算机软件保护条例》和《计算机软件著作权登记办法》的规定，经中国版权保护中心审核，对以上事项予以登记。

No. 00251480

2013年07月16日

函数调用网络复杂性的分析软件V1.0

中华人民共和国国家版权局
计算机软件著作权登记证书

软件名称：交互式容积数据操作软件
V1.0

著作权人：徐骞;赵正旭;郭阳

开发完成日期：2012年09月08日

首次发表日期：未发表

权利取得方式：原始取得

权利范围：全部权利

登记号：2013SR066239

根据《计算机软件保护条例》和《计算机软件著作权登记办法》的规定，经中国版权保护中心审核，对以上事项予以登记。

No. 00251595

2013年07月16日

交互式容积数据操作软件V1.0

中华人民共和国国家版权局
计算机软件著作权登记证书

软件名称：地貌编辑系统
[简称：DMEditor]
1.0

著作权人：刘展威;赵卫华;赵正旭;王威

开发完成日期：2011年03月18日

首次发表日期：未发表

权利取得方式：原始取得

权利范围：全部权利

登记号：2011SR057504

根据《计算机软件保护条例》和《计算机软件著作权登记办法》的规定，经中国版权保护中心审核，对以上事项予以登记。

No. 00019705

2011年08月15日

地貌编辑系统1.0

中华人民共和国国家版权局

计算机软件著作权登记证书

软件名称：动作模拟器软件
[简称：MotionCurve]
V1.0

著作权人：刘展威;赵正旭;戴欢

开发完成日期：2010年11月18日

首次发表日期：未发表

权利取得方式：原始取得

权利范围：全部权利

登记号：2011SR013313

根据《计算机软件保护条例》和《计算机软件著作权登记办法》的规定，经中国版权保护中心审核，对以上事项予以登记。

中华人民共和国国家版权局 计算机软件著作权登记专用章

2011年03月17日

动作模拟器软件V1.0

中华人民共和国国家版权局

计算机软件著作权登记证书

软件名称：文件格式的复杂网络系统
[简称：IBS]
1.3

著作权人：赵正旭;赵卫华;王威;刘展威

开发完成日期：2011年04月08日

首次发表日期：未发表

权利取得方式：原始取得

权利范围：全部权利

登记号：2011SR057303

根据《计算机软件保护条例》和《计算机软件著作权登记办法》的规定，经中国版权保护中心审核，对以上事项予以登记。

中华人民共和国国家版权局 计算机软件著作权登记专用章

No. 00020509

文件格式的复杂网络系统1.3

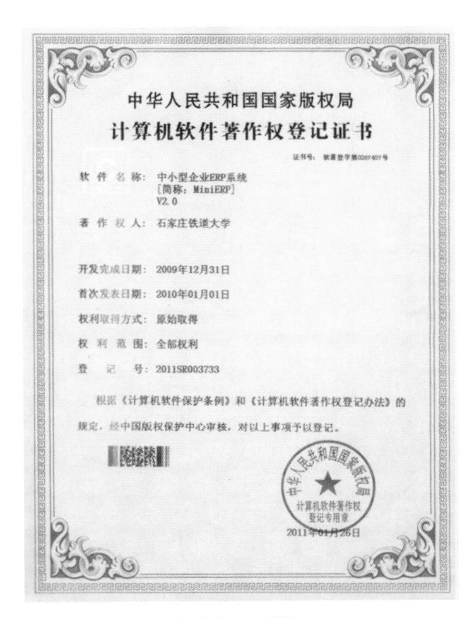

中华人民共和国国家版权局

计算机软件著作权登记证书

软件名称：中小型企业ERP系统
[简称：MiniERP]
V2.0

著作权人：石家庄铁道大学

开发完成日期：2009年12月31日

首次发表日期：2010年01月01日

权利取得方式：原始取得

权利范围：全部权利

登记号：2011SR003733

根据《计算机软件保护条例》和《计算机软件著作权登记办法》的规定，经中国版权保护中心审核，对以上事项予以登记。

中华人民共和国国家版权局 计算机软件著作权登记专用章

2011年01月26日

中小企业ERP系统V2.0

中华人民共和国国家版权局

计算机软件著作权登记证书

软件名称：档案文件的多语种调用系统
[简称：Archive-I18N]
1.0

著作权人：赵卫华

开发完成日期：2010年06月30日

首次发表日期：未发表

权利取得方式：原始取得

权利范围：全部权利

登记号：2011SR009470

根据《计算机软件保护条例》和《计算机软件著作权登记办法》的规定，经中国版权保护中心审核，对以上事项予以登记。

中华人民共和国国家版权局 计算机软件著作权登记专用章

档案文件的多语种调用系统1.0

中华人民共和国国家版权局

计算机软件著作权登记证书

证书号：软著登字第[illegible]号

软 件 名 称：印刷企业管理信息系统
[简称：PrintERP]
V2.0

著 作 权 人：石家庄铁道大学

开发完成日期：2007年12月31日

首次发表日期：2008年01月01日

权利取得方式：原始取得

权 利 范 围：全部权利

登 记 号：2011SR001181

根据《计算机软件保护条例》和《计算机软件著作权登记办法》的规定，经中国版权保护中心审核，对以上事项予以登记。

中华人民共和国国家版权局 计算机软件著作权登记专用章

2011年01月11日

印刷企业管理信息系统V2.0

中华人民共和国国家版权局

计算机软件著作权登记证书

证书号：软著登字第0273420号

软 件 名 称：航天测控可视化系统
[简称：STCVS]
1.2.0

著 作 权 人：石家庄铁道大学

开发完成日期：2005年04月08日

首次发表日期：2005年04月29日

权利取得方式：原始取得

权 利 范 围：全部权利

登 记 号：2011SR009746

根据《计算机软件保护条例》和《计算机软件著作权登记办法》的规定，经中国版权保护中心审核，对以上事项予以登记。

中华人民共和国国家版权局 计算机软件著作权登记专用章

2011年03月02日

航天测控可视化系统1.2.0

中华人民共和国国家版权局

计算机软件著作权登记证书

证书号：软著登字第[illegible]号

软 件 名 称：通用城市公交线路查询系统
[简称：[illegible]]
1.5

著 作 权 人：刘景威;赵卫华;王威;赵正旭

开发完成日期：2008年12月28日

首次发表日期：未发表

权利取得方式：原始取得

权 利 范 围：全部权利

登 记 号：2011SR057384

根据《计算机软件保护条例》和《计算机软件著作权登记办法》的规定，经中国版权保护中心审核，对以上事项予以登记。

No. 00078467

中华人民共和国国家版权局 计算机软件著作权登记专用章

2011年[illegible]月15日

通用城市共建线路查询系统1.5

赵正旭等著　科学出版社2020

赵正旭等著　科学出版社2019

赵正旭等著　科学出版社2018

徐骞等著　河北人民出版社2015

赵正旭主编　科学出版社2015

赵正旭等著　科学出版社2015

赵正旭等编著　河北人民出版社2015

赵正旭等主编　中国财政经济出版社2015

赵正旭等主编　中国财政经济出版社2014

近十年来，复杂网络与可视化研究所出版《信息组织及可视化》《复杂网络分析与应用》及《麒麟操作系统使用与推广》等领域专著 36 部。

Zalgham Mahmood.Editor

Berlin:Springer2019

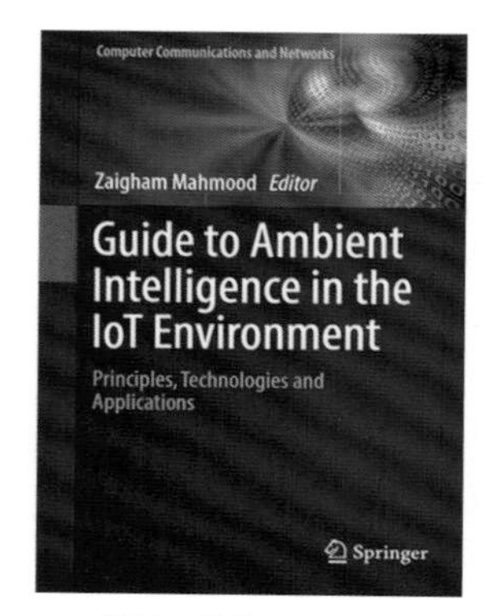

Zalgham Mahmood.Editor

Berlin:Springer 2019

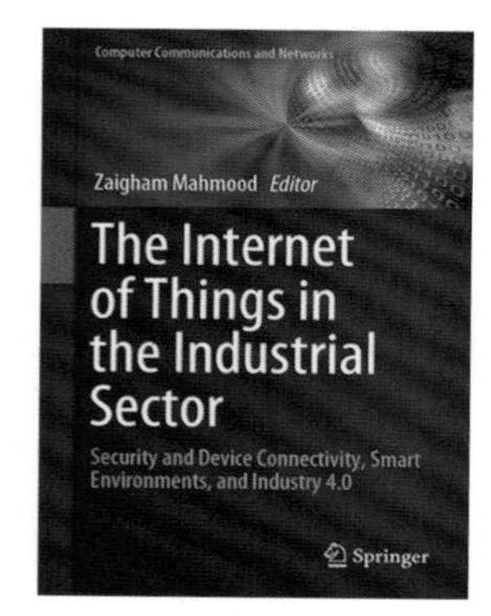

Zalgham Mahmood.Editor

Berlin:Springer 2019

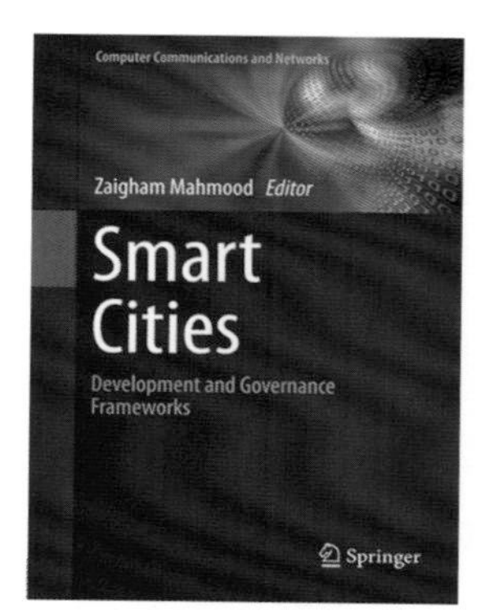

Zalgham Mahmood.Editor

Berlin:Springer 2019

Zalgham Mahmood.Editor

Berlin:Springer 2018

Zalgham Mahmood.Editor

Berlin:Springer 2017

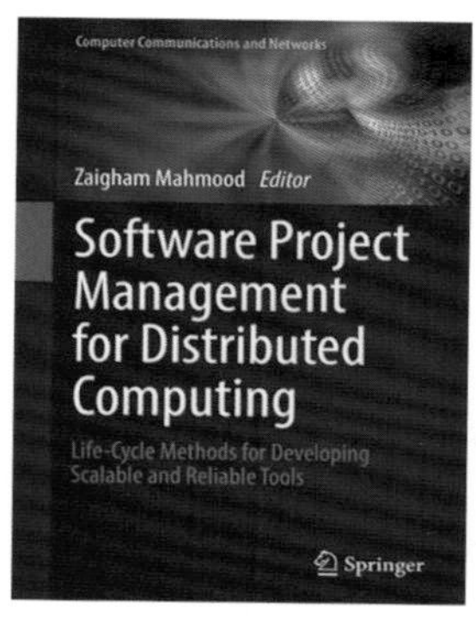

Zalgham Mahmood.Editor

Berlin:Springer 2017

Zalgham Mahmood,etc.Editors

Berlin:Springer 2016

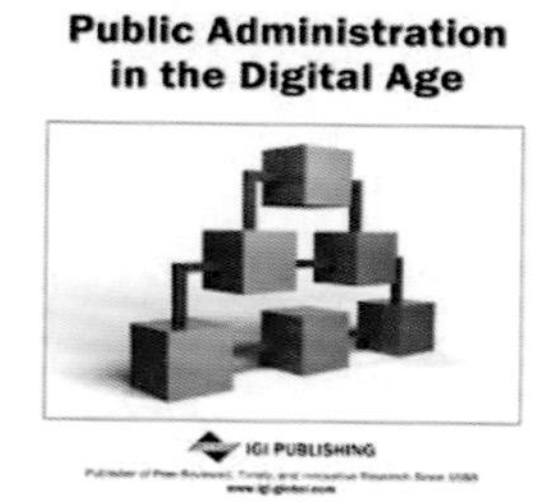

Zalgham Mahmood.Editor

Pennsylvania:IGI Global 2016

Zalgham Mahmood.Editor

Berlin:Springer 2016

Zalgham Mahmood.Editor

Berlin:Springer 2016

Zalgham Mahmood,etc.Editors

Berlin:Springer 2016

Zalgham Mahmood.Editor

Pennsylvania:IGI Global 2015

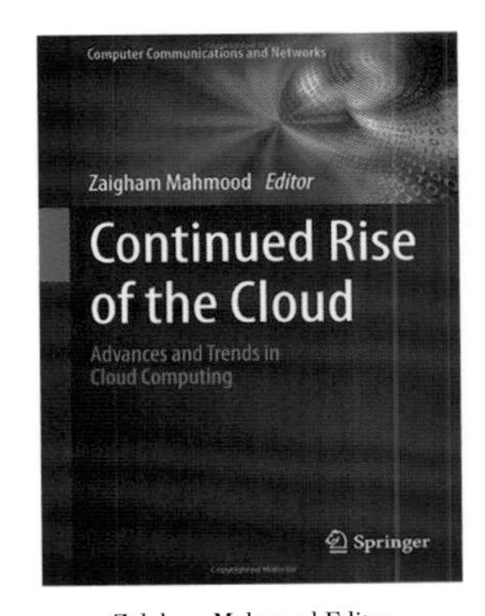

Zalgham Mahmood.Editor

Berlin:Springer 2014

Zalgham Mahmood,etc.Editors

Pennsylvania:IGI Global 2014

Zalgham Mahmood.Editor

Berlin:Springer 2014

Zalgham Mahmood,etc.Editors

Pennsylvania:IGI Global 2014

Zalgham Mahmood.Editor

Pennsylvania:IGI Global 2014

Zalgham Mahmood.Editor

Pennsylvania:IGI lobal 2014

Zalgham Mahmood.Editor

Pennsylvania:IGI Global 2013

Zalgham Mahmood,etc.Editors

New Jersey:Prentice Hall 2013

Zalgham Mahmood.Editor

Pennsylvania:IGI Global 2013

Zalgham Mahmood.Editor

Berlin:Springer 2013

Zalgham Mahmood,etc.Editors

Berlin:Springer 2013

Lzzat Alsmadi.Editor

Pennsylvania:IGI Global 2012

Zalgham Mahmood,etc.Editors

Berlin:Springer 2011

Muthu Ramachandran.Editor

Pennsylvania:IGI Global 2011

2018 年 4 月，复杂网络与可视化研究所创新团队获批省“巨人计划”创新创业团队。

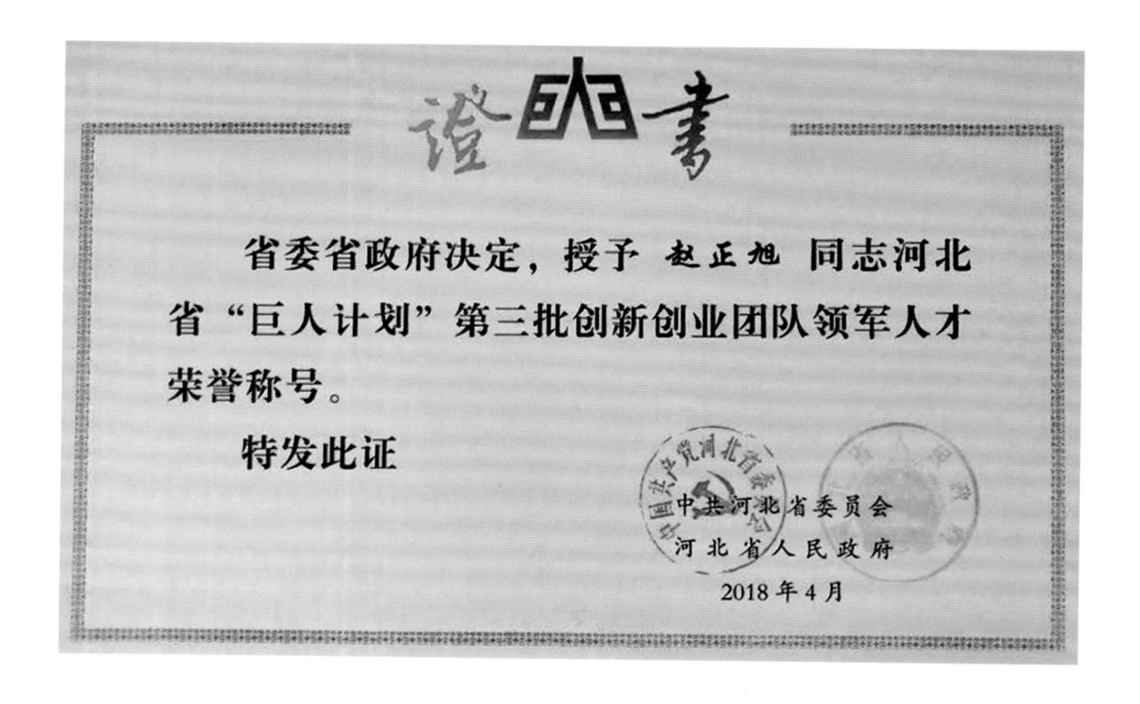
证书

省委省政府决定，授予 赵正旭 同志河北省“巨人计划”第三批创新创业团队领军人才荣誉称号。

特发此证

中共河北省委员会
河北省人民政府
2018年4月

2018年4月，赵正旭教授被授予河北省“巨人计划”创新创业团队领军人才荣誉称号。

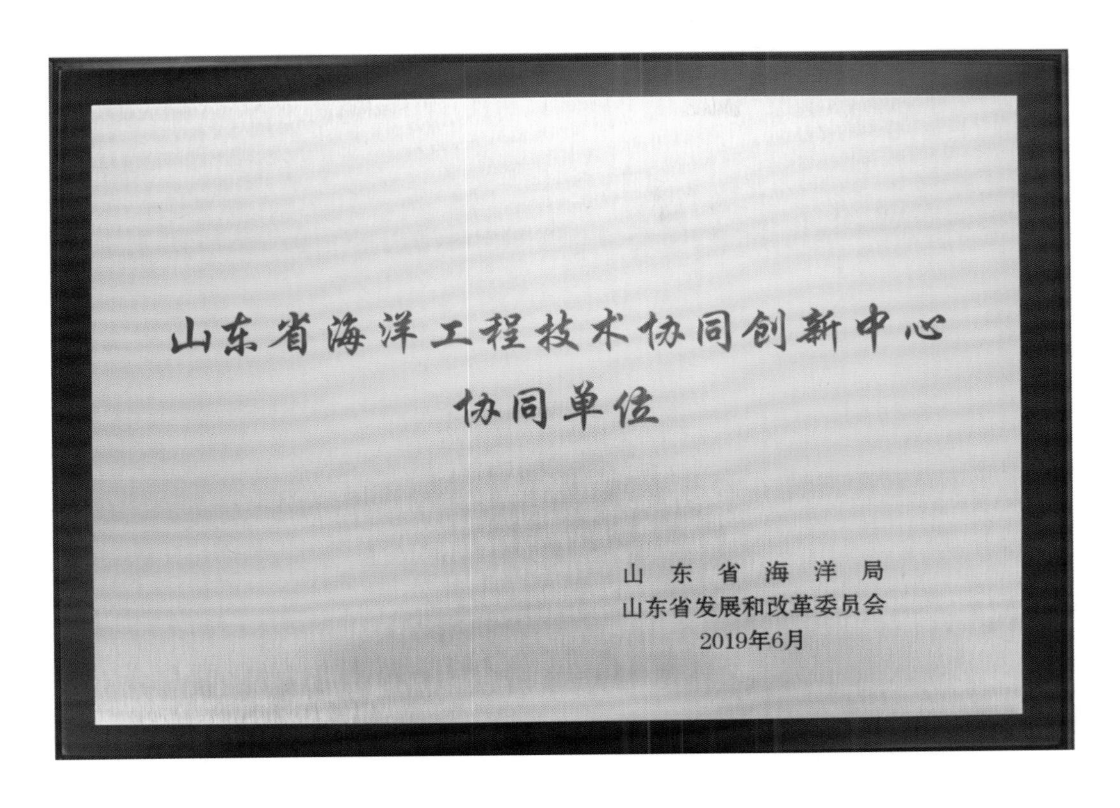

2019 年 6 月，复杂网络与可视化研究所成为山东省海洋工程技术协同创新中心协同单位。

聘　书

LETTER OF APPOINTMENT

兹聘请赵正旭为山东海洋产业协会智库专家。

山东海洋产业协会

2019年7月

2019 年 7 月，赵正旭教授受聘山东海洋产业协会智库专家。

会员证书
MEMBERSHIP CERTIFICATE
山东海洋产业协会
SHANDONG OCEAN INDUSTRY ASSOCIATION

复杂网络与可视化研究所：

根据本协会章程规定，核准贵单位为本协会会员单位。特颁发此证书。

山东海洋产业协会
二零一九年七月

2019 年 7 月，复杂网络与可视化研究所成为山东海洋产业协会会员单位。

聘 书

LETTER OF APPOINTMENT

兹聘请

复杂网络与可视化研究所

为《国际太空》期刊 理事 单位，聘期两年。

特颁此证

《国际太空》编辑部

二〇二〇年

2020 年 11 月，复杂网络与可视化研究所被《国际太空》期刊聘请为理事单位。

参观交流

复杂网络与可视化研究所航天可视化团队多次成功完成国家重大载人航天工程、探月工程以及深空探测工程实战任务，团队及其研发的深空探测三维可视化系统以及深空探测三维可视化技术成为公众关注的重点，接待了地方各级政府和兄弟院校、科研单位的参观交流。

2008 年 12 月 19 日，应赵正旭教授邀请，中国卫星发射测控系统部主任申雷来复杂网络与可视化研究所参观访问，并做题为“中国卫星发射技术”的学术报告。

2009 年 3 月 25 日，北京航天飞行控制中心技术人员到复杂网络与可视化研究所参观交流，周建亮副总工程师做了题为“嫦娥奔月 —— 中国航天探索的新起点”的精彩学术报告。

2009 年 12 月 22 日，教育部人员参观考察复杂网络与可视化研究所。

2011 年 3 月 11 日，正值神舟八号任务期间，北京航天飞行控制中心领导麻永平参观复杂网络与可视化研究所。

2012 年 4 月 20 日，老干部到复杂网络与可视化研究所虚拟工程实验室、软件工程实验室以及数字化技术实验室参观，对于研究所的快速发展以及取得的成绩给予大力赞许。

2012 年 9 月 16 日，复杂网络与可视化研究所组织师生到北京航天飞行控制中心参观。

2012 年 12 月 7 日，应赵正旭教授邀请，英国 Durham 大学的 V.Vitanov 教授来复杂网络与可视化研究所进行学术交流和访问。

V.Vitanov 教 授 为 研 究 所 师 生 带 来 题 为“Engineering Data Management – The Information Technologies Context”的学术报告。

2013 年 3 月 19 日，河北省人民政府副省长许宁参观复杂网络与可视化研究所。

2014 年 1 月 14 日，河北省人民政府省长张庆伟、副省长许宁参观复杂网络与可视化研究所。

2014 年 3 月 25 日，河北省百人计划验收组参观复杂网络与可视化研究所。

2014 年 3 月 25 日，河北省工信厅领导参观复杂网络与可视化研究所。

2014 年 4 月 11 日，澳大利亚爱博特起重机公司总设计师窦克琪博士参观复杂网络与可视化研究所，并与学生进行亲切交流。

2014 年 4 月 16 日，中国人民解放军军械工程学院师生参观复杂网络与可视化研究所虚拟工程实验室、软件工程实验室以及数字化技术实验室，并听取了赵正旭教授团队关于可视化航天技术应用以及相关研究成果等方面的介绍。

2014 年 5 月 23 日，中国石油大学（华东）学校领导一行参观复杂网络与可视化研究所。

2014年5月29日，英国 Brunel 大学 Richard Julian Bateman 博士参观复杂网络与可视化研究所，并做了学术讲座。

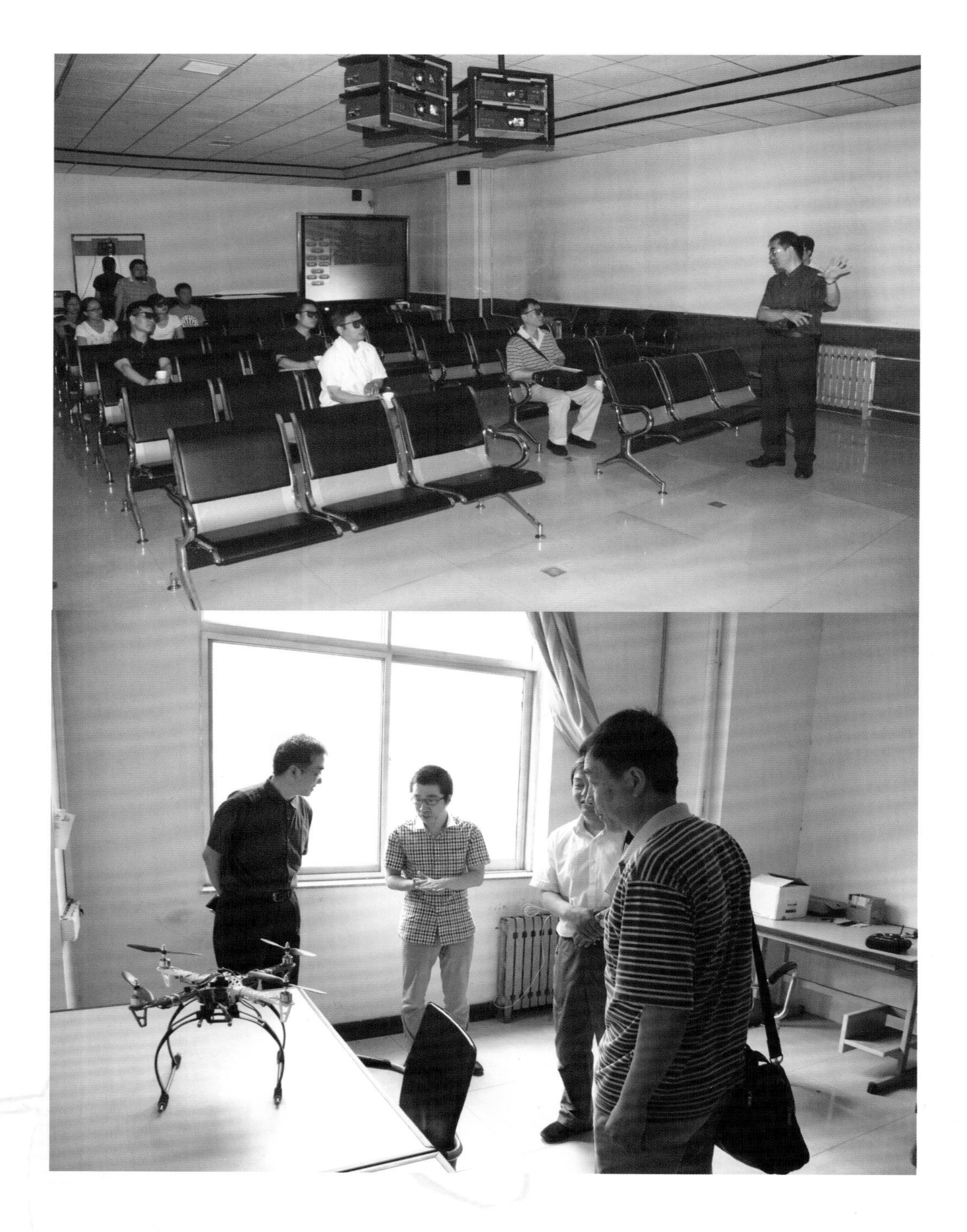

2014 年 7 月 2 日，北京印刷学院院领导一行参观复杂网络与可视化研究所，研究所学生为来访人员演示了四旋翼无人机的操作过程。

2014 年 12 月 13 日，中国人民解放军军械工程学院师生一行参观复杂网络与可视化研究所，赵正旭教授为来访人员讲解了三维打印阵列以及多功能复合材料建模。

2015 年 8 月 17 日，河北省工信厅副厅长、省国防科工局局长徐振川，省国防科工局副局长陈树志等一行 6 人，来复杂网络与可视化研究所就国防重点学科和重点学科实验室建设工作进行调研。

2015 年 12 月 7 日，赵正旭教授带领复杂网络与可视化研究所成员与中国科学院国家天文台工作人员进行技术交流，就如何促进我国天文观测及其可视化技术的发展以及相关领域的合作进行探讨。

2016 年 1 月 9 日，应中国科学院国家天文台邀请，复杂网络与可视化研究所团队成员赴中国科学院国家天文台兴隆观测站进行实地考察，对天文观测综合监控及可视化平台建设进行了交流，是双方进一步就我国天文观测及可视化领域合作开展的主要内容之一。

2016年5月31日，英国Coventry大学Richard Julian Bateman教授到复杂网络与可视化研究所进行学术交流与访问。访问期间，Bateman教授针对三维打印技术以及快速成型技术进行深入讲解，并与参加报告会的师生进行交流和探讨。

2017 年 3 月 16 日，英国 Derby 大学 Zaigham Mahmood 教授到复杂网络与可视化研究所参观访问。

赵正旭教授为 Zaigham Mahmood 教授介绍研究所历次参加的国家重大航天工程，并就大数据和云计算方面进行深入探讨。

2017 年 11 月 26 日，国家天文台台长严俊等来复杂网络与可视化研究所调研航天可视化与高性能信息处理等研究工作。赵正旭教授向严俊台长介绍研究所参加的历次航天任务。

严俊台长一行与研究所老师针对研究所自主研发的航天可视化等系统与高性能信息处理等设备进行了交流讨论。调研期间，严俊台长对中国天眼——世界上口径最大的单天线射电望远镜、南极天文台、深太空天体信息储存等重大设施向研究所的师生进行了介绍。

2017 年 12 月 18 日，复杂网络与可视化研究所与航天科技集团公司钱学森空间技术实验室“协同创新战略合作框架协议”签约仪式在北京航天城举行。根据协议的内容，研究所与航天科技集团公司钱学森空间技术实验室将面向国家航天领域的重大需求，创建国家级联合实验室，搭建共同开发、资源共享的协同创新平台，力争形成相关的行业标准，促进航天应用基础研究成果在铁路建设项目中的转化与应用。

2018 年 3 月 28 日，河北中科恒运软件科技股份有限公司董事长吴又奎一行三人来复杂网络与可视化研究所访问并交流军民融合以及产学研科技创新工作。赵正旭教授就国防信息系统开发、航天可视化技术应用、科研团队建设等方面与来访专家进行了交流。

2018 年 5 月 21 日，英国 Coventry 大学 Richard Julian Betaman 教授到复杂网络与可视化研究所进行学术交流与访问。Bateman 教授针对英国高等教育向研究所师生进行深入讲解，并进行探讨与交流。

2019 年 5 月 28 日，英国 Coventry 大学 Richard Julian Betaman 教授到复杂网络与可视化研究所学术交流与访问。Bateman 教授赴保定市顺平县大悲乡学周希望小学开展科技扶贫活动，为学生们进行航天知识科普教育活动，学校聘请 Bateman 教授为学周希望小学“国际文化交流爱心大使”。

2019 年 10 月 10 日，英国莱斯特大学电子与系统工程系主任、莱斯特空间和地球观测研究所（LISEO）主任 Tanya Vladimirova 教授到复杂网络与可视化研究所进行学术访问，为研究所师生带来题为“航天技术及其应用”的学术报告，并与研究所师生就 FPGA 现场可编程逻辑器件以及利用 FPGA 进行加速运算等方面的应用进行交流探讨。

赵正旭教授为 Tanya 教授介绍研究所情况。

2020 年 7 月 31 日，中国工程院院士金翔龙、山东海洋产业协会秘书长范占伟以及青岛罗博飞海洋技术有限公司董事长马秀芬等一行 9 人到复杂网络与可视化研究所访问并就航天可视化以及水下设备组网可视化等领域进行深入交流。

2020 年 9 月 17 日，赵正旭教授带领复杂网络与可视化研究所成员来到西安卫星测控中心青岛测控站交流访问，向青岛测控站主要领导和技术人员介绍了研究所在航天领域所取得的科技成果以及历次参加国家航天工程任务情况，并与测控站技术人员探讨了可视化测控技术在航天领域的发展与趋势。

2020 年 11 月 20 日，青岛市人大代表一行 18 人走进复杂网络与可视化研究所，调研了赵正旭教授团队建设情况。赵正旭教授为市人大代表详细介绍了研究所的发展历程、研究方向以及科研成果。各位代表对赵正旭教授团队在航天测控可视化领域做出的卓越成就给予高度赞誉，希望团队保持良好势头，充分发挥科研技术优势，为祖国航天事业再立新功。

2020 年 11 月 27 日，来自人民网、新华网、光明日报等全国 30 家主流媒体的 40 余位编辑、记者走进复杂网络与可视化研究所参观访问，研究所郭阳老师为大家介绍了研究所的发展历程、研究方向以及科研成果。各位媒体记者对研究所团队在航天军工领域取得的成就给予高度评价，同时祝愿研究所充分发挥科研技术优势，为国家重大工程任务再立新功。

2021 年 4 月 17 日，中国人民解放军陆军工程大学朱元昌教授、邸彦强教授到复杂网络与可视化研究所交流访问。赵正旭教授向朱教授和邸教授介绍了研究所在载人航天、探月工程以及深空探测等国家重大项目中取得的科技成果及历次参加国家航天工程任务情况，并就装备技术保障、武器系统仿真以及三维可视化视景仿真技术进行深入探讨。

新闻报道

复杂网络与可视化研究所航天可视化团队，先后参与近 30 项国家重大航天任务，为中国的航天可视化事业做出了贡献，受到了社会各界的广泛重视，被央视和地方各大媒体多次报道。

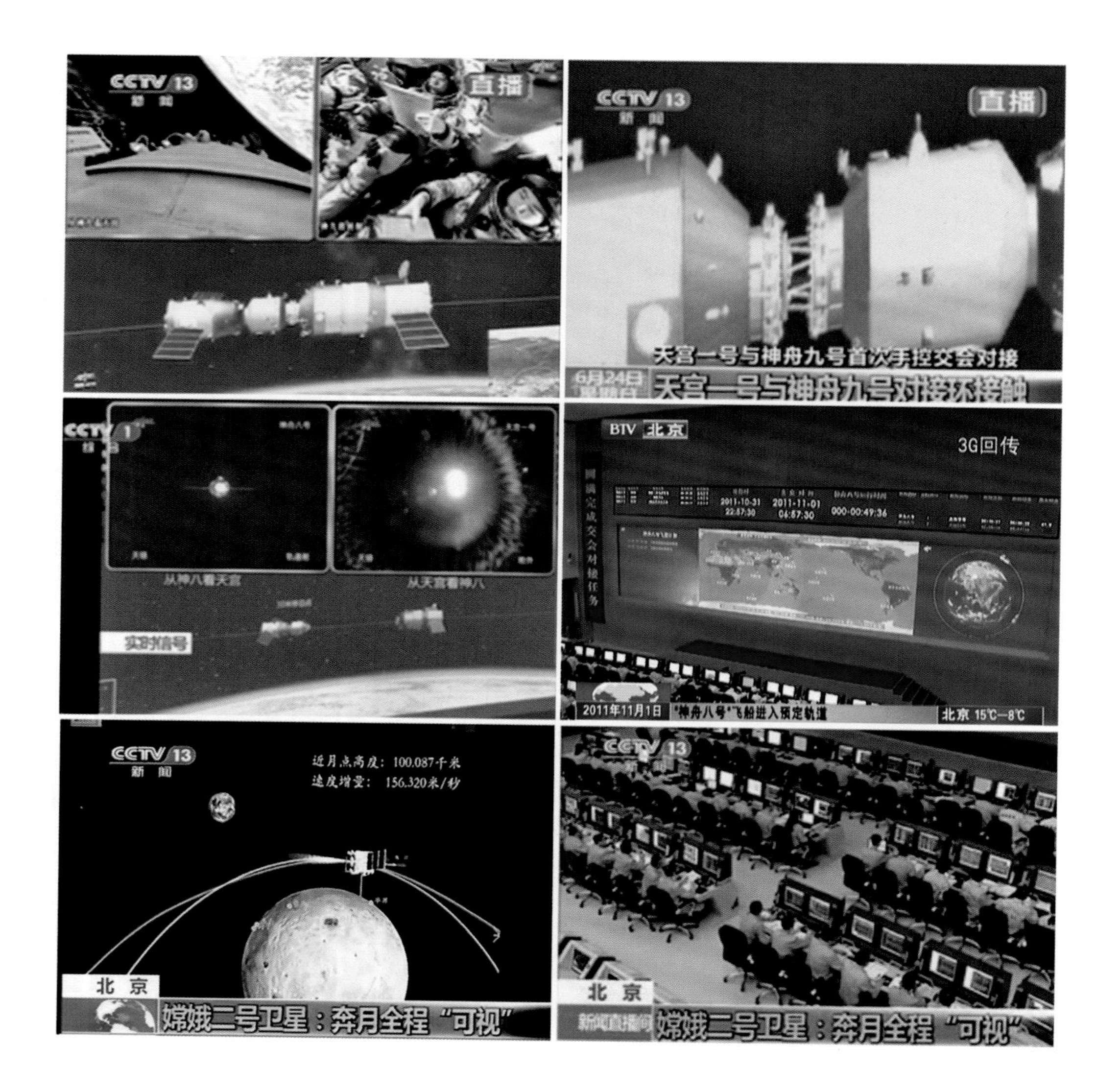

复杂网络与可视化研究所参与国家重大航天任务近30次，中央电视台和地方媒体进行多次新闻报道。

CCTV新闻
直播
北京
航天城飞控中心
嫦娥二号开始第三次近月制动
CCTV新闻
可视化测控
"嫦娥二号"卫星发射成功
新闻直播间
"嫦娥二号"探月测控全程可视化
CCTV 7
嫦娥探月
"嫦娥二号"探月卫星测控全程可视化

CCTV 13
新闻
直播
北京航天飞控中心实时画面
“嫦娥三号”着陆器太阳翼展开
主播关注
12月30日
星期日
“嫦娥四号”成功进入落月准备轨道
CCTV 4
中文国际
直播
LIVE
海南 文昌
网络直播室
中国太空“快递小哥”天舟一号飞船升空
河北卫视
秦皇岛
北京控制中心所应用的平台

2009年—2021年部分相关新闻报道

[1] 河北专家参与火星探测计划，2009-11-05，Sina 新闻中心（来源河北青年报），http://news.sina.com.cn/c/2009-11-05/102116559484s.shtml

[2] 火星探测中的攻坚者，2009-11-24，石家庄新闻网（来源石家庄日报），http://www.sjzdaily.com.cn/people/2009-11/24/content_1378220.htm

[3] 赵正旭：16 年业余时间研发 TDS 透过 TDS 看火星，2009-12-01，新华网（来源河北日报），http://www.he.xinhuanet.com/news/2009-12/01/content_18375762.htm

[4] 火星探测可视化系统实现我国深空探测飞跃式发展，2009-12-09，人民网（来源科学时报），http://scitech.people.com.cn/GB/10544926.html

[5]Visualized Mars Probe Process，2009-12-10，CHINA SCIENCE AND TECHNOLOGY，NEWSLETTER No.567，The Ministry of Science and Technology，People's Republic of China，中华人民共和国科学技术部，http://www.most.gov.cn/eng/newsletters/2009/200912/t20091211_74638.htm

[6] 赵正旭：让宇宙深空“近”在眼前，2009-12-14，科学网（来源科学时报），http://news.sciencenet.cn/sbhtmlnews/2009/12/226898.html?id=226898

[7] 像玩魔兽一样看太空中国火星探测将三维可视，2009-12-15，人民网（来源科学时报），http://scitech.people.com.cn/GB/10580332.html

[8] 嫦娥二号绕月探测三维可视化系统研发成功，2010-09-21，环球网（来源河北日报），http://china.huanqiu.com/roll/2010-09/1117956.html

[9] 河北日报新闻纵深：“太空电子沙盘”让“嫦娥”奔月直观可视，2010-09-29，河北日报，http://xcb.stdu.edu.cn/2009-05-05-02-26-33/8849-2010-09-29-00-36-46.html

[10]“嫦娥二号”亮点：直接奔月只需五天，2010-10-29，河北新闻网（来源河北日报），http://hebei.hebnews.cn/2010-09/29/content_794248_3.htm

[11]“太空沙盘”精彩呈现“天宫”之旅，2011-10-01，网易新闻（来源长城网），http://news.163.com/11/1001/22/7FAIVABH00014AEE.html

[12] 科研人员五个月内研发嫦娥二号三维可视化系统，2010-10-12，Sina 新闻中心（来源石家庄日报），http://news.sina.com.cn/c/2010-10-12/105721258295.shtml

[13] 河北工人报：赵正旭和他的研发团队让嫦娥飞天变得栩栩如生，2010-10-13，http://xcb.stdu.edu.cn/2009-05-05-02-27-48/8940-2010-10-13-06-14-35.html

[14] 从航天可视化到可视化航天，2010-10-20，科学网（来源科学时报），http://news.sciencenet.cn/sbhtmlnews/2010/10/237629.html?id=237629

[15]2010 年度“感动省城”十大人物评选活动候选人名单，2010-12-5，中国石家庄（来源石家庄市政府网站），http://www.sjz.gov.cn/col/1274410601973/2010/12/05/1291610364578.html

[16]“天宫一号”升空彰显河北科技力量，2011-05-01，河北科技，第 05 期（总第 18 期），2011，http://qbs.heinfo.gov.cn/apps/cms/docforward.do?id=3132

[17]“嫦娥画家”赵正旭：让太空“近”在眼前，2011-05-09，天津网（来源河北日报），http://www.tianjinwe.com/tianjin/tjwy/201105/t20110509_3745359.html

[18] 嫦娥二号离月球奔深空，2011-06-13，科学网（来源科学时报），http://news.sciencenet.cn/sbhtmlnews/2011/6/245364.html?id=245364

[19] 省会一教授助力嫦娥二号远行，2011-06-15，河北青年报，http://www.hbqnb.com/news/html/HqLocalnewsSimple/2011/615/1161525439919826703.html

[20] 石家庄一教授助力嫦娥二号远行，2011-06-15，河北新闻（来源河北青年报），http://hebei.hebnews.cn/2011-06/15/content_2085714.htm

[21] 河北教授赵正旭助“嫦娥”远行，2011-07-05，燕赵都市网（来源燕赵都市报），http://yanzhao.yzdsb.com.cn/system/2011/07/05/011284736.shtml

[22]“嫦娥画家”——记长江学者、赵正旭教授，2011-09-16，石家庄侨网，http://www.sjzqw.cn/qjfh/qjfc/8454148.shtml

[23] 天宫一号发射模拟画面让观众眼前一亮——三维可视化系统来自石家庄，2011-09-30，河北青年报，http://www.hbqnb.com/news/html/TopNews/2011/930/2175157278030.html

[24]“太空沙盘”精彩呈现“天宫”之旅，2011-10-01，中国日报（来源长城网），http://www.chinadaily.com.cn/hqgj/jryw/2011-10-01/content_3963776.html

[25] 石家庄侨联积极服务海外人才搭筑工作新平台，2011-10-13，中国新闻网，http://www.chinanews.com/lxsh/2011/10-13/3387333.shtml

[26] 石家庄侨联服务海外人才搭筑侨联工作新平台，2011-10-14，人民网，http://chinese.people.com.cn/GB/15899983.html2

[27] 石家庄的发明精准呈现太空刹车，2011-11-04，河北青年网（来源河北青年报），http://www.hbqnb.com/news/html/TopNews/2011/114/231290281042.html

[28]“太空沙盘”模拟“天”“神”之吻，2011-11-22，搜狐网（来源科学时报），http://roll.sohu.com/20111122/n326568564.shtml

[29] 北京航天飞控中心三维可视化平台（二期），2012-03-26，河北省科学技术厅，http://www.hebstd.gov.cn/kepu/ziyuan/chengguo/content_71092.htm

[30] 石家庄 90 后大学生助力神九会天宫，2012-05-30，中国日报，http://www.chinadaily.com.cn/hqjs/zggf/2012-06-15/content_6197002.html

[31] 助力“神九”会“天宫”河北科研人员载誉归来，2012-05-31，中国日报，http://www.chinadaily.com.cn/micro-reading/mfeed/hotwords/20120626258.html

[32] 骄傲！助力“神九”会“天宫”背后有咱河北人，2012-06-14，中国日报国际频道（来源长城网），http://www.chinadaily.com.cn/hqgj/jryw/2012-06-14/content_6187959.html

[33] 石家庄 80、90 后为“神九”会“天空”提供技术支持【1】，中国日报（来源长城网），http://www.chinadaily.com.cn/hqgj/jryw/2012-06-15/content_6197311.html

[34] 石家庄 80、90 后为“神九”会“天空”提供技术支持【2】，2012-06-15，人民网（来源长城网），http://he.people.com.cn/n/2012/0615/c192235-17150232-2.html

[35] 石家庄 80 后 90 后参与神九发射，2012-06-15，中国日报（河北新闻网），http://www.chinadaily.com.cn/hqpl/zggc/2012-06-15/content_6192307.html

[36] 石家庄 90 后大学生助力神九会天宫，2012-06-15，新华网（来源燕赵晚报），http://news.xinhuanet.com/mil/2012-06/15/c_123290119.htm

[37] 河北助力神九飞天，2012-06-17，网易新闻（来源长城网），http://news.163.com/12/0617/07/846DM0UG00014AEE.html

[38] 可视化航天系统平台展现“神九”之旅，2012-06-18，人民网（来源科学时报），http://scitech.people.com.cn/GB/18214218.html

[39] 国产可视化航天系统平台展现“神九”飞天之旅，2012-06-18，网易新闻（来源网易探索），http://discovery.163.com/12/0618/09/8497ODTV000125LI.html?f=jsearch

[40] 石市“85 后”神九发射参与者：任务紧没时间谈恋爱，2012-06-19，燕赵都市网，http://sjz.yzdsb.com.cn/system/2012/06/19/011775013.shtml

[41] 助力“九”会“天宫”河北科研人员载誉归来，2012-06-26，中国日报国际频道（来源长城网），http://www.chinadaily.com.cn/hqgj/jryw/2012-06-26/content_6273462.html

[42]“神九”平安“回家”河北技术保障完美交卷，2012-06-29，网易新闻（来源长城网），http://news.163.com/12/0629/18/856GT84F00014AEE.html

[43] 石家庄 90 后大学生助力神九会天宫，2012-07-31，中国日报，http://www.chinadaily.com.cn/micro-reading/mfeed/hotwords/20120822322_2.html

[44]TDS 三维可视化平台助“嫦娥”拍摄“战神”，2012-12-21，和讯科技（来源科学时报），http://tech.hexun.com/2012-12-21/149300014.html

[45] 赵正旭——现任教育部第四批长江学者特聘教授，2013-05-13，搜秀中国，http://www.souxiu.so/html/jiaoyu/2013/115.html

[46] “神十”闪耀“燕赵智慧”，2013-06-12，河北新闻网，http://hebei.hebnews.cn/2013-06/12/content_3298198.htm

[47] “神十”上天揽月成功有咱河北人的骄傲，2013-06-13，中国日报中文国际（来源长城网），http://www.chinadaily.com.cn/hqgj/jryw/2013-06-13/content_9293466.html

[48] 让“太空授课”更加逼真，2013-06-14，石家庄新闻网（来源石家庄日报），http://sjzrb.sjzdaily.com.cn/html/2013-06/14/content_79059.htm

[49] 见证“神十”会“天宫”河北科技再建神功，2013-06-15，中国日报中文国际（来源长城网），http://www.chinadaily.com.cn/hqgj/jryw/2013-06-15/content_9316357.html

[50] 国产可视化航天系统平台展现“神九”飞天之旅，2013-06-18，易网新闻，网易探索6月18日报道，http://discovery.163.com/12/0618/09/8497ODTV000125LI.html?f=jsearch

[51] “航天测控可视化系统”助力中国飞天，2013-10-29，新华网，http://news.xinhuanet.com/tech/2013-10/29/c_117918559.htm;

[52] 河北“智造”助力“嫦娥”探月，2013-12-02，中国青年网，http://news.youth.cn/kj/201312/t20131202_4314176.htm

[53] 河北“智造”助力“嫦娥”探月多单位承担项目，2013-12-02，长城网，http://heb.hebei.com.cn/system/2013/12/02/013098577_03.shtml

[54] 河北航天测控可视化系统助力“嫦娥”飞天奔月，2013年12月02日，长城网，http://report.hebei.com.cn/system/2013/12/02/013098859.shtml

[55] 河北航天测控可视化系统助力“嫦娥”飞天奔月，2013年12月02日，长城网，http://report.hebei.com.cn/system/2013/12/02/013098859.shtml

[56] 河北助力嫦娥奔月半导体器件8成石家庄造（图），2013-12-03，燕赵都市网，http://yanzhao.yzdsb.com.cn/system/2013/12/03/013462074.shtml

[57] “航天可视化系统”为“玉兔”导航，2013-12-05，光明日报，http://epaper.gmw.cn/gmrb/html/2013-12/05/nw.D110000gmrb_20131205_4-05.htm?div=-1

[58] 嫦娥九天揽月开启“飞天”之旅有咱河北人功劳，2013-12-02，长城网，http://heb.hebei.com.cn/system/2013/12/02/013098712.shtml

[59]《光明日报》每日科技新闻导读 (20131205)，2013–12–05，光明网科技，http://tech.gmw.cn/2013–12/05/content_9716018.htm

[60] 盘点嫦娥三号河北制造：可视化系统能控制月球车，2013–12–2，河北青年报，http://hebei.sina.com.cn/news/s/2013–12–02/100578333.html

[61]2013 年度河北省“杰出专业技术人才”等评审结果公示，2014–1–17，河北新闻网，http://hebei.hebnews.cn/2014–01/17/content_3736709.htm

[62] 河北：杰出专业技术人才等结果公示，2014–1–17，中文国际，http://www.chinadaily.com.cn/hqgj/jryw/2014–01–17/content_11054169.html

[63]2011 年度“感动省城”十大人物事迹简介，2014–01–22，凤凰网河北，http://hebei.ifeng.com/news/detail_2014_01/22/1773267_9.shtml

[64] 有国才有家（一）：科技专家赵正旭（音频）2015–10–0121:05:19 河北电台即通客户端，河北人民广播电台，河北广播网 http://www.hebradio.com/app/news/2015/1001/696674.json.html

[65] 李源潮在河北调研群团改革时指出加强基层群团力量共建联系服务群众阵地,2016–10–14. 新华社新华网 http://news.xinhuanet.com/2016–10/14/c_1119721076.html

[66][河北新闻联播] 我的 2016 赵正旭：让宇宙深空“近在眼前”，2017–01–21，央视网，http://news.cctv.com/2017/01/21/VIDElCKscrpHz1UkPUObTy8l170121.shtml

[67] 迈向 E 级，攀登超算“新巅峰”，2018–07–13，河北新闻网，http://hbrb.hebnews.cn/pc/paper/c/201807/12/c79861.html

[68]“嫦娥、玉兔、神舟、天宫、长征”，都和青理这个团队紧密相连！，2020–06–29，山东教育新闻网，https://baijiahao.baidu.com/s?id=1670801259978698661&wfr=spider&for=pc

[69] 青岛理工大复杂网络与可视化研究所为“嫦娥五号”任务保驾护航，2020–11–25，青岛财经网，http://www.qdcaijing.com/p/191064.html

[70] 上九天揽月！青岛理工大学复杂网络与可视化研究所为“嫦娥五号”任务保驾护航，2020–11–25，新浪山东，https://sd.sina.cn/news/2020–11–25/detail–iiznctke3202531.d.html?from=wap

[71] 把宇宙深空“拉近”再现，青岛理工大学团队服务“嫦娥五号”工程，2020–11–25，齐鲁晚报齐鲁壹点，https://baijiahao.baidu.com/s?id=1684322150125849609&wfr=spider&for=pc

[72] 青岛理工大学复杂网络与可视化研究所为两大航天工程保驾护航，2020–11–28，上游新闻，https://baijiahao.baidu.com/s?id=1684614652245516594&wfr=spider&for=pc

[73] 制度创新激发科研活力，让科研成果走出“象牙塔”，2020-11-30，科技日报，https://tech.china.com/article/20201130/20201130662668.html

[74] 青岛理工：科技创新破“堵点”、解“难点”，2020-11-30，新华网，https://baijiahao.baidu.com/s?id=1684757697537526321&wfr=spider&for=pc

[75] 青岛理工大学：为嫦娥五号奔月保驾护航，2020-12-01，中国教育报，http://paper.jyb.cn/zgjyb/html/2020-12/01/content_587566.htm?div=-1

[76] 青岛理工大学：为嫦娥五号奔月保驾护航 ,2020-12-01, 中国教育新闻网 ,http://www.jyb.cn/rmtzgjyb/202012/t20201201_378065.html

[77] “航天可视化团队”把宇宙深空“拉近”并再现 ,2020-12-03. 科技日报 ,https://tech.china.com/article/20201203/20201203665347.html

[78] “嫦娥回家”，青岛科技精准助力，2020-12-17，潇湘晨报，https://baijiahao.baidu.com/s?id=1686338871475596173&wfr=spider&for=pc

[79] 嫦五回家信号我们最先收到，2020-12-18， 光明网，https://www.sohu.com/a/438964218_162758

[80] 青岛科技搜索定向：听到“嫦五”回家的“敲门声”，2020-12-18，青岛日报，https://epaper.guanhai.com.cn/conpaper/qdrb/h5/html5/2020-12/18/content_18543_3759928.htm?curr=

[81] 高质量发展看山东・高校行 | 将宇宙深空“拉近”再现，“嫦五”成功探月背后的青岛理工力量 ,2021-1-12, 大众日报 . 大众日报客户端 ,http://dzrb.dzng.com/articleContent/3798_829749.html=

[82] 特殊假期！理工大河北籍研究生跟着导师做航天项目研发，2021-1-23，齐鲁晚报，https://m.ql1d.com/new/general/14804969

[83] 科技部发布 2020 年度中国十大科学进展 多项有青岛参与，2021-2-28，青岛，https://m.ql1d.com/new/general/14804969

[84] 又立新功！复杂网络与可视化研究所为“天问一号”火星探测任务保驾护航，2021-5-16，新浪新闻中心，https://news.sina.com.cn/c/2021-05-16/doc-ikmyaawc5578935.shtml

[85] 又立新功！复杂网络与可视化研究所为“天问一号”火星探测任务保驾护航，2021-5-16，澎湃新闻，https://m.thepaper.cn/baijiahao_12707938

[86] 今天 5 时 01 分，青岛理工大学航天可视化团队参与了“万里穿针”并“掌灯照明”！，2021-5-30，青岛日报，https://www.guanhai.com.cn/p/91374.html